Unity 和 C#游戏编程入门
(第 7 版)

[美] 哈里森·费隆(Harrison Ferrone)　著

王　冬　殷崇英　　　　　译

清華大學出版社
北　京

北京市版权局著作权合同登记号　图字：01-2023-1362

图书在版编目（CIP）数据

Unity 和 C#游戏编程入门：第 7 版 / (美) 哈里森·
费隆 (Harrison Ferrone) 著；王冬, 殷崇英译.
北京：清华大学出版社, 2024. 8. -- ISBN 978-7-302
-66802-2

Ⅰ. TP311.5
中国国家版本馆 CIP 数据核字第 2024TH7741 号

责任编辑：王　军
装帧设计：孔祥峰
责任校对：马遥遥
责任印制：丛怀宇

出版发行：清华大学出版社
　　　　网　　址：https://www.tup.com.cn, https://www.wqxuetang.com
　　　　地　　址：北京清华大学学研大厦 A 座　　邮　　编：100084
　　　　社 总 机：010-83470000　　　　　　　　邮　　购：010-62786544
　　　　投稿与读者服务：010-62776969, c-service@tup.tsinghua.edu.cn
　　　　质 量 反 馈：010-62772015, zhiliang@tup.tsinghua.edu.cn
印 装 者：三河市东方印刷有限公司
经　　销：全国新华书店
开　　本：148mm×210mm　　　　印　　张：12.125　字　　数：436 千字
版　　次：2024 年 8 月第 1 版　　　印　　次：2024 年 8 月第 1 次印刷
定　　价：69.80 元

产品编号：100940-01

推荐一

　　游戏被很多人称为"第九艺术"，近年来更与传统的文学、音乐、建筑、雕塑、绘画、舞蹈、电影和戏剧这"八大艺术"开始并驾齐驱。

　　游戏之所以变得越来越受欢迎，我觉得与其丰富的体验方式和内容形式息息相关。我们不仅可以在手机上畅游《原神》这样的二次元开放式大世界，也可以在配备了高性能显卡的主机设备(如 Xbox 和 PlayStation)上，使用附带力反馈功能的手柄体验与游戏世界中超写实类角色深入互动，更可以戴上 VR 头盔感受真正的沉浸式 3D 互动体验。

　　而要做出好的游戏，游戏引擎是核心开发工具之一。Unity 作为目前世界范围内市场占有率第一的游戏引擎，经过十几年的快速发展，我们已经可以使用它为将近 30 个计算平台开发互动式内容。无论你是开发 2D、3D，还是 VR/AR/MR 互动式内容，Unity 都可以提供完整的开发工具链。近些年来，这些内容已经超出游戏的领域，进入影视动画、汽车制造、建筑建造这些非游戏领域。

　　因为游戏本质上是实时渲染出来的互动式内容，所以游戏的一个基本功能是可以接受玩家的输入信息(来自鼠标、键盘、手柄等)，并对其进行处理，然后实时生成相关的内容。因此对于游戏开发人员来说，使用编程语言开发相关的游戏逻辑就是其中必不可少的一环。

　　本书使用通俗易懂的语言，深入浅出地为想要使用 Unity 开发互动式内容(不仅仅是游戏)的读者，提供了非常系统性的学习资料。配合书中的实例项目，一步一个脚印，按部就班地学习，相信大家很快可以掌握在 Unity 中使用 C#编程语言的基础知识，开始自己的游戏开发之旅！

杨栋

Unity 大中华区平台技术总监

《创造高清 3D 虚拟世界：Unity 引擎 HDRP 高清渲染管线实战》的作者

推荐二

随着新一代信息技术的日新月异，以数字化、网络化、智能化、虚拟化为特征的信息化浪潮已经蔚然兴起，人们对信息内容的生产、传播和消费也从传统的单一渠道、单一媒介、单一体验升级为对多元、多维、多态的全域融合媒体的新需求。数字游戏融合了丰富的感官体验与高度的交互性，具有极佳的内容叙事能力，已成为当前最受欢迎、最具影响力的数字内容表达与传播形式之一；虚拟现实、增强现实、混合现实等人机交互技术更是为用户提供了虚实融合、沉浸全息的极致体验，进一步拉近了用户与内容的距离；以"万物智联""虚实互映"为目标，数字孪生技术通过构建智慧工业、智慧城市、智慧校园等方式，加快了政治、经济、生产、教育、文旅、传媒等各领域数字产业化和产业数字化的进程 —— 而所有这一切，组成了今天备受人们关注和热议的元宇宙领域的重要基石。

与由短视频、自媒体的兴起会带来影视编辑学习门槛的降低，进而引领大众学习并参与内容生产一样，数字内容的消费升级也亟需低门槛、高效率、开放式的工具，使得万千大众能够积极参与数字内容的创作与开发，同时也为创意工作者、独立开发者以及中大型工作室提供更便利、更强大、更丰富的创作和开发环境，而 Unity 便是当前数字内容创作与开发领域中最受欢迎、最热门、最广受好评的引擎之一。

人工智能技术的快速发展与广泛应用，要求当代人应具备基本的编程能力和算法思维，以培养面向未来智能社会所需的信息素养。C#语言作为一种面向对象、类型安全、表达自然的编程语言，同时也作为 Unity 的脚本语言，是零基础初学者学习编程的绝佳选择，也便于已具备 C、C++、Java 和 JavaScript 经验的成熟编程者快速上手 Unity 的脚本编写。

　　本书从学习者的角度出发，将以往同类教材中晦涩难懂的概念与日常生活中的事物结合起来，用通俗平实的语言循序渐进地将编程的相关知识点娓娓道来，并通过案例实践的方式，与学习者一起制作游戏来达到学习 Unity 的目的，是一本适合各专业背景的学习者和数字内容创作爱好者学习与了解 Unity 游戏开发与 C#编程的入门教材和工具书。

曹三省　教授
中国传媒大学媒体融合与传播国家重点实验室党政班子成员
协同创新中心副主任、互联网信息研究院副院长
中国电子学会虚拟现实分会副主任委员

推荐三

　　首先非常感谢两位老师为本书的翻译付出的辛劳，很荣幸我能够有机会提前看到这本书，内容真的非常棒。本书充分地结合了 Unity 来讲解 C#的知识体系。相比单纯的 C#教学来说，更实用也更有意思！书中非常全面地介绍了 Unity 游戏开发过程中大家几乎一定会用到的 C#知识，并使用通俗易懂的方式来讲解原理和实际运用。对于我个人来说，在我的 Unity 项目中常常会运用很多 C#内容，但往往我只是停留在会用的程度，对其定义，或者说对其背后的基本原理和概念缺乏透彻的理解。这本书能够帮助我更全面地了解这些内容。特别值得一提的是，本书中的每一个关键知识点，除了结合了非常棒的案例以外，也有很多需要特别"注意"的提醒！书中还包括很多 C#技术文档的链接，可以帮助想要更深入学习知识的朋友快速定位到需要查阅的内容。事实上，本书更像一本参考书或字典，弥补了很多平时会被忽略的小技巧和知识点。想要在 Unity 开发过程中学习 C#，看这本书就足够了！

　　当然，这本书除了 C#语言的介绍讲解以外，也涵盖了对几乎所有 Unity 常用主要功能的介绍，组件的使用方法等。如果全部认真看完并且自己动手完成操作的话，那么你与做出一个小游戏 Demo 就只差一套美术素材的距离了。

　　总之，这本书让我收获很多。只有打好基础才能发挥更多创意。本书也是我看过的唯——一本讲解 C#的书，推荐给所有刚刚上手 Unity 或已经可以做一些小 Demo 的朋友来阅读学习，相信你一定会跟我一样收获良多。

Michael Wang

bilibili 知名 UP 主：M_Studio

2022 年度 Unity 最具社区影响人物

推荐四

社区里面经常会被问到：Unity 学习过程中需要了解哪些知识？这是一个很好的问题，也是一个很难回答的问题。幸运的是，本书很好地回答了这个问题。本书从 C#开始，涵盖 Unity 常用模块的使用，能够很好地帮助有兴趣的开发者深入浅出、系统性地学习 Unity。祝你开卷有益。

高川
Unity 大中华区资深技术经理

推荐五

　　从虚拟社区到游戏、元宇宙概念，虚拟体验实现了人们超越现实的想象，而 3D 引擎是链接虚拟体验的重要工具。这是一本非常好的入门教材，当你有一定的程序基础后，基于一个通用成熟的商业引擎，可以让你快速地了解 3D 游戏世界的基础结构搭建，从校门走向行业，将兴趣变成现实，帮助你完成自我的学习和实践。国内关于游戏的书籍一直非常少，更多的内容仅存在于行业内的交流。感谢分享经验和辛勤翻译的译者，让更多人有机会加入创造全新世界的体验中来。

徐振华

苏州游戏蜗牛　九阴工作室负责人

推荐六

　　游戏、互动式电影、扩展现实等一直深受青年一代的喜爱，尤其在当今全面数字化的时代中，正逐渐成为文化创意、国际文化交流、文化遗产保护等众多领域最重要的信息载体和有效传播手段之一。Unity 使用 C#作为脚本编程语言，是青年人初次接触和尝试数字创意与开发的首选。本书条理清晰，语言表达通俗易懂，真正面向零起点学习者，且对美术、艺术等非计算机相关专业背景的读者也非常友好。通过对本书的学习，读者既能掌握 Unity 的基本使用和操作技巧，同时也能掌握和理解 C#编程基础以及通用的编程理论知识。

王科

大连外国语大学创新创业学院院长、

软件学院院长、大数据产业学院院长

贡献者

关于作者

Harrison Ferrone 出生并成长于美国伊利诺伊州的芝加哥市。他曾工作于微软、普华永道和一些小型的初创公司，但大多数日子里，他在为 LinkedIn Learning 和 Pluralsight 创建教学内容，或者为 Ray Wenderlich 网站进行技术编辑工作。

他拥有来自科罗拉多大学博尔德分校和芝加哥哥伦比亚学院的多个看起来很高级的文凭，尽管他是这些学校值得骄傲的校友，但这些文凭都被存放在某个地下室里。

在做了几年全职 iOS 和 Unity 开发者后，他投身于教学生涯，直至今日。一路走来，他买过很多书，养过几只猫，也在国外工作过，并一直对于为什么《神经漫游者》没有出现在更多课程的教学大纲上感到疑惑。

本书的完成离不开来自 Kelsey 的爱与支持，她是我的妻子，也是我一路走来的伙伴。

关于审稿人

Simon Jackson 是一名资深的软件工程师和架构师，他拥有多年的 Unity 游戏开发经验，也是几本 Unity 游戏开发书籍的作者。他热爱创建 Unity 项目，同时也乐于为学习者伸出援手，无论是通过博客、Vlog、用户小组还是大型演讲活动。

他目前的主要工作是 XRTK(混合现实工具包)项目，该项目旨在构建一个跨平台的混合现实框架，以便 VR 和 AR 开发者能够在 Unity 中更高效地构建解决方案，然后将它们构建和分发到尽可能多的平台上。

向本书的试读者 Kyle Quesada、Karen Stingel、Laksh M.及其他试读者表示感谢，感谢你们花时间审阅本书的内容。你们的评论对我们的工作非常有帮助和重要；在你们的帮助下，我们才能制作出尽可能高品质的书籍——一本贴近目标受众且产生共鸣的书。真诚地感谢你们的参与，并期待能在未来再次合作！

译者序

随着游戏、影视动画、扩展现实、数字孪生乃至元宇宙等相关技术与应用的发展，世人对优质的视听、人机交互、虚拟仿真等相关需求愈加旺盛，数字内容的种类与形式也越发广泛和丰富，越来越多来自不同领域与专业的创意人员参与创作与开发。这便需要一种简单、快捷、高效的工具与工作流来满足不同领域的内容创作者与开发者的需求，Unity 便是其中最流行与优质并存的选择之一。

在 Unity 与 C#教学过程中，我们发觉现有教材或教程大多延续了传统计算机语言的语言范式和内容编排模式，虽严谨、专业度高，但言语晦涩难懂，更与应用和现实生活脱节。尤其是对于艺术、动画等非工科背景的学习者来说，专业语言成为一条难以逾越的门槛，很多 Unity 爱好者和学习者往往都因此中道而止。而且，随着人工智能技术的发展，像 ChatGPT 这类的 AI 工具也悄然影响着编程领域的学习，开发者可以通过自然语言直接生成 C#代码，此时只需要具备 C#基础知识，就可以快速判断 AI 生成代码的正确性，或者与 ChatGPT 反复推敲来调整代码，使之更适用于自己的项目。

本书原著作者用极其通俗生活化的语言和比喻为读者诠释了 Unity 与 C#语言的基础知识与使用方法，并结合了项目实践、说明与提示、小测验等模块进一步帮助读者理解和灵活运用 C#与 Unity。作者将创建的游戏项目命名为"Hero Born"(英雄诞生)，寄托了他对读者踏上学习征程的期许，还配有"Hero's Trial"(英雄的试炼)环节，鼓励读者接受章节中的挑战。

我们在翻译过程中也追求尽力还原和贴合原作者口语化的叙述风格，希望能用平易近人的语言，为来自任意领域任何背景的读者清晰诠释相关专业概念。期待本书可以成为帮助零基础，尤其是无编程背景的艺术、影视动画等学习者了解 Unity 与 C#的有利教程与工具书。

前言

　　Unity 是世界上最受欢迎的游戏引擎之一，它适用于业余爱好者、专业 3A 工作室和电影制作公司。尽管 Unity 常以其作为 3D 工具的使用而闻名，但它还有诸多专有功能，为 2D 游戏、虚拟现实、影视后期制作、跨平台发布等内容生产提供支持。

　　开发者喜欢 Unity 的拖放界面和内置功能，但真正让 Unity 更上一层楼的，是因其能为行为和游戏机制编写自定义 C#脚本。学习编写 C#代码对于已熟悉其他语言、经验丰富的程序员来说可能不是一个巨大的障碍，但对于那些没有编程经验的人来说，可能会是令人生畏的。本书的意义在，将带你从零开始学习编程的和 C#语言的基本知识，并同时在 Unity 中构建一个有趣且可玩的游戏原型。

本书读者对象

　　本书主要面向没有编程基础或 C#语言经验的人群。然而，无论你是 C#语言或其他编程语言的编程老手，还是编程初学者，只要想尝试在 Unity 中动手实践进行游戏开发，那么本书就正是你所需要的。

本书主要内容

　　第 1 章"了解开发环境"，介绍了 Unity 安装过程、Unity 编辑器的主要功能、如何查阅 C#和 Unity 特定主题的文档。以及如何从 Unity 编辑器创建 C#脚本，并初步了解如何使用 Visual Studio，Visual Studio 是进行所有的代码编辑工作的地方。

　　第 2 章"编程的基本构建块"，从列举编程的原子级概念开始，将变量、方法和类与日常生活中的事物联系起来。然后，介绍了简单的调试技巧、如何进行正确的格式设置和注释，以及 Unity 是如何将 C#脚本转换为组件的。

　　第 3 章"深入了解变量、类型和方法"，在第 2 章的基础上进行更深入的讲解，内容包括 C#的数据类型、命名规则、访问修饰符等其他编程基础内容。还介绍了如何更有效地编写方法、使用参数和返回类型。最后，对属于 MonoBehaviour 类的标准 Unity 方法进行了概述。

第 4 章"控制流和集合类型"，介绍了在代码中做决策的常用方法，包括 if-else 和 switch 语句。然后介绍了如何使用数组、列表和字典，并结合迭代语句来循环遍历集合类型。在本章的最后，介绍了条件循环语句和一个称为枚举的特殊 C#数据类型。

第 5 章"使用类、结构体以及面向对象编程"，在本章首次接触如何构建和实例化类和结构体。还介绍创建构造函数、添加变量和方法的基本步骤，以及如何使用子类和继承的基础知识。最后，全面诠释了面向对象编程及其在 C#中的应用。

第 6 章"亲手实践 Unity"，标志着我们从 C#语法进入游戏设计、关卡构建和 Unity 特色工具的世界。首先从了解游戏设计文档的基础知识开始，然后进行游戏关卡的几何布局，并添加光照和简单的粒子系统。

第 7 章"角色移动、摄像机以及碰撞"，讲解了使玩家对象移动和设置第三人称摄像机的不同方法，还介绍了如何通过 Unity 物理引擎获得更逼真的运动效果，如何使用碰撞体组件以及如何捕获场景中的交互。

第 8 章"游戏机制脚本编写"，介绍了游戏机制的概念以及如何有效地实现游戏机制。从添加简单的跳跃动作开始，然后创建射击机制，并基于前几章的代码添加处理道具收集的逻辑。

第 9 章"AI 基础与敌人行为"，简要概述了游戏中的人工智能以及应用于 Hero Born 示例中的相关概念。涵盖的主题包括 Unity 中的地图导航、使用关卡几何结构和导航网格、智能代理，以及敌人自动移动等。

第 10 章"重睹类型、方法和类"，更深入地讲解了有关数据类型、中级的方法特性以及可用于更复杂类的附加行为。本章带领读者进一步了解 C#语言的功能多样性和广度。

第 11 章"特殊集合类型和 LINQ"，深入探讨了栈、队列和哈希集，以及它们分别适合的不同开发场景。此外，本章还探讨了如何使用 LINQ(语言集成查询)对数据集合进行过滤、排序、变换等。

第 12 章"保存、加载与数据序列化"，着重介绍了如何处理游戏信息。话题涵盖了如何操作文件系统，以及如何创建、删除、更新文件等。此外还介绍了如何处理如 XML、JSON、二进制数据等不同的数据类型，并在最后实践部分讨论如何将 C#对象直接序列化为对应的数据格式。

第 13 章 "探索泛型、委托以及更多"，详细介绍了 C#语言的中级特性以及如何在实战中应用它们。从泛型编程的概述开始，逐步介绍了委托、事件和异常处理等概念。

第 14 章 "旅程继续"，回顾了整本书中所学的主要主题，并提供了进一步学习 C#和 Unity 的资源。这些资源包括在线阅读材料、认证信息和一些推荐的视频教程频道。

如何充分地利用好本书

为了能在即将到来的 C#和 Unity 旅程中获得最大收益，你唯一需要的是保持好奇心和学习意愿。话虽如此，如果你希望巩固所学知识，那么完成所有的代码练习、"英雄的试炼"和"小测验"等部分是必须的。最后，在继续学习新知识之前，重温已学过的知识点或整个章节来刷新或巩固理解不失为一个好主意。毕竟，在不稳定的地基上建造房子是没有意义的。

此外，还需要在计算机上安装当前版本的 Unity——建议使用 2022 或更新版本。所有代码示例均已在 Unity 2022.1 上进行了测试，它们应该可以在未来的版本中正常运行。

本书涉及的软件和硬件
Unity 2022.1 或更高版本
Visual Studio 2019 或更高版本
C# 8.0 或更高版本

在开始之前，请参考以下链接，检查计算机设置是否满足 Unity 的系统要求：https://docs.unity3d.com/2022.1/Documentation/Manual/system-requirements.html。

本书的代码库和彩图可扫描封底二维码下载。

目录

第1章
了解开发环境

流行文化喜欢将程序员描绘为局外人、独行侠或极客黑客，这些人拥有算法思维的天赋，但缺乏社交和情商。虽然事实并非如此，但学习编程的确会从根本上改变一个人看待世界的方式。好在出于好奇的天性，人类的头脑会很快适应这种看待世界的新方式，甚至还可能会喜欢上这种新的思维方式。

从清晨睁开眼睛的一霎那直至睡前望着吊扇的最后一瞥，我们都在不知不觉中使用了可以直接转化为编程的分析技巧，只是缺乏正确的语言和语法将这些生活技能映射为代码。例如，现实中每个人的年龄，可以看作编程中的变量；再如，现实中我们习惯在过马路前观察道路两边，这相当于在编程中评估不同的条件，专业术语称为控制流；又如，现实中看到一罐汽水，我们会本能地认出它具有形状、重量和内容物等属性，这就好比编程中的一个类对象！以此类推，这样的例子还有很多。

有了这些真实世界的经验，你已经完全准备好进入编程的世界。为了更好地开始旅程，还需要知道如何设置开发环境，如何使用涉及的应用程序，并确切地知道该去哪里寻求帮助。

为此，我们将从以下几个 C# 主题开始。

- Unity 2022 入门
- 在 Unity 中使用 C#
- 探索技术文档

让我们开始吧！

1.1 技术要求

有时候，使用反向排除胜过正向列举。本书的主要目标不是掌握 Unity 游戏引擎或游戏开发中的种种细节。但在旅程开始之前,有必要对 Unity 和游戏开发有一个基础的认知,更多详情会在第 6 章中展开。这些主题会帮助我们以一种有趣轻松的方式从零开始学习 C#语言,但不是深入的 Unity 操作教程。因为本书以编程作为主要目标,所以有时会更倾向于选择一个基于代码的解决方案,即使 Unity 可能有一个特定的功能可以在不需要任何代码的情况下做同样的事情。

本书面向编程初学者,特别适合没有任何 C#或 Unity 使用经验的读者!也适合没有编程经验但对 Unity 编辑器有些了解的读者。此外,即便是对上述两方面均有涉猎,但希望探索一些中高级主题的读者,也同样可以从本书的后几个章节的相关内容中获益。

如果已经熟练掌握其他编程语言,可略过初学者理论,直接跳至感兴趣的部分。当然,也可选择从头学起,重温基础知识。

学习中除了需要运行 Unity 2022 以外,还将使用 C# 8.0 和 Visual Studio 来编写游戏代码。

1.2 Unity 2022 入门

如果你还没有安装 Unity,或者正在运行一个较早的版本,可按照以下步骤设置你的环境。

(1) 访问网址:https://unity.cn/。

(2) 单击“下载 Unity”按钮(如图 1-1 所示)。

图 1-1 Unity 首页

(3) 这将跳转到 Unity 下载页面。不必惊慌，Unity 可以完全免费使用！

说明：

如果 Unity 首页看起来和截图中看到的不同，你可以直接进入 https://unity.cn/releases。

(4) 单击"下载 Unity Hub"按钮(见图 1-2)。

图 1-2 下载 Unity

(5) 选择适合的系统下载 Unity Hub 应用程序，如图 1-3 所示。尽管本书使用的是 Mac 系统，但几乎所有操作与在 Windows 系统上是相同的。

图 1-3 下载 Unity Hub

(6)下载完成后，按照以下步骤继续。

① 打开安装包(双击它)。

② 接受用户协议。

③ 按照安装说明执行。

(7) 安装成功后，启动 Unity Hub 应用程序！

(8) 如果 Unity 提示选择许可证类型，请选择个人版许可类型(它是完全免费的)，并根据指引设置你的账户。

(9) 最新版的 Unity Hub 会鼓励安装最新的 LTS(长期支持)版本的 Unity 编辑器，如图 1-4 所示。但在撰写本书时 Unity 2022 仍处于预览版，因此如果在阅读本教程时默认的版本是 Unity 2022，请直接选择并单击 Install Unity Editor(安装 Unity 编辑器)。

图 1-4　Install Unity Editor 窗口

(10) 如果此时你看到的默认版本并非 Unity 2022，请选择窗口右下角的跳过安装(Skip Installation)，如图 1-5 所示。

图 1-5　安装引导

(11) 从左侧列表中选择并切换到安装(Installs)标签，选择安装编辑器(Install Editor)，如图 1-6 所示。

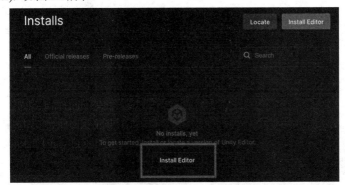

图 1-6　Unity Hub 的安装面板

(12) 选择希望安装的 Unity 版本，然后单击 Install "安装"进行安装。在撰写本书时，Unity 2022 还被列在 Official releases(正式发行版本)标签下的 OTHER VERSIONS(其他版本)中，但也许在你阅读本书的时刻，应该已经可以在 Official releases(正式发行版本)的列表中找到 2022 版本了(见图 1-7)。

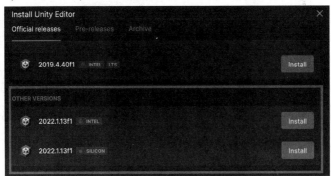

图 1-7　在弹出窗口中添加 Unity 版本

(13) 接下来将会有机会选择多种多样的模块并将其一同添加到安装过程中。务必确保 Visual Studio 模块(Windows 或 Mac 版本)被选中，然后单击"继续"(Continue)按钮，如图 1-8 所示。

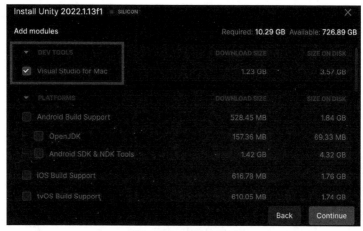

图1-8　添加要安装的模块

(14) 如果之后任何时刻想要添加模块，可以在"安装"(Installs)窗口中单击任何已安装 Unity 编辑器版本右侧的齿轮图标。

当安装完成后，将会在"安装"(Installs)面板中看到新的版本，如图 1-9 所示。

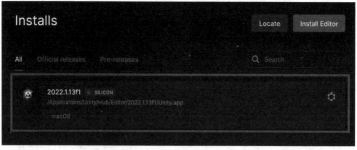

图1-9　"安装"面板与 Unity 版本

> 说明：
> 有关 Unity Hub 应用程序的其他信息和资源可访问 https://docs.unity3d.com/Manual/GettingStartedInstallingHub.html。

有些出入是难免的，如果你使用的是 Mac OS Catalina 或更高版本的 Mac 系统，一定要查看接下来的内容。

1.2.1　使用 macOS

　　如果你正在使用 Catalina 或更高版本的 Mac 操作系统，那么使用 Unity Hub 根据上述步骤安装 Unity 会存在已知问题。如果发生了这样的情况，没关系，放轻松，可以进入 Unity 下载页面并获取所需版本(https://unity.cn/releases)。记住使用"下载(Mac)"或"下载(Win)"选项而不是"从 Hub 下载"选项进行下载，如图 1-10 所示。

图 1-10　Unity 下载页面

> **说明：**
> 　在应用程序安装包下载完毕后打开并根据安装指引进行安装。本书的所有示例和屏幕截图都是使用 Unity 2022.1.13f1 版本创建和截取的。如果你正在使用较新的版本，那么在 Unity 编辑器中的情况可能会略有不同，但这通常不会影响后续的学习和操作。

　　至此，Unity Hub 和 Unity 2022 已经安装好了，是时候创建一个新项目了！

1.2.2　创建新项目

　　启动 Unity Hub 应用程序，我们将从这里"登场"。在这里可以查看所有项目的列表和 Unity 版本，而且可以访问学习资源和社区功能等。接下来，请根据下方的步骤操作。

　　(1) 首先，单击右上角的"New project"选项，如图 1-11 所示。

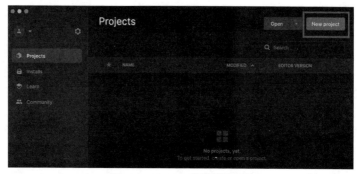

图 1-11　Unity Hub 的项目管理面板

(2) 确保将位于顶端的编辑器版本设置为 2022 版本，并根据下方指引设置相关字段区域。

- 模板(Templates)：此项目将默认选择 3D 核心模板。
- 项目名称(Project name)：将项目命名为"Hero Born"。
- 位置(Location)：选择希望保存此项目的路径。

(3) 当上述都设置完成后，单击"创建项目"(Create Project)。

创建项目后，便可以开始探索 Unity 界面了！在任何时刻，我们都可以从 Unity Hub 的"项目"(Projects)面板重新打开项目，但如果感觉同时打开并运行 Unity 和 Unity Hub 时计算机运行有点缓慢，则可以随时关闭 Unity Hub(见图 1-12)。

图 1-12　Unity Hub 中新项目设置的弹出窗口

1.2.3　编辑器界面导航

新项目完成初始化后，将看到漂亮的 Unity 编辑器界面！图 1-13 中对重要的选项卡(也称面板)进行了标注。

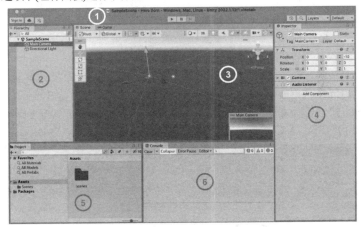

图 1-13　Unity 界面

因为一口气记住所有面板需要花一点时间，所以先详细地介绍每个面板。

(1) Toolbar(工具栏)面板位于 Unity 编辑器的最顶部。在这里，可以登录 Unity 账号、管理服务、与团队协作(最左边的按钮组)，以及运行和暂停游戏(位于中央的几个按钮)。最右边的按钮组包含了搜索功能、图层遮罩和布局方案等功能，但由于它们在学习 C# 的过程中不会被用到，因此我们在本书中将不会用到它们。

(2) Hierarchy(层级)面板显示了当前游戏场景中的每个物体。在新建的入门项目中，这里默认只有摄像机和方向光。但是当我们创建原型环境时，此面板将会被我们在场景中创建的物体对象填充。

(3) Game(游戏)和 Scene(场景)视图面板是编辑器最直观的区域。可以将场景视图视为舞台，我们可以在其中移动和摆放 2D 和 3D 物体。当按下 Play(运行)按钮时，将自动切换至游戏视图，在其中展示渲染后的场景视图和所有已编程的交互。在按下 Play 按钮后仍然可以使用"场景"视图。

(4) Inspector(检视)面板是一站式查看和编辑所选对象属性的区域。例如，当在 Hierarchy 中选中 Main Camera(主摄像机)时(在图 1-13 中被蓝色高亮显示)，该面板会显示它包含的几个"部分"，这些"部分"在 Unity 中称为组件，所有组件都可以从此面板访问。

(5) Project(项目)面板包含项目中当前存在的每个资产。可以将其视为项目文件夹和文件的展示区域。

(6) 在 Console(控制台)面板上，将显示我们希望脚本打印的任何输出。从现在开始，如果我们提及控制台或调试输出，便到该面板查看相关结果。

如果不小心关闭上述任一面板，则可以随时通过 Unity 菜单 > Window > General 再次打开它们。有关面板功能的深入解析可查看 Unity 文档：https://docs.unity3d.com/Manual/UsingTheEditor.html。

在继续之前，有必要明确 Visual Studio 已经被设置为项目的脚本编辑器。通过 Unity 菜单选择 Edit > Preferences > External Tools，并检查 External Script Editor(外部脚本编辑器)是否已设置为 Visual Studio for Mac(或 for Windows)。见图 1-14。

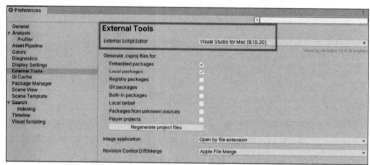

图 1-14 将 External Script Editor(外部脚本编辑器)设置为 Visual Studio

小提示:

如果希望在浅色模式(light mode)或深色模式(dark mode)之间切换，可以通过 Unity 菜单选择 Edit > Preferences > General 并改变 Editor Theme(编辑器主题)来实现，如图 1-15 所示。

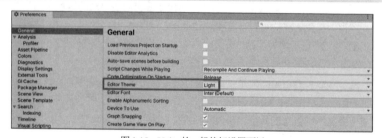

图 1-15 Unity 的一般偏好设置面板

对于 Unity 初学者，的确有很多东西要记忆和消化，但请放心，在后续的所有内容中我们都会对必要步骤进行指引，避免使你犹豫不决或不知道该单击哪个按钮。排除了这些顾虑之后，就让我们开始创建一些真正的 C#脚本吧。

1.3　在 Unity 中使用 C#

从现在开始，很有必要将 Unity 和 C#视为相互共生的关系。在 Unity 引擎中可以创建脚本和游戏对象(Game Objects)，但实际的编程却是在另一个名为 Visual Studio 的软件中进行的。

1.3.1　使用 C#脚本

尽管尚未介绍任何的基本编程概念，但作为基础中的基础，应该先知道如何在 Unity 中创建实际的 C#脚本。C#脚本是一种特殊的 C#文件，在其中可以编写 C#代码。这些脚本可以被用于 Unity 以虚拟地实现任何事情，从通过键盘控制游戏内角色到控制关卡中物体的动画等。

从 Unity 编辑器中创建 C#脚本的方法有以下几种。

- 选择 Assets > Create > C# Script。
- 在 Project 选项卡中，选择加号图标并选择 C# Script。
- 右击 Project 选项卡中的 Assets(资产)文件夹，然后在弹出菜单中选择 Create > C# Script。
- 在 Hierarchy 窗口中选择一个 GameObject(游戏对象)，在 Inspector 中，单击 Add Component > New Script。

之后每当提到创建 C#脚本时，请使用以上任何一种方法。

也可以使用上述方法在编辑器中创建 C#脚本以外的资源和对象。每当我们创建新内容时，并不会明确指定使用这些方法中的哪一种变化形式，因此有必要将这些方法的变化形式都熟练记住。

为了便于组织和管理，通常习惯将各种资产和脚本存储在其对应名称的文件夹中。这虽不是 Unity 要求的做法，但尽早养成好的习惯会受到同行的欢迎和感谢。

(1) 选择 Assets > Create > Folder，并将其命名为 Scripts，如图 1-16 所示。

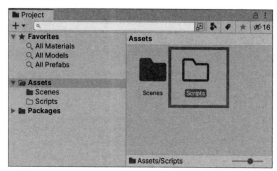

图 1-16　创建一个 C#脚本

(2) 双击 Scripts 文件夹并在其中创建一个新的 C#脚本。默认情况下，该脚本将被命名为 NewBehaviourScript，且文件名被高亮显示，此时可以立即对其进行重命名。输入 LearningCurve，然后按下键盘上的 Enter 键。见图 1-17。

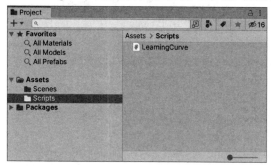

图 1-17　Project(项目)面板，当 Scripts 文件夹被选中时

(3) 可以使用 Project(项目)面板右下角的小滑杆来调节文件呈现的方式。

我们刚刚创建了一个名为 Scripts 的子文件夹，如前面的屏幕截图所示。在该文件夹内，我们创建了一个名为 LearningCurve.cs 的 C#脚本(.cs 文件类型代表 C-Sharp，即 C#)，且已将其保存为项目 Hero Born 资产中的一部分。剩下要做的就是在 Visual Studio 中打开它！

1.3.2　介绍 Visual Studio 编辑器

虽然在 Unity 中可以创建和存储 C#脚本，但是需要使用 Visual Studio 对其进行编辑。Visual Studio 与 Unity 被预捆绑在一起，当从编辑器内部双击任何 C#

脚本时，将自动通过 Visual Studio 打开。

1. 打开 C#文件

首次打开文件时，Unity 将与 Visual Studio 同步。最简单的方法是从 Projects 选项卡中选择脚本。具体步骤如下。

(1) 双击 C#脚本文件 "LearningCurve.cs"，会在 Visual Studio 中打开它，见图 1-18。

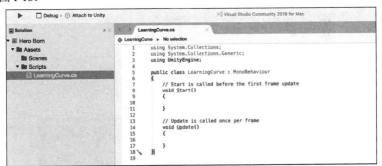

图 1-18 在 Visual Studio 中打开的 LearningCurve.cs 脚本

(2) 可以随时通过 Visual Studio > View > Layout 来改变 Visual Studio 的标签。本书将使用 Design 布局以便可以在编辑器的左侧看到项目文件目录。

(3) 在 Visual Studio 界面的左侧会看到一个文件夹结构，该文件夹结构是 Unity 中文件夹结构的镜像，可以用访问其他文件夹同样的方式访问它。右侧便是生成一切魔法的代码编辑器。Visual Studio 应用程序还有许多功能，但目前这就是使程序运行所需要了解的全部内容。

Visual Studio 的界面在 Windows 和 Mac 环境中有所不同，但是本书中将使用的代码在两种环境下均能很好地工作。本书中的所有屏幕截图均是在 Mac 环境中截取的，因此，如果你在计算机上看到的外观有所不同，不必担心。

2. 当心命名不匹配

困扰编程新手的一个常见的陷阱是对文件命名。更准确地说，是命名不匹配。我们可以使用之前 Visual Studio 中 C#文件的屏幕截图 1-18 中代码的第 5 行来说明。

```
public class LearningCurve : MonoBehaviour
```

LearningCurve 这个类名称与 LearningCurve.cs 文件名相同。这是一个基本要求。如果你还不知道什么是类，那没关系。但要记住的重点是，在 Unity 中文件名和类名必须相同。如果在 Unity 之外使用 C#，则文件名和类名并不必须匹配。

在 Unity 中创建 C#脚本文件时，Project 面板中的文件名自动处于 Edit(编辑)模式，意味着已为重命名做好准备。因此，在此处重命名是一个好习惯。如果稍后重命名脚本，则文件名和类名可能会不匹配。

如果选择了稍后更改文件名，尽管文件名会发生改变，但此时第 5 行会变成类似下方所示的样子。

```
public class NewBehaviourScript : MonoBehaviour
```

如果不小心这样操作了，也并不是什么末日灾难，所需要做的就是在 Project 面板中右击该脚本并选择 Rename(重命名)，见图 1-19。

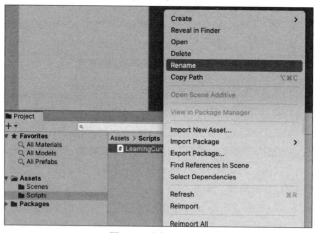

图 1-19　重命名 C#脚本

1.3.3　同步 C#文件

作为它们共生关系的一部分，Unity 和 Visual Studio 彼此保持联系以同步其内容。这意味着，如果在其中一个应用程序中添加、删除或更改脚本文件，则另一个应用程序将自动接收到所做的更改。

正如墨菲定律中说的"凡是可能出错的事，就一定会出错"，万无一失的事物并不存在，那么当脚本没能正常同步时，会怎样呢？如果遇到这种情况，不必惊慌，选中那个出现麻烦的脚本，单击鼠标右键，然后选择 Refresh(刷新)，如图 1-20 所示。

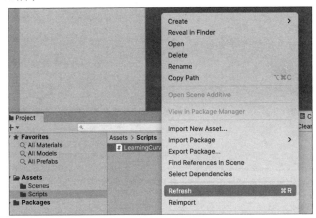

图 1-20　刷新 C#脚本

现在我们已经掌握了脚本创建的基础知识，该是讨论如何查找和更有效率地使用帮助资源的时候了。

1.4　浏览技术文档

在对 Unity 与 C#脚本的首次尝试中，要涉及的最后一个话题是浏览技术文档。这个话题并不吸引人，但在与新的编程语言或开发环境打交道前培养一个良好的习惯很重要。

1.4.1　访问 Unity 的技术文档

一旦开始认真编写脚本，就会经常使用 Unity 的技术文档，因此尽早了解如何访问它是有益的。参考手册(Reference Manual)为我们提供了某一组件或主题的概述，而特定的编程示例可以在脚本参考(Scripting Reference)中找到。

场景中的每个游戏对象 GameObject(Hierarchy 面板中的一个物体)都具有一个控制其 Position(位置)、Rotation(旋转)和 Scale(缩放比例)的 Transform(变换)组件。为简单起见，我们将在参考手册中查看摄像机的 Transform 组件。

(1) 在 Hierarchy 面板中，选中 Main Camera(主摄像机)游戏对象。

(2) 将视线移至 Inspector 面板，单击 Transform 组件右边的信息图标(？)，见图 1-21。

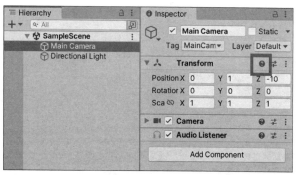

图 1-21　在 Inspector 中选中 Main Camera 游戏对象

(3) 网络浏览器会打开并显示参考手册中的 Transforms 页面，见图 1-22。

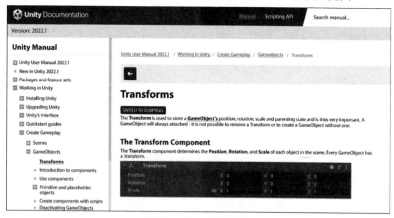

图 1-22　Unity 的参考手册

提示说明：
　　Unity 中的所有组件都具有此功能，因此，每当我们想进一步了解某件事情的工作原理时，便可以用该方式查看。

　　至此，我们已经打开了参考手册，但如果想要查看与 Transform 组件相关的具体代码示例，该怎么办呢？这很简单，所要做的就是查询脚本参考。

(1) 单击组件或类名称(在本例中为 Transforms)下方的 SWICTH TO

SCRIPTING(切换到脚本)链接，见图 1-23。

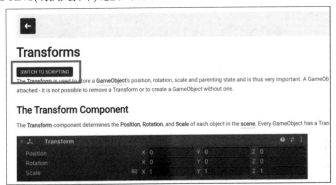

图 1-23　Unity 参考手册，SWICTH TO SCRIPTING 按钮高亮显示

(2) 操作后，参考手册会自动切换到 Transform 组件的脚本参考页面，见图 1-24。

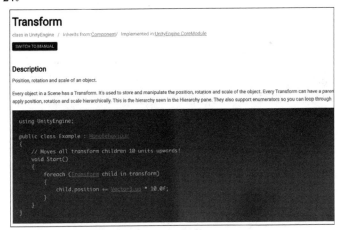

图 1-24　Unity 脚本参考文档，此时按钮变为 SWITCH TO MANUAL

(3) 可以看到，在必要时可以通过 SWITCH TO MANUAL 选项切换回参考手册。

脚本参考是一个庞大的文档，因为需要囊括大量内容。但这并不意味着我们必须记住或熟悉其所有内容才能开始编写脚本。如其名字所示，它只是一个参考，而不是考试。

> **提示说明：**
> 如果发现自己迷失在文档中，或者不知从何处看起，还可以在 Unity 开发社区中的以下位置找到丰富的解决方案。
> - Unity Forum (https://forum.unity.com/)
> - Unity Answers (https://answers.unity.com/index.html)
> - Unity Discord (https://discord.com/invite/unity)

另一方面，还需要知道在哪里可以找到可以解答任何 C#问题的资源，我们将在接下来的内容中进行介绍。

1.4.2　查找 C#资源

我们已经了解如何查看 Unity 资源，下面看一下 Microsoft 的一些 C#资源。首先，位于 https://docs.microsoft.com/en-us/dotnet/csharp 的微软学习文档包含了大量优秀的教程、快速开始指引以及指南文章。你也可以在下面这个地址找到针对单独 C#话题的极佳概述：https://docs.microsoft.com/en-us/dotnet/csharp/programming-guide/index。

然而，如果想要了解某一特定 C#语言功能的详细信息，参考指南可以派上用场。这些参考指南对任何 C#编程者而言都是非常重要的资源，但鉴于它们不总是最易于定位的，因此这里让我们花一点时间学习如何找到我们想要的内容。

打开编程指南链接并查找 C#中的 String 类。可执行以下任一操作。
- 在网页左上角的搜索栏中输入 Strings。
- 向下滚动至 Language Sections，然后直接单击 Strings 链接。见图 1-25。

图 1-25　在微软 C#参考指南中定位

应该在类描述页面上看到类似以下页面的内容，如图 1-26 所示。

图 1-26　微软的 Strings(C#编程指南)页面

与 Unity 文档不同，C#参考文档和脚本示例信息全部整合在一起，但是幸好有其右侧的子主题列表，应该充分地利用它！遇到困难或有疑问时，知道在哪里寻求帮助是极其重要的，因此在遇到障碍时请务必重温本节。

1.5　本章小结

本章介绍了很多预备知识，想必你已经迫不及待地想要编写一些代码了。在接下来令人兴奋的旅程中，如何新建一个项目、创建文件夹和脚本以及如何访问技术文档常常容易被遗忘。只要记住，本章为接下来的学习提供了很多资源，因此不要怕返回这里重新查看。编程思维如同肌肉记忆：训练得越多，就会变得越强大。

在第 2 章中，我们将开始为大脑铺垫编程所需的理论、词汇和主要概念。我们会在 LearningCurve 脚本中编写第一行代码，尽管内容是概念性的。做好准备吧！

1.6 小测验 —— 关于脚本

(1) Unity 和 Visual Studio 之间存在怎样的关系?

(2) 脚本参考提供了有关使用特定 Unity 组件或功能的示例代码。在哪里可以找到有关 Unity 组件的更详细(非代码相关)的信息?

(3) 脚本参考是一个大型文档。在尝试编写脚本之前你必须记住多少?

(4) 命名一个 C#脚本的最佳时机是什么时候?

第2章
编程的基本构建块

任何一种编程语言对于不熟悉它们的人来说，起初看着都像外星文，C#也不例外。但好消息是，潜藏在这些字符谜团之下，所有编程语言都由相同的基本构建块构成。一般来说，变量、方法和类(或对象)构成了编程的 DNA；理解这些简单的概念将为我们开启应用程序多样且复杂的世界。毕竟，尽管地球上每人只有四种不同的 DNA 核酸碱基，但它们却为每个人构成了独一无二的有机生命体。

如果你是编程新手，在本章中你将迎来许多新知识，这可能标志着你将编写人生的第一行代码。本章并非试图通过事实和图表使你的大脑超载，而是希望通过对照日常生活中的实例，为你提供一个了解编程基本构建块的全局视角。

本章从高层次的视角审视构成一个程序的细枝末节。在直接开始写代码之前先掌握其工作原理，不仅可以帮助编程新手找到立足之地，还可以通过易于记忆的参考案例来巩固知识点。本章我们将聚焦在以下话题：

- 定义变量
- 了解方法
- 了解类
- 如何使用注释
- 如何将各基本构建块整合在一起

2.1　定义变量

让我们从一个简单的问题开始：什么是变量？从不同的视角可以有以下几种不同的方式回答该问题。

- 从概念上讲，变量是编程的最基本单位。一切都始于变量，没有变量，程序就不可能存在。
- 从技术上讲，变量是计算机内存中保存某一赋值的一块小区域。每个变量都会跟踪其信息的存储位置(这称为内存地址)、值及其类型(例如数字、字符或列表)。
- 从实践应用上讲，变量是一个容器。我们可以随意创建新的变量，给它们填入内容，移动它们，更改它们的内容并根据需要引用它们。它们甚至可以是空的且依然有用处。

提示说明:

可以通过以下地址从微软的 C#文档中更深入地了解变量: https://docs. microsoft.com/en-us/dotnet/csharp/language-reference/language-specification/variables。

变量的一个比较贴近真实生活的示例是信箱。你还记得它们吗(见图 2-1)?

图2-1 一排各种颜色的信箱

信箱可以存放各种东西，比如信件、账单，或来自 Mabel 姨妈的照片。其关键是邮箱中的东西可以是不同的:它们有一个名称且存放了信息(实体邮件)，并且如果拥有正确的安全权限，甚至可以改变它们的内容。类似地，变量也可以存放不同种类的信息。C#中的变量可以存放字符串(文本)、整型值(整数)以及布尔值(二元值，"真"或"假"中的一个)。

2.1.1 名字很重要

参照图 2-1，如果我要你打开信箱，你可能首先会问:打开哪一个? 如果我告诉你的是史密斯家的信箱或印有向日葵的信箱或最右边那个摇摇欲坠的信箱，那么你便获得了打开我指定的信箱所必需的背景信息。相似地，在创建变量时，也必须给它们提供唯一的名称，以供之后指明时引用。我们将在第 3 章中探讨命名的恰当格式和描述性命名的更多细节。

2.1.2 变量充当占位符

创建和命名变量时，其实是为要存储的值创建了一个占位符。以下面的简单数学等式为例：

```
2 + 9 = 11
```

好吧，这很浅显易懂。但是如果希望把数字 9 换成一个变量，该怎么办？思考以下代码：

```
MyVariable = 9
```

现在，便可以在任何需要的地方使用变量名 MyVariable 指代数值 9。

```
2 + MyVariable = 11
```

变量有其他规则或规定吗？答案是有。在第 3 章中将介绍这些内容，敬请期待。

上述示例虽不是真正的 C#代码，却也体现了变量的能力以及将其视为占位符并引用它的用法。接下来，我们将动手创建一个变量，让我们继续！

关于变量的理论已经足够，让我们在第 1 章创建的 LearningCurve 脚本中创建一个真正的变量。

(1) 在 Unity 中从 Project 面板找到并双击 LearningCurve.cs，以便在 Visual Studio 中将其打开。

(2) 在第 6 行和第 7 行之间添加一个空行，并参考下面的代码在该行中声明一个新变量。

```
public int CurrentAge = 30;
```

(3) 在 Start 方法中，添加两条调试日志语句，以打印输出以下计算的结果。

```
Debug.Log(30 + 1);
Debug.Log(CurrentAge + 1);
```

下面对上述添加的代码进行解构。首先创建了一个命名为 CurrentAge 的新变量，并同时给它赋了一个值，为 30。然后，为了显示变量是如何作为值的容器存储值的，我们添加了两条调试日志语句，用来将计算 30＋1 与计算 CurrentAge＋1 的结果打印输出。可以发现，变量的使用方式与数值相同。

另外一个需要注意的重点是，public 的变量会出现在 Unity 的 Inspector 上，然而 private 的变量却不会。目前暂时不需要担心语法，只需要确保你的脚本与图 2-2 所示的脚本相同即可。

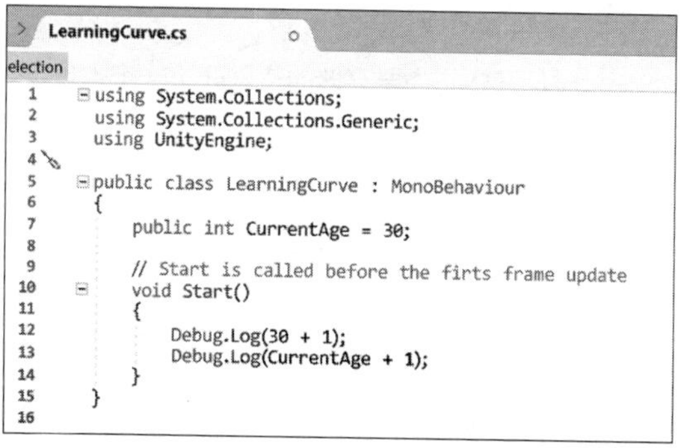

```
LearningCurve.cs

election
1   using System.Collections;
2     using System.Collections.Generic;
3     using UnityEngine;
4
5   public class LearningCurve : MonoBehaviour
6     {
7         public int CurrentAge = 30;
8
9         // Start is called before the firts frame update
10        void Start()
11        {
12            Debug.Log(30 + 1);
13            Debug.Log(CurrentAge + 1);
14        }
15    }
16
```

图 2-2 在 Visual Studio 中打开的 LearningCurve 脚本

最后，可以通过 Editor > File > Save 命令保存文件，或用任何操作系统支持的快捷键组合来保存文件。保存文件对于编辑脚本而言至关重要，因为对于脚本的变更，只会在脚本文件保存后再切换回 Unity 编辑器时 Unity 才会识别脚本的变化。如果在 Visual Studio 中向一个脚本添加了新的代码，却没有保存的话，Unity 将不会识别。

为了使脚本能在 Unity 中运行，必须将它们附着到场景中的 GameObjects 上。Unity 将游戏中的任何事物都视为 GameObject(游戏对象)，例如光源、玩家角色、物品、建筑，一切的一切都是游戏对象。

Hero Born 项目默认在初始仅有一个用于渲染场景的摄像机，以及一个方向光，该光源为场景提供照明。简单起见，让我们将 LearningCurve 脚本附着到摄像机上。

(1) 将 LearningCurve.cs 脚本拖放到 Main Camera 上。见图 2-3。

(2) 选中 Main Camera，使其出现在 Inspector 面板中，并查验是否已正确地给主摄像机加上了 LearningCurve.cs(Script)组件。

(3) 单击 Play 按钮，并在 Console(控制台)面板中查看输出。

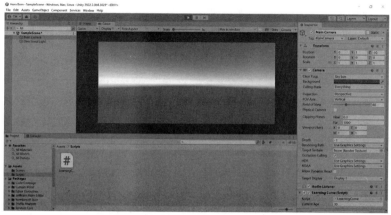

图 2-3　在 Unity 编辑器中拖曳并释放脚本

此时你可能已经注意到，在游戏运行时编辑器界面变得略暗，且 Play 按钮变为蓝色。这是因为 Unity 具有两种状态：编辑器状态和运行时(runtime)状态。编辑脚本或向场景中添加物体时，应处于编辑器状态下。在此状态下，任何的改变都将保存到项目中。然而，在按下了 Play 按钮之后，Unity 将切换到运行时状态。在游戏运行时所做的任何修改都将不会保存，因此在此状态下需要额外注意所做的更改。

Debug.Log()语句会打印输出放在括号内的简单数学表达式的结果。如下面的 Console(控制台)屏幕截图(见图 2-4)所示，使用变量 CurrentAge 的表达式与使用数字的表达式结果相同。

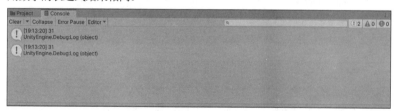

图 2-4　在 Unity 控制台中显示所附脚本的调试输出

在 2.5.1 节"将脚本变成组件"中，将介绍 Unity 是如何将 C#脚本转换为组件的，但是先让我们更改一个变量的值。

如图 2-2 所示，由于 CurrentAge 在第 7 行被声明为变量，因此其存储的值可以在脚本内或在 Unity 的 Inspector 中被更改(因为是 public 变量)。更新后的值将至此向后被代码中任何使用该变量的地方沿用。让我们通过行动进一步了解。

(1) 如果场景仍在运行，请通过单击 Play 按钮停止游戏。

(2) 在 Inspector 面板中将 Current Age 更改为 18，然后再次运行场景，并在 Console 面板中查看新输出，如图 2-5 所示。

图 2-5　在 Unity 的控制台中查看附加在主摄像机上的 LearningCurve 脚本的调试信息

第一个输出仍然是 31，因为我们并没有对脚本做任何的修改。但是第二个输出现在是 19，因为我们在 Inspector 中更改了变量 CurrentAge 的值。

本节的目标不是要全面地介绍变量的语法，而是展示变量如何作为容器，如何可以一次创建并在其他位置多次被引用。既然知道了如何在 C#中创建变量并为其分配值，就意味着已准备好深入下一个重要的编程基本构建块：方法！

2.2　了解方法

只依赖变量自身，变量除了跟踪其分配的值之外并不能做太多的事情。尽管这也很重要，但是就创建有意义的应用程序而言，单凭变量并不足够。那么，如何在代码中创建动作和驱使行为呢？简单的回答就是要使用方法。

在了解什么是方法以及如何使用它们之前，我们应该清楚一些术语。在编程圈子里，特别是在 Unity 中，通常会看到"方法"和"函数"两种等价的称呼。

由于 C#是一种面向对象的语言(第 5 章中将涉及此部分内容)，本书其余部分将使用"方法"这一称呼，以遵循标准的 C#术语准则。

当在脚本参考或任何其他文档中遇到"函数"这一称呼时，请将其视为"方法"。

2.2.1　方法驱使行为

与变量类似，给编程方法下定义可以是乏味且冗长的，也可以是异常简短的，同样可以从以下三个层面去理解。

● 从概念上讲，方法是应用程序内部各项业务运作的方式。

- 从技术上讲，方法是包含可执行语句的代码块，当方法名被调用时，这些可执行语句便运行。方法还可以接受参数，参数仅在方法自身的作用域内生效。
- 从实践应用上讲，方法是每次被执行时都会运行的一组指令的容器。该容器可以将变量作为输入，且只能在该方法本身内部被引用。

综上所述，方法就如同程序的骨骼，它们将一切连接在一起，几乎所有内容都基于方法的结构构建起来。

可以在 Microsoft C# 文档 https://docs.microsoft.com/en-us/dotnet/csharp/programming-guide/classes-and-structs/methods 中找到关于方法的深入指南。

2.2.2　方法也是占位符

让我们举一个简单的将两个数字相加的例子来全面理解方法的概念。编写脚本，其本质上是在罗列一行行的代码，以便计算机按顺序执行它们。在第一次需要将两个数相加时，可以像下面的代码块所示将它们相加。

```
SomeNumber + AnotherNumber
```

但是之后我们发现这些数字在其他地方也需要做同样的加法，加在一起。

复制并粘贴相同的一行代码，会导致代码臃肿或产生称为"意大利面式"的代码，应尽力避免此情形的发生。可以创建一个具有专属命名的方法来专门执行此操作。

```
AddNumbers ()
{
    SomeNumber + AnotherNumber
}
```

这样，AddNumbers 方法便在内存中占有一席之地，就如同一个变量。但是，除了值之外，它还包含一个指令块。在脚本中的任何位置使用该方法的名称(称为调用方法)，会让已被存储的指令唾手可得，而不必再重复编写任何相同的代码。

```
AddNumbers()
```

如果发现自己一遍又一遍地编写相同的代码，可能意味着你错失了将重复的操作化简或凝练为通用方法的机会。

这种情况通常被程序员戏称为"意大利面式"代码，因为这样的代码会变得非常凌乱。程序员常提及一种称为"不要重复自己(DRY)"的原则来避免出现这种情况，建议时刻牢记此原则。

和之前一样，在通过伪代码学习了新的概念后，最好是将其付诸实践，我们在下一节中便会这么做来强化理解。

让我们再次打开 LearningCurve，看看方法是如何在 C#中运作的。就像变量的那个示例一样，请参照图 2-6 所示的代码一比一复制到脚本中。为了看起来更整洁，其中已删除了上个示例的代码，但是你当然也可以将其保留在脚本中以供参考。

(1) 在 Visual Studio 中打开 LearningCurve。

(2) 在第 8 行添加一个新的变量:

```
public int addedAge = 1;
```

(3) 在第 16 行添加一个新方法，将 currentAge 和 addedAge 相加，并打印出结果。

```
void ComputeAge()
{
    Debug.Log(currentAge + addedAge);
}
```

(4) 在 Start 内通过下面的代码调用新方法。

```
void Start()
{
    ComputeAge();
}
```

(5) 在 Unity 中运行脚本之前，再次检查你的代码是否如图 2-6 所示。

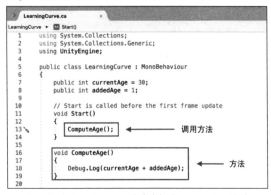

图 2-6 在 LearningCurve 脚本中创建 ComputeAge 方法

(6) 保存文件,然后返回 Unity,单击 Play 按钮并在控制台中查看新的输出。

我们在第 16 至 19 行中定义了第一个方法,并在第 13 行中对其进行了调用。现在,无论在何处调用 ComputeAge()方法,两个变量都将相加并且相加的结果会打印输出到控制台,即使它们的值发生了变化。请记住,我们之前在 Unity 的 Inspector 中将 CurrentAge 设置为 18,而 Inspector 中设置的值将总会优先覆盖 C#脚本中所赋予的值(见图 2-7)。

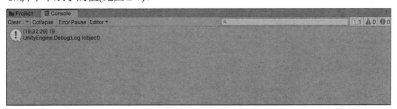

图 2-7　在 Inspector 中更改变量值并在控制台输出

可以继续在 Inspector 面板中尝试不同的变量值,并查看结果! 有关上面编写代码的具体语法将在下一章讲解。

现在已掌握了有关方法的知识,下面介绍编程领域中最大的知识点——类!

2.3　类

虽然已经学习了变量如何存储信息以及方法如何执行动作,但是我们掌握的编程工具箱依然很有限。我们还需要掌握一种方法来创建某种超级容器,它拥有自身的变量和方法,且这些变量和方法可以通过该容器从其自身内部进行调用。这便是类。

- 从概念上讲,类将相关信息、动作和行为保存在单个容器中,它们之间还可以相互通信。
- 从技术上讲,类是一种数据结构。它可以包含变量、方法和其他程序信息,这些信息皆可在该类的对象被创建后被引用。
- 从实践上讲,类就像一个蓝图。它为任何参照该蓝图创建的对象(称为实例)设定了规则和规定。

可能你已发觉并意识到,不仅在 Unity 中,在现实世界中我们同样被各种各样的类包围着。接下来,我们将审视一个最常见的 Unity 类以及现实生活中的类是如何起作用的。

可以在 Microsoft C#文档 https://docs.microsoft.com/en-us/dotnet/csharp/ fundamentals/types/classes 中找到关于类的更深入的指南。

2.3.1 一个常见的 Unity 类

在知道 C#中的类是什么样子之前，应该知道我们其实在本章中一直在使用一个类。默认情况下，在 Unity 中创建的每个脚本都是一个类，这一点可以从代码第 5 行的 class 关键字中看出来。

```
public class LearningCurve: MonoBehaviour
{

}
```

MonoBehaviour 代表该类可以附加到 Unity 场景中的 GameObject 上。两个大括号标记了类的边界——括号内部的任何代码都属于该类。

在 C#中,类可以独立存在,这种用法我们将在第 5 章中创建独立的类时遇到。

脚本和类的说法有时在 Unity 的一些资料中被交替使用。为了保持一致性，在本书中，我们将附加到 GameObjects 上的 C#文件称为脚本。然而，如果它们是独立的，我们则称其为类。

2.3.2 类就像蓝图

作为最后一个例子，让我们思考一下本地的邮局。邮局是一个独立且自包含的环境，意味着邮局具有一些属性，比如物理地址(可以视为一个变量);具有执行业务的能力，比如可以发送信件(可以视为一个方法)。

这便使邮局潜在地成为可用于描述类的一个很好的例子，可以通过下面的伪代码块对其进行概述。

```
public class PostOffice
{
    // Variables
    public string address = "1234 Letter Opener Dr."

    // Methods
    DeliverMail() {}
    SendMail() {}
}
```

这里值得关注的是，当信息和行为遵循某一预定义的蓝图时，复杂的动作和类间的通信便成为可能。例如，如果有另一个类想要通过 PostOffice 类发送一封信，它并不需要思考如何才能触发该操作，可以很简单地从 PostOffice 类中调用 SendMail 方法来实现，如下所示。

```
PostOffice().SendMail()
```

另外，还可以用它查找邮局的地址，以便知道邮件是从哪里寄出的。

```
PostOffice().Address
```

也许你对上面英文单词间使用的英文句点(称为点表示法)存有疑惑，我们将在下一节介绍它，请先跟上。

2.3.3　类之间的通信

到目前为止，我们将类以及作为其拓展的 Unity 组件都描述为分离的、独立的个体。但实际上，它们之间是深深交织在一起的。如果类之间不存在交互或通信，创建任何有价值的应用程序软件都将极其困难。

在之前邮局的例子中，示例代码使用英文句点来引用类、变量和方法。如果将类视为信息的目录，那么点表示法(dot notation)便是用来索引的工具。

```
PostOffice.Address
```

可以通过点表示法访问类中的任何变量、方法或其他数据类型。它同样适用于嵌套的类或子类的信息，我们会在第 5 章涉及所有这些知识点。

点表示法同样也是驱动类与类之间通信的手段。每当一个类需要有关另一个类的信息或想要执行其中的方法时，都会通过点表示法来实现。

```
PostOffice.DeliverMail()
```

在某些文档中，点表示法有时也被称为 "." 运算符(点运算符)。所以，如果在某些文档中看到它以这种方式被提及，不要忘记它。

如果尚未熟悉点表示法也不用担心，你一定会慢慢习惯它的。点表示法如同流淌在整个程序躯干中的血液，在被需要的地方承载着信息和上下文。

现在已对类有了稍多的了解，接下来谈谈在编程中使用最频繁的工具——注释！

2.4 使用注释

你可能已经注意到，LearningCurve 脚本中有一行奇特的文本(图 2-6 中的第 10 行)，这一行文本以两条斜线(正斜线/)开头，是创建脚本时默认生成的。

它们是代码注释。在 C#中，有多种方式创建注释，而 Visual Studio(及其他代码编辑应用程序)通常会通过内置的快捷方式使其变得更加容易。

一些专业人士不会将注释视为编程的基本构建块，但我却无法认同这个观点。用有意义的信息将代码进行恰当的注释，是编程新手最应培养的基本习惯之一。

2.4.1 单行注释

下面的单行注释与在 LearningCurve 脚本中的注释相似。

```
// This is a single-line comment
```

Visual Studio 不会将以两条斜线(之间无空格)开头的行视为代码，因此我们可以根据需要尽情使用它们为别人或为自己对代码进行诠释。

2.4.2 多行注释

正如其名，你大概也可以猜出单行注释仅适用于注释代码中的某一行。如果要多行注释，则需要在注释文本前后使用斜线和星号的组合(即用/*和*/分别作为注释的开始和结束字符)。

```
/* this is a
    multi-line comment */
```

还可以通过高亮显示代码块(拖动光标并选中代码块)并使用快捷方式来对该代码块进行注释或取消注释。该快捷方式在 MacOS 上为 Cmd + /，在 Windows 上为 Ctrl + K + C。

Visual Studio 还提供了一个方便的自动生成注释的功能。在任何代码行(变量、方法、类等)之前的行中连续键入三条斜线，将出现一个摘要注释块，如图 2-8 所示。

示例中的注释看着再好，也不如在自己的代码中做好注释。开始习惯加注释永远不会太早！

2.4.3 添加注释

打开 LearningCurve，并在 ComputeAge()方法上方添加三条斜线，见图 2-8。

```
31          /// <summary>
32          /// Time for action - adding comments
33          /// Computes a modified age integer
34          /// </summary>
35          void ComputeAge()
36          {
37              Debug.Log(CurrentAge + AddedAge);
38          }
39      }
40
```

图 2-8　为方法自动生成的三行注释

此时应该看到三行注释，其中包含由 Visual Studio 根据方法名称生成的方法的描述，夹在两个<summary>标签之间。当然，我们可以像在文本文档中一样更改注释文本或按 Enter 键添加新行，只要确保没有触及<summary>标签，否则，Visual Studio 将无法正确识别注释。

当想了解自己编写的某个方法时，这种详细注释就起到了作用。当某方法使用了三条斜线进行注释，在任何调用该方法的位置，若将鼠标悬停在该方法名称上，Visual Studio 会弹出显示该方法的注释摘要。见图 2-9。

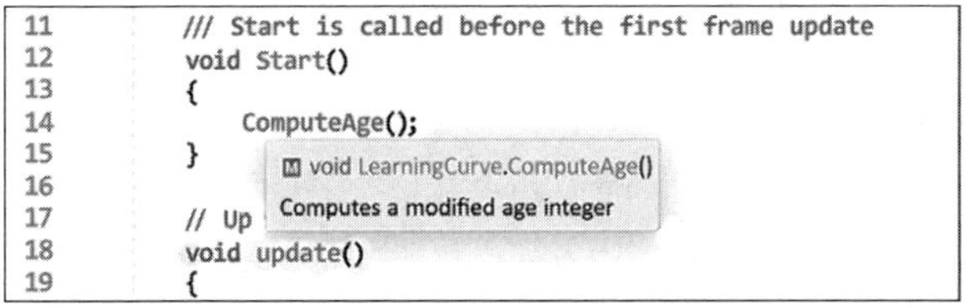

```
11          /// Start is called before the first frame update
12          void Start()
13          {
14              ComputeAge();
15          }
16                          M void LearningCurve.ComputeAge()
17          // Up          Computes a modified age integer
18          void update()
19          {
```

图 2-9　Visual Studio 弹出信息框以显示注释摘要

至此，我们的基础编程工具箱已基本完备(至少是理论部分)。然而，我们仍需要了解本章所学内容如何应用于 Unity 游戏引擎中，这将在下一节中重点介绍!

2.5　整合基本构建块

在本章收尾之前，随着各基本构建块的揭示，是时候做一些针对 Unity 的整理工作了。具体来说，我们需要更多地了解 Unity 是如何处理附加到GameObjects上的C#脚本的。

在本节的示例中，我们将继续使用 LearningCurve 脚本和 Main Camera 这个 GameObject。

2.5.1 将脚本变成组件

所有 GameObject 的组件都是脚本，无论是由我们还是由 Unity 编写的。唯一的区别是，对于由 Unity 提供的原生组件(例如 Transform)及其对应的脚本，用户通常不应该编辑它。

一旦将创建的脚本拖放到某个 GameObject 上，它便成为该游戏对象的一个新组件，这便是它会出现在 Inspector 面板中的原因。对于 Unity 而言，它同其他任何组件一样能"走"、会"说"，并可随时在该组件下更改其公共变量。尽管我们不应该编辑 Unity 提供的原生组件，但仍然可以访问它们的属性和方法，从而使它们成为更强大的开发工具。

当脚本成为组件时，Unity 还会自动地进行一些可读性调整。你可能已经注意到，当我们向 Main Camera 添加 LearningCurve 脚本时，如图 2-3 和图 2-5 所示，在 Inspector 中，Unity 将其显示为"Learning Curve"，同时 CurrentAge 将其显示为"Current Age"。

在 2.1.2 节"变量充当占位符"中，我们已经尝试在 Inspector 面板中更新变量值，现在有必要更详细地讲一下它的工作原理。调整某一属性的值可以分为以下三种情况：

- 在 Unity Editor 窗口的 Play 模式下(运行时状态)
- 在 Unity Editor 窗口的开发模式下(编辑器状态)
- 在 Visual Studio 代码编辑器中

在 Play 模式下所做的更改会立即实时生效，这非常适合对游戏进行测试和微调。但是，请务必注意，在停止游戏并返回到开发模式后，在 Play 模式下所做的任何更改都将丢失。若丢失在 Play 模式下的更改会令人非常沮丧，所以请务必留意游戏试玩测试时所处的模式。

若要复制你在 Play 模式中所做的任何更改，请执行以下步骤。

(1) 右击修改后的组件，选择 Copy Component，如图 2-10 所示。

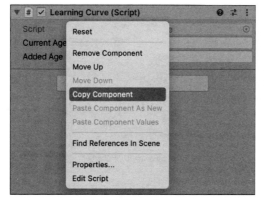

图 2-10　选择 Copy Component

(2) 退出 Play 模式，再次右击组件，这次选择 Paste Component Values，如图 2-11 所示。

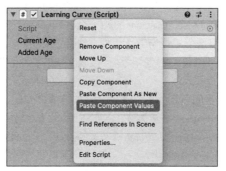

图 2-11　选择 Paste Component Values

在"开发"模式下，对变量所做的任何更改都将由 Unity 保存。这意味着，假设你退出 Unity 再重新启动它，更改仍将被保留。

在 Inspector 面板中对值所做的任何更改都不会影响脚本中的内容，但是在"运行"模式下，这些更改将覆盖在脚本中分配的值。

在 Play 模式下所做的任何更改都将在停止 Play 模式时自动重置。如果需要撤销在 Inspector 面板中所做的任何更改，可以将脚本重置为其默认值(有时称为初始值)。单击任何组件右侧的三个垂直点的图标，然后选择 Reset(重置)，如图 2-12 所示。

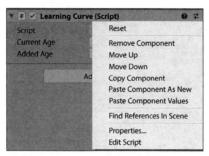

图 2-12　Inspector 中的脚本重置选项

如果变量失控了,我们总可以硬重置(hard reset)它们,这会让我们很安心。

2.5.2　来自 MonoBehaviour 的助力

由于 Unity 的 C#脚本都是类,那么 Unity 又是如何知道该把哪些脚本视为组件,而哪些不视为组件呢?简单来说,LearningCurve(以及在 Unity 中创建的任何脚本)继承自名称为 MonoBehaviour 的类(一个由 Unity 提供的默认类)。这便告诉了 Unity,可以将这个 C#类转换为组件。然而,并非所有脚本都必须继承自 MonoBehaviour 类——只有那些想要添加到 Unity 场景中的游戏对象上的脚本才有必要继承。

在我们编程旅程的当前阶段,介绍有关类的继承的知识点还略显有些超前。我们暂可以认为 MonoBehaviour 类将其一部分变量和方法借给 LearningCurve 类使用。在第 5 章中,将通过实践详细介绍类的继承,届时也将介绍如何编写一个不继承自 MonoBehaviour 的类。

常使用的 Start()和 Update()方法也都属于 MonoBehaviour 类,任何附加到 GameObject 的脚本中只要存在以上两个方法或其中任一个,Unity 都会自动运行它们。在场景开始运行时,Start()方法会执行一次;而 Update()方法会每帧都执行一次(因此执行频率取决于计算机的帧率)。

既然我们对 Unity 文档的熟悉程度有了很大的提高,那么我们来尝试一个简短的可选挑战!

英雄的试炼——脚本 API 中的 MonoBehaviour

现在是时候尝试独自使用 Unity 文档了,还有什么比查找一些常见的 MonoBehaviour 方法更好的方式呢。

- 尝试在脚本 API 中搜索 Start()和 Update()方法，来更好地了解它们在 Unity 中的作用。
- 想挑战的话，还可以更进一步，查看手册中的 MonoBehaviour 类，了解更详细的解释和说明。

2.6　本章小结

　　了解基本概念(例如变量、方法和类)的理论将为我们打下坚实的基础。请记住，这些基本构建块在现实世界中都可以找到非常真实的参照物。变量保管值，如同信箱保管信件；方法如同配方，存储指令说明，以便我们遵循这些指令以获得预期的结果；类就像蓝图，与真实的蓝图作用一样。

　　如果你希望建造的房屋结实坚固，那么就不能没有一个经过深思熟虑的设计方案来遵循。

　　本书接下来将带你从零开始深入地学习 C#语法，在第 3 章中将详细介绍如何创建变量、管理数值类型以及使用一些或简单或复杂的方法。

2.7　小测验——C#的基本构建块

　　(1) 变量的主要目的是什么？

　　(2) 方法在脚本中起什么作用？

　　(3) 脚本是如何变成组件的？

　　(4) 点表示法的目的是什么？

　　不要忘记将你的回答与附录中提供的小测验答案做对照，以检验你的学习成果。

第**3**章
深入了解变量、类型和方法

　　人们在接触任何一种编程语言的初期，常会被一个问题所困扰——我们往往认识敲入的单词，却不能理解其背后的含义。这种情况若发生在其他领域，一定会让人困惑不解，但编程领域是一个特例。

　　C#语言并非其自身独有的一种语言，它依旧是使用英语表达的。只不过，我们平时说话所使用的词句与我们在 Visual Studio 中编写的代码之间的差异来源于后者缺省的上下文信息，这便是我们需要重新学习和了解的。你或许知道如何拼写 C#代码中的每一个单词，却不知道应该何处、何时以及为何使用它们，更关键的是，不知道怎样使它们构成 C#语言的句式。

　　从本章开始，我们将从编程的理论出发，进入实际编写代码的旅程。本章内容涉及 C#接受的格式、调试技巧，以及综合应用一些较复杂的有关变量和方法的示例。本章的内容较多，但当你顺利完成本章结尾的小测验时，便不会再对以下这些高级话题感到陌生。

本章重点：
- 如何编写符合规范的 C#代码
- 如何对代码进行调试
- 深入了解变量
- 了解运算符
- 如何定义方法

让我们开始吧！

3.1　编写符合规范的 C#代码

代码行就像一句话，意味着它们也需要某种用来表示分隔或结束的字符。在 C#中，我们将代码行称为语句，并且必须在语句的结尾加上用来表示结束的分号 ";"，这样做便于代码编译器逐句地处理代码。

但是，要注意的是，与我们熟悉的文字书写不同，C#的语句严格说来并不要求位于同一行上，代码编译器在编译时会忽略其中的空格和换行。举个简单的例子来说，一个用来声明变量的语句我们可以这样写：

```
public int firstName = "Harrison";
```

另外，也可以写成下方这样：

```
public
int
firstName
=
"Harrison";
```

这两种写法都可以完美地被 Visual Studio 识别和接受，但第二种方式在软件行业内是不鼓励的，因为它增加了阅读的难度。编写程序时应保证代码尽可能地简洁、高效且清晰易读。

有时也会遇到这种情况，一条语句太长，无法恰当地位于同一行上。这种情况一般比较少见，且即便出现也会相距较远。当我们遇到这种情况时，只需要确保在易于阅读的前提下对语句进行适当的换行即可。当然，千万别忘记语句末尾的分号。

关于格式的规则第二个需要记住并养成习惯的是要学会使用大括号或花括号 "{}"。在声明方法、类或接口时，后面都要跟上一组成对的大括号。尽管稍后我们会对它们逐一地深入讲解，但尽早熟悉标准的格式规范很重要。

在传统的 C#编程规范中，通常是让每个大括号单独占一行，如下面这样：

```
public void MethodName()
{
}
```

然而，在实践中也常会发现第一个大括号与声明处于同一行，这完全取决于个人的偏好。

```
public void MethodName() {
}
```

虽然两种风格的差异不至于让人抓狂，但切记要保持代码书写格式风格的一致。在本书中，我们将坚持使用第一个例子的那种"纯净的" C#代码风格，该风格会始终将每个大括号独立成行，而用于 Unity 和游戏开发的 C#脚本却往往会遵循第二个例子的风格。

在开始学习编程时，学会并养成良好的、一致的格式风格是至关重要的，但同样重要的还有要具备查看代码运行结果的能力。下一节将介绍如何在 Unity 控制台窗口中打印输出变量和信息。

3.2 调试代码

在处理实际案例时，需要通过某种方式来在 Unity 编辑器中的控制台窗口打印输出信息和反馈。该信息仅用于帮助我们标记代码中何时或何处发生了什么事，且不会在游戏中可见。这在编程术语中称为调试(debugging)，C#和 Unity 都提供了许多辅助方法，以便开发者能轻松地进行调试操作。其实在上一章我们已经进行过代码调试，只是当时没有过多地介绍它的工作原理。现在让我们补上。

此后，每当被要求进行调试或打印输出信息时，可以使用以下方法之一。

● 如果只是想输出简单的文本或单独的变量，可以使用标准的 Debug.Log() 方法。文本需要被包含在一对双引号内(注意使用英文标点符号)，若要输出变量值，则可以直接使用该变量，不需要添加额外的字符。例如：

```
Debug.Log("Text goes here.");
Debug.Log(CurrentAge);
```

这将在控制台面板中产生如图 3-1 所示的结果。

图 3-1 观察 Debug.Log 的输出

- 对于更复杂一点的调试需求，可以使用 Debug.LogFormat()方法。这个方法将允许我们通过使用占位符来实现在打印输出的文本中放置变量。占位符用一对里面包含了索引号的大括号作为标记。索引号是一个数字，从 0 开始计数，依序递增 1。在下面的例子中，文本中占位符{0}的位置将被替换为该语句后方第一个变量 CurrentAge 的值，{1}将被替换为第二个变量 FirstName 的值，以此类推。

```
Debug.LogFormat("Text goes here, add {0} and {1} as variable
    placeholders", CurrentAge, FirstName);
```

这将在控制台面板中产生如图 3-2 所示的结果。

图 3-2　观察 Debug.LogFormat 的输出

你或许已经注意到上面的两个调试语句中都使用了点表示法，你真棒！Debug 是我们使用的类的名称，而 Log()和 LogFormat()是从该类中调用的两个不同的方法。

在调试这个有力工具的辅助下，我们就可以继续更深入地了解如何声明变量，以及 C#中还有哪些其他不同的语法和句式。

3.3　深入了解变量

在第 2 章中，我们了解了如何写变量，并浅尝了一点它们提供的高级功能。然而，我们仍然对具体能使它们发挥作用的句法结构知之甚少，接下来让我们从最基础的开始介绍：声明变量。

3.3.1　声明变量

变量并不只会出现在一个 C#脚本的顶部，它们必须根据特定的规则和要求被声明出来。一个变量声明语句至少需要满足以下几点要求：

- 必须指定变量将存储的数据类型。
- 变量必须要有一个唯一且独特的名称。
- 如果在声明变量时赋值，则该值必须匹配变量指定的数据类型。
- 声明变量语句同样需要以分号作为结尾。

遵循以上规则的句法如下所示：

```
dataType UniqueName = value;
```

提示说明：

　　变量的命名必须是唯一且独一无二的，以避免与 C# 中默认已用的单词发生冲突，这些已经被 C# 原生取用的单词称为关键字。有关受保护的关键字完整列表可访问：https://docs.microsoft.com/en-us/dotnet/csharp/language-reference/keywords/index。

　　上面的句法看起来很简单、整洁且高效，然而对于一种编程语言来说，如果像创建变量这么寻常的事却仅有一种方式来实现的话，从长远来看就未免显得不够实用。复杂的应用和游戏代码有着不同的用例和情况，它们都有独特的 C# 句法。在接下来的两个小节中，我们将探索声明类型和值的不同情况。

1. 声明类型和值

　　创建变量时最常见的一种情况是在声明时已经拥有了所有必需的信息。举例来说，如果已经知道了一个玩家的年龄，那么此时创建一个变量来存储它将会非常容易。

```
int CurrentAge = 32;
```

仅需这样的一句，便满足了声明变量时的所有基本要求。

- 为变量指定了一个数据类型，在这里该类型为 int(英文 integer 的缩写，意思是整数)。
- 使用了唯一的名称 CurrentAge 为变量命名。
- 32 是个整数，与变量指定的数据类型相匹配。
- 该语句以分号结尾。

　　然而，有时声明变量的当下并不知道它的值，下一节中我们将聊一聊这个话题。

2. 仅声明类型

　　让我们考虑一种情况：已知变量的数据类型和名称，但暂时还不知道它的值。该值将在其他地方计算和分配，但仍需要在脚本的顶部声明该变量。此时，使用只声明类型的句法再适合不过了：

```
int CurrentAge;
```

这里只定义了变量的数据类型(int)和变量的唯一名称(CurrentAge)，但因为遵循了声明变量的基本要求，该语句依然成立且有效。值得注意的是，在没有分配值的时候，C#会根据变量的数据类型为其分配默认值。在这个例子中，由于变量 CurrentAge 的数据类型是 int，因此将被赋以默认值 0。在当有实际值可用时，便可以轻松地在一条新的语句中通过引用该变量名来为其赋值。

```
currentAge = 32;
```

提示说明:
查看完整的 C#语言支持的数据类型及其对应的默认值列表可访问：
https://docs.microsoft.com/en-us/dotnet/csharp/language-reference/builtin-types/default-values。

至此，你可能会好奇声明变量为什么与在之前的脚本示例中所见到的不同，没有包含被统称为访问修饰符的 public 关键字。因为在那时我们还不具备能够清楚诠释它们所必需的基础知识。但现在，既然我们已具备一定的基础，是时候重新聊聊访问修饰符了。

3.3.2 使用访问修饰符

现在，既然基本语法已不再神秘，那么就让我们深入探讨变量声明语句的更多细节。由于我们是按照从左至右的顺序阅读代码的，因此我们理应从通常最先出现的关键字——访问修饰符，来开始对变量的深入研究。

快速回顾一下我们在上一章 LearningCurve 脚本中使用的变量，会发现在声明变量语句的前面有一个额外的关键字：public。它便是该变量的访问修饰符。可以将其视为一种安全级别设置，用于确定谁或什么可以访问该变量的信息。

任何未标记为 public 的变量将默认设置为 private(私有的)，private 的变量不会显示在 Unity 编辑器的 Inspector 面板上。

若加上访问修饰符，本章开头时介绍的变量声明的语法将变更如下：

```
accessModifier dataType UniqueName = value;
```

虽然在声明变量时显式地标注访问修饰符不是必需的，但对新手来说显式地标注访问修饰符是一个好习惯。善用访问修饰符对代码的可读性和专业性大有帮助。

C#中有四个主要的访问修饰符，但作为初学者，经常使用下面这两个。

● public：公共变量，任何脚本都可以不受限制地访问和使用该变量。

- private：私有变量，变量仅在创建了它们的类(称为所属类)内部可用。任何没有显式注明访问修饰符的变量都默认为私有变量。

  其余两个高级修饰符具有以下特点。

- protected：可在其所属类或派生类中访问该变量。

- internal：仅在当前程序集中，内部类或成员才可访问(程序集是一个自动生成的文件，出于整洁的目的，它将代码、资源和其他几乎所有东西捆绑在一个包中)。

以上的每个访问修饰符都有其特定的用例，但是在进入更高级的章节之前，先不必担心 protected 和 internal 这两个修饰符。

> **说明：**
>
> 此外还存在两个修饰符组合使用的情况，但本书不会涉及。关于该话题的更多信息可访问：https://docs.microsoft.com/en-us/dotnet/csharp/language-reference/keywords/access-modifiers。

让我们动手试一下设置访问修饰符！就像对待现实生活中的信息一样，某些数据需要被保护或只能与特定的人共享。若某个变量不需要在 Unity 编辑器的 Inspector 面板中进行更改，或不需要从其他脚本中访问，那么给它加上私有访问修饰符 private 便是一个理想的选择。

执行以下步骤来更新 LearningCurve 脚本。

(1) 将 CurrentAge 前面的访问修饰符从 public 更改为 private 并保存文件。

(2) 返回 Unity 编辑器，选中 Main Camera，然后查看 Inspector 面板中 LearningCurve 部分有什么变化(见图 3-3)。

图 3-3　附加在 Main Camera 上的 LearningCurve 脚本组件

由于 CurrentAge 现在是私有的，因此该变量在 Inspector 面板中不再可见，并且只能在 LearningCurve 脚本的代码中访问。如果单击 Play 按钮，该脚本仍将像之前一样正常运行。

这是深入了解变量的一个很好的开始，但我们仍需更多地了解变量还可以存储哪些数据。这便需要在下一节中介绍数据类型。

3.3.3 了解数据类型

为变量指定何种特定的数据类型是一个重要的抉择，它贯穿于变量在其整个生命周期中的每一次交互。由于 C#是所谓的"强类型"或"类型安全"的语言，因此每个变量无一例外都必须具有指定的数据类型。相较之下，诸如 JavaScript 等编程语言，它们是非类型安全的。这意味着在对某种数据类型执行操作或进行类型转换时必须遵循一些规则和要求。

1. 通用内置类型

C#中的所有数据类型都源于(在编程术语中称为"派生")一个共同的祖先 System.Object。这种层次结构，称为通用类型系统(Common Type System，CTS)，意味着在不同的类型间有许多功能可以共享。图 3-4 列出了一些最常见的数据类型及其能够存储的值。

类型	中文名称	变量可存储的内容
int	整型	整数，例如 3
float	浮点型	具有小数点的数，例如 3.14
string	字符串	用英文双引号括起来的字符，例如"Watch me go now"
bool	布尔型	true 或 false

图 3-4　变量的通用数据类型

除了指定变量可以存储的值的类型外，类型自身还包含了有关它们自身的一些附加信息。比如：

- 所需的存储空间
- 最大值和最小值
- 允许的操作或运算
- 在内存中的位置
- 访问方法
- 基(派生)类型

如果至此感觉有点压力，先不必紧张，借助技术文档来使用 C#提供的所有类型远比强制记忆要好。很快，即使使用最复杂的自定义类型，你也会感觉自然而然。

提示说明:
了解所有 C#内置类型及其规范的完整列表可访问: https://docs.microsoft.com/
en-us/dotnet/csharp/programming-guide/types/index。

在图 3-4 列表中的类型令你困扰之前,最好动手试验一下它们。毕竟,学
习新事物的最好方法是使用它、破坏它,然后尝试修复它。

让我们继续并打开 LearningCurve 脚本,根据上面在 "通用内置类型" 部分
中的类型列表,为每种类型添加一个新变量。使用怎样的命名和值由你决定,
但务必确保将其标记为 public,以便可以在 Inspector 面板中看到它们。如果仍需
要一点提示,可以参考下方的代码。

```
public class LearningCurve : MonoBehaviour
{
    private int CurrentAge = 30;
    public int AddedAge = 1;

    public float Pi = 3.14f;
    public string FirstName = "Harrison";
    public bool IsAuthor = true;

    // Start is called before the first frame update
    void Start()
    {
        ComputeAge();
    }

    /// <summary>
    /// Time for action – adding comments
    /// Computes a modified age integer
    /// </summary>
    void ComputeAge()
    {
        Debug.Log(CurrentAge + AddedAge);
    }
}
```

在处理字符串类型时,实际的文本值必须在一对英文(半角)双引号内,而浮
点值则必须以小写的 f 结尾,如上方代码中的 FirstName 和 Pi 所示。

现在所有不同的变量类型都是可见的。请留意,bool 类型的变量在 Unity
中显示为复选框的形式(选中为 true,取消选中为 false)。如图 3-5 所示。

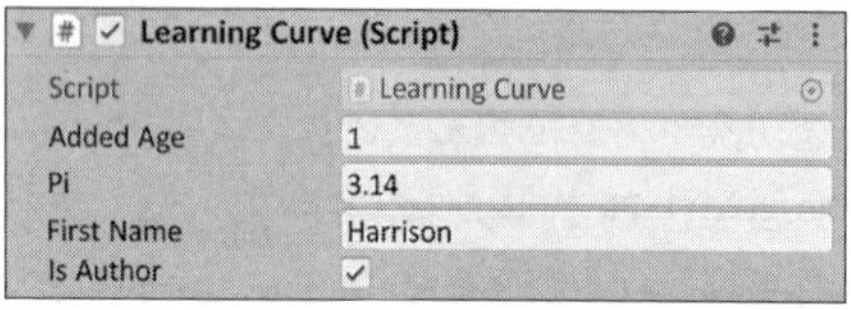

Learning Curve (Script)		
Script	Learning Curve	
Added Age	1	
Pi	3.14	
First Name	Harrison	
Is Author	✓	

图3-5　LearningCurve 脚本组件与通用变量类型

请牢记，任何声明为 private 的变量不会出现在 Inspector 面板上。在学习类型转换之前，需要介绍一个常见且功能强大的针对字符串数据类型的应用。即，创建一个内部带有可随意安置变量的字符串。

尽管代码中数字类型的使用方式与我们从小学习的数学中的一致，但字符串却是另一回事。可以通过以$符号开头的方式将变量和实际值直接插入文本，这称为字符串内插(string interpolation)。我们已经在 LogFormat()进行调试时使用过字符串内插，只需要添加$符号便可以在任何地方使用它们。

下面通过行动来看看如何在 LearningCurve 脚本中创建一个简单的内插字符串。

在调用 ComputeAge()方法之后，输出 Start()方法内部的内插字符串。

```
void Start()
{
    ComputeAge();
    Debug.Log($"A string can have variables like {FirstName} inserted
directly!");
}
```

多亏了$符号和大括号，FirstName 变量的值被视为一个值，并在内插字符串内打印输出。我们也可以使用 Debug.LogFormat 方法，但上面的例子显然更简短和整洁。

```
    Debug.LogFormat("A string can have variables like {0} inserted
directly!", FirstName);
```

没有了这种特殊格式，字符串只能将 FirstName 视为文本而不是变量值。如图3-6 所示。

图3-6　控制台显示调试日志的输出

也可以使用+运算符创建内插字符串，该方法将在 3.4 节"运算符"中介绍。现在，让我们把话题切换至类型转换。

2. 类型转换

我们已经看到，变量只能保存其声明类型的值，但是在某些情况下，还需要组合不同类型的变量。在编程术语中，这称为转换，它有两种主要形式。

- 隐式转换，它是自动进行的，通常在一个较小的值适配另一个变量类型而不需要四舍五入的情况下发生。例如，任何整数都可以隐式转换为 double 或 float，而不需要额外的代码。

```
int MyInteger = 3;
float MyFloat = MyInteger;

Debug.Log(MyInteger);
Debug.Log(MyFloat);
```

如图 3-7 所示，可以看到控制台面板的输出，两个数字都显示为 3(即便严格意义上讲 float 变量应是 3.0，但 C#将 0 舍掉了)。

图 3-7　隐式类型转换的调试输出

- 显式转换，若在类型转换时存在可能会丢失变量信息的风险，则需要进行显式转换。例如，如果想将一个 double 值转换为一个 int 值，则必须在要转换的值前面通过在括号中添加目标类型的方式来显式转换它。这相当于告诉编译器我们意识到了该数据(或精度)可能会丢失。

```
int ExplicitConversion = (int)3.14;
```

在此显式转换中，3.14 将四舍五入为 3，丢失小数值。如图 3-8 所示。

图 3-8　显式类型转换的调试日志输出

C#提供了用于将值显式转换为通用类型的内置方法。例如，可以使用

ToString()方法将任何类型转换为字符串值，而 Convert 类可以处理更复杂的转换。有关这些功能的更多信息可查看 https://docs.microsoft.com/en-us/dotnet/api/system.convert?view=netframework-4.7.2 中的 Methods 部分。

到目前为止，我们已经学习了有关类型交互、操作和转换的规则，但是该如何处理需要存储未知类型变量的情况呢？这或许听起来有点疯狂，但请考虑一下数据下载的应用场景。我们知道信息正在流入游戏，但是并不确定它是何种形式的。我们将在下一节中学习如何处理此问题。

3. 推断式声明

幸运的是，C#可以根据赋值推断出变量的类型。例如，var 关键字可以让程序知道变量 CurrentAge 的数据类型需要由其赋值 32 来决定，因此应该是整数类型。

```
var CurrentAge = 32;
```

尽管在某些情况下这很方便，但不要沉迷于这种懒惰的编程习惯之中，对所有变量都使用推断变量。这会给本应很清晰的代码增加很多不必要的猜测。推断式变量声明应当用于且仅用于测试代码时且将存储的数据类型未知的情况下。一旦知晓数据类型后，将变量声明变为指定的数据类型是推荐的做法，这样做能避免未来发生运行时错误。

在结束关于数据类型和转换的学习之前，还必须简要介绍一下如何创建自定义类型。

4. 自定义类型

当谈及数据类型时，重要的是要及早了解变量可以存储的值不仅仅只有数字和单词(称为字面值)。诸如类、结构体或枚举也都可以存储为变量。我们将在第 5 章中介绍这些主题，并在第 10 章中进一步探索其中的细节。

类型是很复杂的，要熟悉它们，唯一的方法就是使用它们。请记住以下这些重要事项：

- 所有变量都必须具有指定的类型(显式或推断式的)。
- 变量只能保存其指定类型的值(不能将字符串值赋给 int 变量)。
- 如果一个变量需要被赋予不同类型的值，或与另一个不同类型的变量相结合，就需要进行类型转换(隐式地或显式地)。
- C#编译器可以使用 var 关键字从变量的值推断出变量的类型，但仅应在要创建的变量的类型未知时使用。

上面只是将前几节中的一些细节进行了汇总，但是并没有结束，我们还需要了解命名约定在 C# 中的工作方式，以及变量是如何存在于脚本中的。

3.3.4　命名变量

根据我们对访问修饰符和类型的了解，为变量选择一个名称似乎是事后产生的想法，但这并不意味着命名变量应该是个草率的选择。清晰一致的命名约定不仅可以使代码更具可读性，还可以确保团队中的其他开发人员不必多问就能理解代码编写者的意图。

命名变量的第一条规则是，命名应该有意义。第二条规则是使用帕斯卡命名法(Pascal case)，即组成变量名的每个单词的首字母大写，其余小写，例如 HelloWorld。

> **提示说明：**
> C# 支持驼峰式命名法，即以小写字母开头，之后其他每个单词首字母大写，例如 helloWorld。如果你来自其他诸如 Java 或 C 等编程语言，你会对驼峰式命名法的格式更熟悉，但 C# 的编译器并不介意使用驼峰式命名法。只是帕斯卡命名法在 C# 中更普遍，因此本书选用帕斯卡命名法。

举游戏中的一个常见例子，声明一个变量来存储玩家的生命值状况。

```
public int Health = 100;
```

如果发现用上面类似的命名方式声明了变量，你应该在脑中敲响警钟。这是谁的生命值？它存储的是最大值还是最小值？当该值发生改变时，有哪些代码会受到影响？这些都是应该通过有意义的变量名轻松回答的问题。没有人希望在一周或一个月后发现被自己写的代码给困惑住。

既然如此，让我们尝试使用帕斯卡命名法优化它。

```
public int MaxPlayerHealth = 100;
```

请记住，使用帕斯卡命名法的变量名的每个单词都要首字母大写。

现在好多了。在稍加思考后，我们更新了变量名的含义和上下文。由于变量名的长度没有严格意义上的限制，因此有时可能会发现自己太过头了，写出可笑的描述性名称，这就如同使用过于简略的、非描述性的命名一样会带来问题。

通常，命名所具备的描述性应根据需要而定，不宜过多也不宜过少。找到自己的风格并坚持下去即可。

3.3.5 了解变量的作用域

我们即将结束对变量的深入研究，但仍然需要讨论一个更重要的话题：作用域。与访问修饰符用于确定哪些外部类可以获取变量的信息类似，变量的作用域用于描述在包含它的类中该变量的可见性和访问范围。

C#中的变量作用域主要分为三个级别。

- 全局作用域，是指变量可以由整个程序(游戏)访问。C#并不直接支持全局变量，但是该概念在某些情况下很有用，具体将在第10章中进行介绍。
- 类或成员作用域，是指变量可在其所属类中的任何位置被访问。
- 局部作用域，是指只能在创建该变量的特定方法或代码块内部进行访问。

观察图3-9所示的屏幕截图，不需要将截屏中的代码添入LearningCurve脚本，在这里仅用于展示的目的。

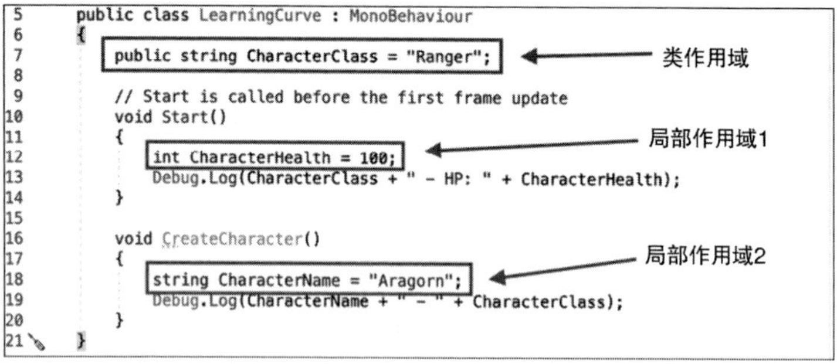

图3-9　LearningCurve脚本中不同的作用域

我们所说的代码块指的是任何花括号内的区域。这些花括号用作编程中的一种视觉层次结构。它们向右缩进得越远，在类中的嵌套层次就越深。

让我们解构截屏中的类和局部作用域变量。

- CharacterClass在类的顶部被声明出来，这意味着可以在LearningCurve脚本中的任何位置通过其名称进行引用。你或许听说此概念也被称为变量可见性，这也是一种思考它的好方法。
- CharacterHealth在Start()方法内声明，这意味着它仅在该代码块内可见。我们仍然可以毫无问题地从Start()访问CharacterClass，但是如果尝试从Start()以外的任何地方访问CharacterHealth，则会收到报错消息。

- CharacterName 与 CharacterHealth 相同，它只能从 CreateCharacter()方法内
  访问它。这个例子只是为了说明在一个类中可以存在多个、甚至嵌套的
  局部作用域。

如果花足够的时间与程序员交流，你会听说有关声明变量最佳位置的讨论
(有时是争论)。而答案却比想象的要简单：变量应该根据你希望它们如何起作用
来声明。如果变量有需要在整个类中被访问，请使其成为类变量。如果仅在代
码的特定部分中需要它，则应将其声明为局部变量。

> **说明：**
> 请注意，在 Inspector 面板中只能查看类变量，不能查看局部变量或全局
> 变量。

有了命名和作用域这两大利器，接下来让我们回到中学数学课堂，重新学
习算术运算!

3.4 运算符

编程语言中的运算符符号代表类型可以执行的算术、赋值、关系和逻辑等
功能。算术运算符代表了基本的数学运算，而赋值运算符用于对给定值同时执
行数学和赋值运算。关系和逻辑运算符用于评估多个值之间的条件，例如大于、
小于和等于。

C#也提供位运算符等各种其他运算符，但是在完全熟悉创建更复杂的应用
程序之前，这些运算符不会被用到。目前，只需要了解算术和赋值运算符即可。
至于关系和逻辑运算符，我们会在第 4 章中用到它们时再介绍。

算术运算符和赋值运算符

其实我们已经对算术运算符非常熟悉了：

- +，代表加法
- -，代表减法
- /，代表除法
- *，代表乘法

C#的运算符遵循常规的运算顺序，先后运算顺序是括号，指数，乘法，除
法，加法，减法。

例如，即使下面的算式包含相同的值和运算符，它们也会得到不同的取整后结果。

```
5 + 4 - 3 / 2 * 1 = 8
5 + (4 - 3) / 2 * 1 = 5
```

运算符应用于变量时，其工作方式与字面值相同。通过将算术运算符和等号一并使用，赋值运算符可以用作任何数学运算的简写替换。例如，如果想对一个变量做乘法，可以使用下方的代码。

```
int CurrentAge = 32;
CurrentAge = CurrentAge * 2;
```

也可以用第二种方法，如下：

```
int CurrentAge = 32;
CurrentAge *= 2;
```

在 C#中，等号也被视为赋值运算符。其他赋值符号遵循与前面的乘法示例相同的语法：+=、-=和/=分别用于执行加法并赋值、减法并赋值以及除法并赋值。

对于运算符，字符串是一种特殊情况，因为它们可以使用加号来创建拼接的文本，如下所示。

```
string FullName = "Harrison" + "Ferrone";
```

如果调试输出，将在控制台面板产生如图 3-10 所示的结果。

图3-10　对字符串使用运算符

这种方式往往会产生臃肿笨拙的代码，在大多数情况下，字符串插值是将文本拼接在一起的首选方法。

需要注意的是，算术运算符不能作用于所有的数据类型。例如，*和/运算符不能作用于字符串值，而算术运算符都不能作用于布尔类型。应该意识到，每种类型都具有各自的规矩来监督它们可以执行哪种操作和交互，这部分知识点将在 3.5 节"定义方法"中介绍。

做一个小实验，试着把字符串和浮点变量相乘，就像之前对数字所做的那样，如图 3-11 所示。

```
    // Time for action p. 60
    Debug.Log($"A string can have variables like {firstName} inserted directly!");

    // Time for action p. 68
    Debug.Log(firstName * pi);|
}
                        ▣ (field) string LearningCurve.firstName
// Update is calle  CS0019: Operator '*' cannot be applied to operands of type 'string' and 'float'
void Update()
{
```

图 3-11　Visual Studio 中不正确的类型操作的报错信息

图 3-12　控制台显示不匹配的数据类型的运算符报错

每当看到这种类型的错误时，请返回并检查变量类型的兼容性。

因为报错，此时编译器不允许我们运行游戏，必须清理一下这个示例。可以选择在第 21 行的 Debug.Log(firstName * pi)前加一对反斜杠(//)，或将该行完全删除。

目前，就变量和类型而言，这已经足够了。在继续之前，请务必在本章的小测验中测试一下自己!

3.5　定义方法

第 2 章简要介绍了方法在程序中的作用。方法存储和执行指令，就像变量存储值一样。现在，我们需要了解声明方法的语法以及它们是如何在类中驱动动作和行为的。

与变量一样，方法声明也有其基本要求，如下所示。

- 方法需要返回的数据类型(方法不必须有返回值，没有返回值时此项可忽略)
- 唯一的名称，以大写字母开头
- 方法名后要紧跟一对括号
- 用一对花括号标记方法体(方法体即具体指令的存放位置)

将所有这些规则放在一起，便得到一个简单的声明方法的蓝图。

```
returnType UniqueName()
{
    method body
}
```

作为一个实际的示例，让我们解构 LearningCurve 脚本中默认的 Start()方法。

```
void Start()
{
}
```

从上方代码可以观察到以下几点：

- 该方法以 void 关键字开头，作为该方法的返回类型。如果一个方法不返回任何数据，那么可以使用 void 关键字作为该方法的返回类型。
- 该方法具有类内部唯一的命名。尽管在不同的类内部可以使用相同的方法名，但总是应该尽可能使命名唯一。
- 方法名后紧跟一对括号，用于包括潜在的参数。
- 方法体的范围由一对花括号定义。

通常，如果一个方法的方法体为空，在实践中最好将其从该类中删除。我们总是希望脚本代码是精简的。

如同变量，方法也具有安全级别。除此以外，方法还可以具有输入参数，接下来将具体学习它们!

3.5.1 声明方法

与可用于变量的访问修饰符相同，方法也可以使用与变量相同的四种访问修饰符，并且可以包含输入参数。参数是变量的占位符，可以将其传递到方法中并在方法内部访问它们。输入参数的数量没有限制，但是每个参数都需要用逗号分隔，体现出其数据类型，且具有唯一的命名。

> **提示说明：**
> 可以将方法参数视为变量占位符，其值可以在方法主体内使用。

如果结合以上内容，方法的蓝图将更新如下：

```
accessModifier returnType UniqueName(parameterType parameterName)
{
    method body
}
```

提示说明:

如果没有显式访问修饰符,则该方法默认为 private。与私有变量一样,私有方法不能从其他脚本中调用。

要调用方法(这意味着要运行或执行其内部的指令),我们只需要使用其名称,后接一对带或不带参数的括号,并用分号将句子结束。

```
// 不带参数
UniqueName();
// 带参数
UniqueName(parameterVariable);
```

如同变量,每个方法都有一个描述其访问级别、返回类型和参数的指纹。这称为方法签名。本质上,方法签名是在编译器中该方法的唯一标记,以便 Visual Studio 知道如何处理该方法。

现在我们了解了如何构造一个方法,让我们创建一个吧。

在第 2 章的 2.2.2 节 "方法也是占位符" 中,我们在不知道上面所学内容的情况下,盲目地将一个名为 ComputeAge()的方法复制到 LearningCurve 脚本中。这次,我们将有目地创建一个方法。

(1) 声明一个 void 返回类型的 public 方法,称为 GenerateCharacter()。

```
public void GenerateCharacter()
{
}
```

(2) 在新方法体内添加一个简单的调用方法 Debug.Log(),以能够从喜欢的游戏或电影中打印输出角色名称。

```
Debug.Log("Character: Spike");
```

(3) 在 Start()方法内调用 GenerateCharacter()方法。

```
void Start()
{
    GenerateCharacter();
}
```

(4) 单击 Play,查看输出结果。

游戏启动时,Unity 会自动调用 Start() 方法,Start() 方法进而调用 GenerateCharacter()方法,并将其结果打印输出到控制台面板。

如果你已阅读了足够的文档，将会看到与方法有关的不同术语。在本书的其余部分中，会将创建或声明方法称为定义方法。同样，将运行或执行某方法称为调用该方法。

命名是整个编程领域不可或缺的一部分，因此在继续之前，重新审视方法的命名约定也就不足为奇了。

3.5.2 命名约定

像变量一样，方法也需要唯一、有意义的名称以便在代码中进行区分。方法驱动行为，在命名时应该考虑到这一点。例如，GenerateCharacter()方法听起来就像一条命令，当在脚本中调用它时便很好理解，而诸如 Summary()之类的名称则平淡无奇，并不能清晰地描绘出该方法的作用。与变量一样，方法命名也使用帕斯卡命名法。

3.5.3 方法是逻辑上的绕行道

我们已经看到，代码行按其编写顺序依次执行，但是方法的引入带来了一种独特的情况。调用方法会告诉程序先绕行进入该方法的指令，逐一地运行它们，然后再在调用该方法的地方恢复原顺序继续执行。

查看图 3-13 所示的截屏，看看你是否可以分析出调试日志将以什么顺序打印输出到控制台。

```
13    // Use this for initialization
14    void Start ()
15    {
16        Debug.Log("Choose" a character.");
17        GenerateCharacter();
18        Debug.Log("A fine choice.");
19    }
20
21    public void GenerateCharacter()
22    {
23        Debug.Log("Character: Spike");
24    }
```

图 3-13　思考调试日志的顺序

具体发生的步骤如下：

(1) Choose a character.将首先打印出来，因为它是代码的第一行。

(2) 当 GenerateCharacter()方法被调用，程序跳至第 23 行，打印输出 Character: Spike，然后回到第 17 行继续执行。

(3) 在 GenerateCharacter()中的所有代码行都运行结束之后，最后打印输出 A fine choice.。如图 3-14 所示。

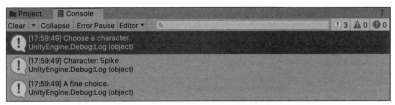

图3-14　控制台显示角色构建代码的输出

　　若无法向方法传递参数值，那么除了实现上述一些简单功能之外，方法本身用处就会很受限。接下来将学习如何使用参数。

3.5.4　指定参数

　　事实是，方法通常不会像 GenerateCharacter()方法这么简单。为了传递额外的信息，就需要定义方法可以接受和使用的参数。方法的每个参数都是一条指令，并且需要具备以下两点：

- 显式的类型
- 唯一的名称

　　这是不是很熟悉？其实，方法的参数本质上是简化的变量声明，并且它们执行相同的功能。每个参数的作用就像一个局部变量，只能在其特定方法的内部访问。

　　我们可以根据需要定义任意数量的参数。无论是编写自定义方法还是使用内置的方法，所定义的参数都是方法执行指定任务所必需的。

　　参数从概念上又可以分为形式参数和实际参数，形式参数作为方法可以接收值的类型的蓝图(简称形参)，而实际参数(简称实参)则就是值本身。为了进一步解释说明，请思考以下几点：

- 传递给方法的实参需要与形参的类型匹配，就像变量的类型与其值一样。
- 实参可以是字面值(例如数字 2)，也可以是在类中其他位置声明的变量。

　　提示说明：
　　程序在编译运行时，不需要实参名称和形参名称相匹配。

　　现在，让我们继续并添加一些方法参数，以使 GenerateCharacter()方法更有趣。让我们更新 GenerateCharacter()方法，以使它可以接收两个参数。

　　(1) 增添两个方法参数：一个用于字符串类型的角色名称，另一个用于整型的角色级别。

```
public void GenerateCharacter(string name, int level)
```

(2) 更新 Debug.Log()方法，使其可以使用这些新参数。

```
Debug.LogFormat("Character: {0} - Level: {1}", name, level);
```

(3) 使用自定义的实参更新 Start()方法中的 GenerateCharacter()方法调用，该实参可以是字面值或声明的变量。

```
int CharacterLevel = 32;
GenerateCharacter("Spike", CharacterLevel);
```

你的代码此时应如图 3-15 所示。

```
13        // Use this for initialization
14    void Start ()
15    {
16            int characterLevel = 32;              实参
17            GenerateCharacter("Spike", characterLevel);
18    }                                             形参
19
20    public void GenerateCharacter(string name, int level)
21    {
22            Debug.LogFormat("Character: {0} - Level: {1}", name, level);
23    }
```

图 3-15　更新 GenerateCharacter()方法

至此，我们定义了两个参数，分别是 name(字符串)和 level(整型)，并在 GenerateCharacter()方法中使用了它们，就像使用局部变量一样。当我们在 Start() 内部调用 GenerateCharacter()方法时，为具有相应类型的每个形参添加了实参值。在图 3-16 中，可以看到，通过在引号中直接使用字符串的字面值，其结果与使用 characterLevel 相同。

图 3-16　控制面板显示方法参数的输出结果

我们将更进一步介绍方法，你也许想知道要如何从方法内部向外传出值并返回。为了回答这个问题，接下来进入有关返回值的部分。

3.5.5　指定返回值

除了接收参数，方法还可以返回任何 C#类型的值。前面的所有示例都使用了 void 类型，该类型不返回任何内容，但是能够编写指令并传回计算结果才是方法真正的亮点所在。

根据方法的蓝图，方法返回值的类型需要在其访问修饰符之后指定。除了指定类型之外，该方法还需要包含 return 关键字，后跟返回值。返回值可以是变量、字面值，甚至是表达式，只要它与声明的返回类型匹配即可。

返回类型为 void 的方法仍可以使用未分配任何值或表达式的 return 关键字。

一旦到达带有 return 关键字的行，该方法将停止执行。这在某些情况下非常有用，比如想要在继续执行前检查某个或某些值是否存在，或防止程序崩溃。

接下来给 GenerateCharacter()方法添加一个返回类型，并学习如何用变量获取返回值。让我们更新 GenerateCharacter()方法，使其能返回整数。

(1) 将方法声明中的返回类型从 void 改为 int，并使用 return 关键字将返回值设置为 level += 5。

```
public int GenerateCharacter(string name, int level)
{
        Debug.LogFormat("Character: {0} - Level: {1}", name, level);

        return level += 5;
}
```

(2) GenerateCharacter()方法现在将返回一个整数，并通过将 5 加到 level 参数来计算得到。我们尚未指定如何或是否要使用此返回值，这意味着现在脚本不会执行任何新操作。

接下来的问题是，如何获取和使用新添加的返回值呢？好吧，我们接下来解决该问题。

3.5.6　使用返回值

在使用返回值时，有两种可行的方式。

● 创建一个局部变量以获得(存储)返回的值。

● 将调用方法本身替代返回值，像变量一样使用它。调用方法是触发指令的实际代码行，在我们的示例中为 GenerateCharacter("Spike"，CharacterLevel)。如果需要，甚至可以将调用方法作为参数传递给另一个方法。

通常鉴于更佳的可读性会首选第一种方式。将方法调用作为变量抛出会很容易使代码变得混乱，尤其是在将它们用作其他方法的实参时。

让我们在代码中试一下获取和调试 GenerateCharacter()方法的返回值。

用两条简单的调试日志来分别尝试上述两种方式。

(1) 创建一个新的 int 类型的局部变量，称为 NextSkillLevel，并将 GenerateCharacter()方法的返回值赋值给它。

```
int NextSkillLevel = GenerateCharacter("Spike", CharacterLevel);
```

(2) 添加两条调试日志，第一条打印输出 NextSkillLevel，第二条打印输出传入任意实参的新调用方法。

```
Debug.Log(NextSkillLevel);
Debug.Log(GenerateCharacter("Faye", CharacterLevel));
```

(3) 用两个反斜杠(//)注释掉 GenerateCharacter()内部的调试日志，以避免控制台输出内容混乱。你的代码应该类似下方所示：

```
// Start is called before the first frame update
void Start()
{
    int CharacterLevel = 32;
    int NextSkillLevel = GenerateCharacter("Spike", CharacterLevel);
    Debug.Log(NextSkillLevel);
    Debug.Log(GenerateCharacter("Faye", CharacterLevel));
}
public int GenerateCharacter(string name, int level)
{
    // Debug.LogFormat("Character: {0} - Level: {1}", name, level);
    return level += 5;
}
```

(4) 保存脚本，然后在 Unity 中单击 Play 按钮运行。对编译器来说，变量 NextSkillLevel 和 GenerateCharacter()方法调用代表了相同的信息，即一个相同的整数，这就是两个日志均显示数字 37 的原因，如图 3-17 所示。

图3-17　控制台输出代码执行结果

这部分内容需要一些时间去慢慢消化，尤其是在更多时候，方法是既带有参数又带有返回值的。没关系，接下来放松一下，了解一些 Unity 中最常见的方法。

但在那之前，先检验自己是否能够通过来自"英雄的试炼"的挑战吧！

英雄的试炼——将方法用作实参

如果你足够自信，为什么不尝试创建一个新方法呢？这个新方法可以接收一个 int 参数并将其输出到控制台，它不需要返回类型。实现后，再在 Start()方法中调用该方法，将 GenerateCharacter()方法调用作为其实参传递，然后查看输出结果。

剖析常见的 Unity 方法

现在，可以切实地讨论 Start()和 Update()这两个方法了，它们是在 Unity 中创建任何新 C#脚本时默认附加的最常见的方法。与自定义的方法不同，属于 MonoBehaviour 类的方法 Unity 引擎会根据这些方法自身的规则自动调用它们。在大多数情况下，在脚本中至少要有一个 MonoBehaviour 方法来启动代码，这很重要。

提示说明：
MonoBehaviour 方法的完整列表及说明可访问：https://docs.unity3d.com/ScriptReference/MonoBehaviour.html。可以从下面的链接找到这些方法的执行顺序：https://docs.unity3d.com/Manual/ExecutionOrder.html。

讲故事总是要从头说起的，很自然地，让我们先来看看每个 Unity 脚本的第一个默认方法：Start()。

1. Start()方法

Unity 在第一次启用该脚本时的第一帧调用 Start()方法。由于 MonoBehaviour 脚本几乎总是附在场景中的 GameObject 上的，因此当单击 Play 按钮时，GameObject 上附加的脚本会在加载的同时启用。在我们的项目中，LearningCurve 被附加到 Main Camera 的 GameObject 上，这意味着当主摄像机加载到场景中时，其 Start()方法将运行。Start()主要用于设置变量或执行那些需要在 Update()首次运行之前需要发生的逻辑。

到目前为止，尽管没有执行过设置动作，但我们使用的所有示例都使用了 Start()方法。这通常不是应该使用它的方式。不过，因为它仅激发一次，这使其成为在控制台面板显示一次性信息的绝佳工具。

除 Start()方法外，还有另一个主要的 Unity 方法会默认地运行，它就是 Update()方法。在结束本章之前，一起在下一节中了解它的工作方式。

2. Update()方法

如果花点时间查看 Unity 脚本参考(https://docs.unity3d.com/ScriptReference/)中的样例代码,你会发现,绝大多数代码都是使用 Update()方法执行的。当游戏运行时,游戏视图的窗口会每秒刷新多次,这称为帧率或每秒帧数(Frames Per Second,FPS)。

在每帧显示后,便由 Unity 调用 Update()方法,Update()方法成为游戏中执行次数最多的方法之一。这使其非常适合用来监测鼠标和键盘输入或运行游戏逻辑。

如果想了解你的计算机运行游戏时的 FPS(帧率),可以在 Unity 编辑器中单击 Play 按钮后,单击游戏视图面板右上角的 Stats 按钮。如图 3-18 所示。

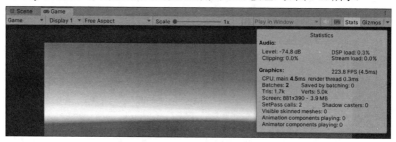

图 3-18　在 Unity 编辑器中的 Stats 面板呈现 FPS

在编写 C#脚本的初期将大量使用 Start()和 Update()方法,所以应尽早地熟悉它们。至此,我们已经到达了本章的结尾,想必你已经对 C#编程的基本构建块有了充足的了解和掌握。

3.6　本章小结

本章从编程的基本构建块和基本理论快速提升至真实代码和 C#语法。我们见证了代码编写格式上的优与劣,学习了如何在 Unity 控制台中调试信息,并创建了我们的第一个变量。

紧随其后,我们学习了 C#类型、访问修饰符和变量的作用域,同时我们学会了在 Inspector 面板中使用成员变量并开始涉足方法和动作的领域。

方法帮助我们理解代码中书写的指令,但更重要的是,应掌握如何将方法的强大能力转化为各种有用的行为。输入参数、返回类型和方法签名都是重要的主题，它们带来的真正好处是使实现各种动作变为可能。

现在，我们已经掌握了编程的两个基本构建块——变量和方法，几乎未来要做的所有事情都是对这两个基本块概念的扩展或应用。

第 4 章将探究一种称为集合的特殊 C# 类型，它们可以存储一组相关的数据。此外，还将介绍如何编写基于决策的代码。

3.7 小测验——变量和方法

(1) 用 C# 编写变量名的正确方式是什么？

(2) 如何使变量出现在 Unity 的 Inspector 面板上？

(3) C# 中可用的四个访问修饰符是什么？

(4) 类型之间何时需要显式转换？

(5) 定义方法的最低要求是什么？

(6) 方法名称末尾的括号的作用是什么？

(7) 在方法定义中，void 的返回类型意味着什么？

(8) Unity 多久调用一次 Update() 方法？

不要忘记将你的答案与附录中给出的答案进行比对，看看你的学习效果！

第**4**章

控制流和集合类型

计算机的核心职责之一就是控制当满足预设条件时会发生什么。当我们双击一个文件夹，会希望它被打开；当在键盘上打字时，会希望文本反馈与击键一致。同样，用 C#为应用程序或游戏编写代码也不例外，它们都需要在某一状态下采取某种方式的行为，而当状态条件改变时又可以采取另一种方式的行为。在编程术语中，这称为控制流。这个描述很恰当，因为它控制着代码在不同情形中的执行流程。

除了使用控制语句之外，我们还将动手实践集合这个数据类型。集合是一类类型的统称，它允许将多个值和多组值存储在单个变量中。本章内容可以分解为以下几个话题：

- 选择语句
- 如何使用数组(Array)、字典(Dictionary)和列表(List)等集合类型
- 如何使用 for、foreach、while 循环等迭代语句
- 如何解决无限循环的问题

4.1 选择语句

即便最复杂的编程问题也通常可以归结为一系列的简单选择，游戏或程序对选项进行评估并采取行动。由于 Visual Studio 和 Unity 不能自身做出这些选择，因此这些决定取决于我们。

if-else 和 switch 这两个选择语句允许我们根据一个或多个条件以及在每种情况下想采取的行动来指定分支路径。一般地，这些条件包括：

- 检测用户输入

- 评估表达式和布尔逻辑
- 比较变量值或字面值

下面我们将从条件语句中最简单的 if-else 语句开始学习。

4.1.1 if-else 语句

if-else 语句是在代码中做决策的最常见方式。抛开它的语法不讲，它的基本思路是：如果满足条件，就执行这块代码；如果不满足，就执行另一块代码。可以将 if-else 语句视为"门"，条件即为"钥匙"。要想通过门，钥匙必须有效。否则将拒绝进入，同时还会将代码发送到下一个可能的门处。让我们看看声明一个"门"的语法。

一个有效的 if-else 语句需要满足以下几点要求：

- if 关键字位于行首
- 一对括号来存放条件
- 一段语句体，写在一对花括号内

差不多会是下面这个样子：

```
if (condition is true)
{
    Execute block of code
}
```

可选地，当 if 语句条件失败时，可以添加一个 else 语句来存放要采取的动作。上面的规则同样也适用于 else 语句。

```
else
{
    Execute another block of code
}
```

若用语句的蓝图来表达，它的语法几乎就像一句话，这也是推荐使用的语法方式。

```
if (condition is true)
{
    Execute this code
    block
}
else
{
    Execute this code
```

```
    block
}
```

若语句体不止一行，则需要用一对花括号来容纳更大的代码块。

由于这是介绍逻辑思维最好的方式，至少对于编程是这样，因此我们将更具体地解构三种不同的 if-else 变体。是否此刻向 LearningCurve.cs 脚本添加代码是可选的，我们在稍后的练习中会涉及更多细节。

(1) 如果并不关心当条件不满足会发生什么，那么单独使用 if 语句即可。在下面的例子中，如果将 hasDungeonKey 设置为 true，则会打印输出一条调试日志；如果设置为 false，则不会执行任何代码。

```
public class LearningCurve: MonoBehaviour
{
    public bool hasDungeonKey = true;
    void Start()
    {
        if (hasDungeonKey)
        {
            Debug.Log("You possess the sacred key - enter.");
        }
    }
}
```

提示说明：

当提到一个条件被满足时，意即其结果被评估为 true(真)，这也常被称为通过条件。

(2) 在无论条件为 true 还是 false 都需要采取行动的情况下，可以添加 else 语句。此时，如果 hasDungeonKey 为 false，则 if 语句将失败，代码将跳转到 else 语句。

```
public class LearningCurve: MonoBehaviour
{
    public bool hasDungeonKey = true;

    void Start()
    {
        if (hasDungeonKey)
        {
            Debug.Log("You possess the sacred key - enter.");
        }
        else
```

```
        {
            Debug.Log("You have not proved yourself yet.");
        }
    }
}
```

(3) 对于需要有两个以上可能结果的情况,可以添加带有括号、条件和花括号的 else-if 语句。对于这种变体,展示要远远胜于解释,在下个练习中我们会实践这一点。

请记住,if 语句可以单独使用,但其他语句不能单独存在。我们还可以使用基础的数学运算符来创建更复杂的条件,例如:

- > (大于)
- < (小于)
- >= (大于等于)
- <= (小于等于)
- == (相等)。

例如,条件(2 > 3)将返回 false 并失败,而条件(2 < 3)将返回 true 并通过。让我们写一个 if-else 语句来检查角色口袋里的钱数,针对三种不同的情况返回不同的调试日志:大于 50、小于 15 以及其他情况。

(1) 打开 LearningCurve 脚本并添加一个新的名为 CurrentGold 的 int 型的 public 变量。将其值设置为 1 到 100 之间。

```
public int CurrentGold = 32;
```

(2) 创建一个没有返回值的公共方法,命名为 Thievery。

```
public void Thievery()
{
}
```

(3) 在新方法中,添加一个 if 语句来检查 CurrentGold 是否大于 50。若为 true,则向控制台输出一条消息。

```
if (CurrentGold > 50)
{
    Debug.Log("You're rolling in it!");
}
```

(4) 添加一个 else-if 语句来检查 CurrentGold 是否小于 15，并输出不同的调
试日志。

```
else if (CurrentGold < 15)
{
    Debug.Log("Not much there to steal...");
}
```

(5) 添加一个没有任何条件的 else 语句和一个最终的默认日志。

```
else
{
    Debug.Log("Looks like your purse is in the sweet spot.");
}
```

(6) 在 Start 内调用 Thievery 方法。

```
void Start()
{
    Thievery();
}
```

(7) 保存文件，检查你的方法是否与下方的代码一致，并在确认无误后单
击 Play。

```
public void Thievery()
{
    if (CurrentGold > 50)
    {
        Debug.Log("You're rolling in it!");
    }
    else if (CurrentGold < 15)
    {
        Debug.Log("Not much there to steal...");
    }
    else
    {
        Debug.Log("Looks like your purse is in the sweet spot.");
    }
}
```

假如将 CurrentGold 设置为 32，可以将这段代码的执行序列分解如下。

(1) 因为 CurrentGold 不大于 50，将会跳过 if 语句和调试日志。

(2) else-if 语句和调试日志也被跳过，因为 CurrentGold 不小于 15。

由于 32 既不小于 15 也不大于 50，前面的条件都不满足，因此 else 语句将

执行，且显示出第三个调试日志，如图 4-1 所示。

图 4-1　控制台上显示调试输出的截屏

在亲自尝试 CurrentGold 为其他值的情况后，让我们探讨如果想要检查失败条件时该如何做。

1. 逻辑非运算符

在实际情况中并不总是需要检查正面的或为 true 的条件，逻辑非运算符这时便能派上用场。逻辑非运算符用单个感叹号表示，使得负面的条件或 false 的条件满足 if 或 else-if 语句。这意味着以下两个条件是相同的：

```
if (variable == false)

// AND

if (!variable)
```

如我们所知，可以在 if 条件中检查布尔值、字面值或表达。因此，很自然地，逻辑非运算符也必须适应这些需求。

观察下面的例子，在这个例子中 if 语句使用了两个不同的否定值，hasDungeonKey 和 weaponType。

```
public class LearningCurve : MonoBehaviour
{
    public bool hasDungeonKey = false;
    public string weaponType = "Arcane Staff";

    void Start()
    {
        if (!hasDungeonKey)
        {
            Debug.Log("You may not enter without the sacred key.");
        }

        if (weaponType != "Longsword")
        {
            Debug.Log("You don't appear to have the right type of
weapon...");
```

```
        }
    }
}
```

每条语句的评估过程如下。

- 第一条语句可以解释为"如果 hasDungeonKey 为 false，则 if 语句的评估结果为 true 并执行其代码块"。

  如果不理解一个 false 的值是如何评估为 true 的，也可以这样想：if 语句不是检查值是否为 true，而是检查表达式本身是否为 true。hasDungeonKey 可能被设置为 false，这正是需要检查的，因此在 if 条件的上下文中表达式为 true。

- 第二条语句可以解释为："如果 weaponType 的字符串值不是 Longsword，则执行此代码块"。

  如果将前面的代码添加到 LearningCurve.cs 脚本中，结果应该会与图 4-2 所示的截屏一致。

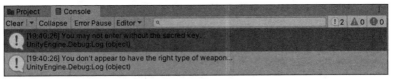

图 4-2 控制台显示逻辑非运算符的输出结果

然而，如果你仍然感到困惑，可以将本节中的代码复制到 LearningCurve.cs 中，尝试不同的变量值并观察结果，直到理解了为止。

截至目前，我们的分支条件依旧相当简单，但 C#还允许条件语句在各自内部相互嵌套，以应对更复杂的情况。

2. 语句的嵌套

if-else 语句最有价值的功能之一就是它们可以相互嵌套，从而在代码中创建复杂的逻辑路径。在编程术语中，称为决策树。如同现实中的走廊，门的后面可能还有其他门，创造出迷宫一般的可能性。

```csharp
public class LearningCurve : MonoBehaviour
{
    public bool weaponEquipped = true;
    public string weaponType = "Longsword";

    void Start()
```

```
{
    if (weaponEquipped)
    {
        if (weaponType == "Longsword")
        {
            Debug.Log("For the Queen!");
        }
    }
    else
    {
        Debug.Log("Fists aren't going to work against armor...");
    }
}
```

该示例的解读如下。

- 首先,if 语句检查 weaponEquipped 这个变量是否存在值。此刻,代码只关心该条件是否为 true,而不在乎武器是什么类型的。
- 第二条 if 语句检查 weaponType 变量并打印输出相应的调试日志。
- 如果第一条 if 语句判断为 false,代码将跳转到 else 语句及其调试日志;若第二条 if 语句判断为 false,则不会输出任何内容,因其之后没有 else 语句。

提示说明:

处理逻辑结果 100%是程序员的职责。代码能采用哪种可能的决策分支或后果完全取决于你的决定。

至此,所学的知识足以轻松应对一些简单的案例。然而,你将很快发现还需要更复杂的语句来判断多个条件。

3. 判断多个条件

除了语句的嵌套,还可将多个条件检验通过将单一的 if 或 else-if 语句与 AND 或 OR 逻辑运算符组合使用来实现。

- AND 逻辑运算符使用两个&符号表示,即&&。使用 AND 运算符的任何条件意味着当且仅当所有条件都为 true 时,if 语句才为 true。
- OR 逻辑运算符是使用两个|符号(竖线)表示,即||。意味着如果 if 语句中的一个或多个条件为 true,则该 if 语句为 true。
- 条件总是以从左至右的顺序进行判断。

在下方的示例中，if 语句已做出更新，以便同时检查 weaponEquipped 和 weaponType。也就是说，当且仅当它们二者都为 true 的时候才会执行代码块。

```
if (weaponEquipped && weaponType == "Longsword")
{
    Debug.Log("For the Queen!");
}
```

AND 和 OR 运算符也可以组合起来以判断任意顺序的多个条件。对于可以组合使用的运算符数量并没有限制，但在同时使用它们的时候务必要小心，不要创建永远都不会执行的逻辑条件。

是时候检验一下所学到的关于 if 语句的全部知识了。如有需要，请随时重温本节，然后再继续下一节的学习。

让我们用一个小宝箱的实验来巩固所学知识。

(1) 在 LearningCurve 脚本的顶部声明三个变量：PureOfHeart 是一个 bool 值，值为 true；HasSecretIncantation 也是一个 bool 值，其值为 false；RareItem 是一个字符串，它的值由你决定。

```
public bool PureOfHeart = true;
public bool HasSecretIncantation = false;
public string RareItem = "Relic Stone";
```

(2) 创建一个无返回值的 public 方法，称为 OpenTreasureChamber。

```
public void OpenTreasureChamber()
{
}
```

(3) 在 OpenTreasureChamber 内部，声明一个 if-else 语句，以检查 PureOfHeart 是否为 true，并同时检验 RareItem 是否与赋给它的字符串值匹配。

```
if (PureOfHeart && RareItem == "Relic Stone")
{
}
```

(4) 在前一个 if-else 语句内部创建一个嵌套的 if-else 语句，以检查 HasSecretIncantation 是否为 false。

```
if (!HasSecretIncantation)
{
    Debug.Log("You have the spirit, but not the knowledge.");
}
```

(5) 为每个 if-else 添加调试日志。

(6) 在 Start 内调用 OpenTreasureChamber 方法。

```
void Start()
{
    OpenTreasureChamber();
}
```

(7) 保存并检查你的代码是否与下方的代码一致，然后单击 Play。

```
public class LearningCurve : MonoBehaviour
{
    public bool PureOfHeart = true;
    public bool HasSecretIncantation = false;
    public string RareItem = "Relic Stone";

    void Start()
    {
        OpenTreasureChamber();
    }

    public void OpenTreasureChamber()
    {
        if (PureOfHeart && RareItem == "Relic Stone")
        {
            if (!HasSecretIncantation)
            {
                Debug.Log("You have the spirit, but not the knowledge.");
            }
            else
            {
                Debug.Log("The treasure is yours, worthy hero!");
            }
        }
        else
        {
            Debug.Log("Come back when you have what it takes.");
        }
    }
}
```

如果你的代码中的变量值与上面的一致，那么嵌套的 if 语句内的调试日志将会打印输出。这意味着代码通过了第一个 if 语句中两个条件的检查，但没有通过第三个条件(见图 4-3)。

图 4-3 控制台中的调试输出

尽管可以止步于当下,使用更复杂的 if-else 语句来满足所有对条件判断的需求。但从长远来看,这样效率太低。优秀的编程旨在用对的工具做对的事,这时便需要 switch 语句出场了。

4.1.2 switch 语句

if-else 语句是编写决策逻辑的好方法。然而,当有三到四个以上的分支行动时,就不太可行了。在掌握 switch 语句之前,我们的代码可能会变成令人难以理解的一团乱麻,很难维护更新。

但当有了 switch 语句,它可以通过接受表达式,为每个可能的结果编写对应的行动,且表达格式上也要比 if-else 语句简洁得多。

switch 语句需要满足以下几点。

- switch 关键字后跟着一对括号,括号中是要判断的条件。
- 一对花括号。
- 在花括号内,每个可能的路径都有一个 case 分支语句,并以冒号结尾:其中包含了单行代码或方法,后跟 break 关键字和一个分号。
- 一个默认的 case 分支语句,以冒号结尾:其中包含了单行代码或方法,后跟 break 关键字和一个分号。

如果用蓝图的形式表达,它看起来如以下代码所示。

```
switch(matchExpression)
{
    case matchValue1:
        Executing code block
        break;
    case matchValue2:
        Executing code block
        break;
    default:
        Executing code block
        break;
}
```

在上面的蓝图中被高亮显示的关键字是重点。当定义了 case 分支语句,则其冒号和 break 关键字之间的任何内容都起到类似于 if-else 语句的代码块的作用。break 关键字的作用是告诉程序在选定的条件触发后完全退出 switch 语句。现在,一起来聊聊 switch 语句是如何确定该执行哪个 case 分支语句的,这被称为模式匹配。

1. 模式匹配

在 switch 语句中,模式匹配是指针对多个 case 子句匹配表达式是如何被验证的。匹配表达式可以是非空(null)的任何类型,所有 case 子句的值都需要与匹配表达式的类型一致。

举例来说,如果有一个评估某整型变量的 switch 语句,则其每个 case 子句都需要指定一个整数值以供检查。

与表达式值相匹配的 case 分支语句将会被执行。若无匹配的 case 分支语句,则触发默认的 default 分支语句。让我们试试看!

尽管新语法多、信息量大,但动手实践最有助于更直观的理解。让我们为游戏角色可能采取的不同动作创建一个简单的 switch 语句。

(1) 创建一个新的 public string 变量,命名为 CharacterAction,并将其值设置为 "Attack"。

```
public string CharacterAction = "Attack";
```

(2) 创建一个没有返回值的 public 方法,取名为 PrintCharacterAction。

```
public void PrintCharacterAction()
{
}
```

(3) 在新方法中声明一个 switch 语句,并使用 CharacterAction 作为匹配表达式。

```
switch(CharacterAction)
{
}
```

(4) 使用不同的调试日志为"Heal"和"Attack"创建两个 case 分支语句。不要忘记在每个末尾添加 break 关键字。

```
case "Heal":
    Debug.Log("Potion sent.");
    break;
```

```
case "Attack":
    Debug.Log("To arms!");
    break;
```

(5) 添加带有调试日志和 break 的 default 分支语句:

```
default:
    Debug.Log("Shields up.");
    break;
```

(6) 在 Start 内调用 PrintCharacterAction 方法:

```
void Start()
{
    PrintCharacterAction();
}
```

(7) 保存文件,确保你的代码与下方的一致,然后单击 Play。

```
public string CharacterAction = "Attack";

void Start()
{
    PrintCharacterAction();
}

public void PrintCharacterAction()
{
    switch(CharacterAction)
    {
        case "Heal":
            Debug.Log("Potion sent.");
            break;
        case "Attack":
            Debug.Log("To arms!");
            break;
        default:
            Debug.Log("Shields up.");
            break;
    }
}
```

由于 CharacterAction 值为"Attack",因此 switch 语句执行第二个 case 分支语句并打印出其调试日志(见图4-4)。

图 4-4   控制台中 switch 语句的输出

提示说明:
将 CharacterAction 更改为"Heal"或一个未定义的动作,以查看第一个 case 分支语句或 default 分支语句的结果。

有时需要多个(但不是全部的)switch 条件执行相同的动作,这被称为贯穿(fall-through),在下一节我们将介绍它。

2. 贯穿

switch 语句可以在多个 case 分支语句下执行相同的操作,类似于在单个 if 语句中指定多个条件的方式。术语上称为贯穿。有了贯穿便可以为多个 case 分支定义同一组动作。如果 case 分支语句为空且其中没有 break 关键字,它将直接跳转到它下面的 case 分支。

case 和 default 可以按任何顺序编写,因此创建贯穿可以大大提高代码的可读性和效率。

让我们利用 switch 语句和贯穿模拟一个玩桌游的情景,它通过掷骰子决定特定动作的结果。

(1) 创建一个名为 DiceRoll 的 public int 变量,并将其赋值为 7。

```
public int DiceRoll = 7;
```

(2) 创建一个 public 的方法,没有返回值,取名为 RollDice。

```
public void RollDice()
{
}
```

(3) 添加一个 switch 语句,并使用 DiceRoll 作为匹配表达式。

```
switch(DiceRoll)
{
}
```

(4) 作为掷骰子可能的结果,添加三个 case 分支,它们分别是: 7、15 和 20,并在最后添加一个 default 分支。

(5) case 15 和 case 20 应有各自的调试日志和中断语句，而 case 7 应贯穿至 case 15。

```
case 7:
case 15:
    Debug.Log("Mediocre damage, not bad.");
    break;
case 20:
    Debug.Log("Critical hit, the creature goes down!");
    break;
default:
    Debug.Log("You completely missed and fell on your face.");
    break;
```

(6) 在 Start 内调用 RollDice 方法。

```
void Start()
{
    RollDice();
}
```

(7) 保存文件并在 Unity 中运行它。

提示说明：

如果想查看贯穿的实际效果，尝试将调试日志添加到 case 7，但不要使用 break 关键字。

当将 DiceRoll 设置为 7 时，switch 语句将与第一个 case 分支进行匹配，由于其缺少可执行的代码块和 break 关键字，因此第一个 case 分支将贯穿并执行 case 15。如果将 DiceRoll 更改为 15 或 20，控制台将显示它们各自对应的消息，任何其他的值都将触发 switch 语句末尾的默认情况，如图 4-5 所示。

图 4-5　贯穿 switch 语句的代码结果

提示说明：

switch 语句非常强大，它甚至可以化简最复杂的决策逻辑。如果想要更深入地了解 switch 语句的模式匹配，可访问：https://docs.microsoft.com/en-us/dotnet/csharp/language-reference/keywords/switch。

这就是有关条件逻辑目前所需知道的全部内容，如有需要，可以随时重温本节。在继续学习集合前先用下面的小测验检验一下自己掌握的情况吧!

4.1.3　小测验1——if 语句与逻辑运算符

回答以下问题:

(1) if 语句用什么值进行判断?

(2) 哪个运算符可以将 true 变为 false 或将 false 变为 true?

(3) 如果要执行 if 语句的代码,需要两个条件为 true,应使用什么逻辑运算符来连接条件?

(4) 如果只要两个条件之一为 true 便能执行 if 语句的代码,应使用什么逻辑运算符来连接这两个条件?

不要忘记对照附录中的答案以检验你的学习成果!

完成小测验后便可以进入集合这一系列数据类型的世界了。这些类型将为游戏和 C#程序拓展出全新的编程功能!

4.2　初识集合

到目前为止,我们只用变量存储单个值,但是许多情况需要存储一组值。C#中的集合类型包括了数组(Array)、字典(Dictionary)和列表(List),它们都有各自的优缺点,具体将在以下部分中详细介绍。

4.2.1　数组

数组是 C#提供的最基本的集合。可以将数组视为一组值的容器,这些值在编程术语中被称为元素,每个值都可以单独地被访问或修改。

- 数组可以存储任何类型的值,但所有元素都必须是同一类型。
- 数组的长度(可容纳元素的数量)在创建数组时就已设定,之后再无法修改。
- 如果在创建时没有分配初始值,则每个元素将被赋予一个默认值。存储数字类型的数组默认值为零,而任何其他类型都默认设置为 null(空)。

数组是 C#中自由度最低的集合类型。这主要是因为元素在创建后无法添加或删除。尽管如此,当面对要存储的信息不太可能发生变化时,数组便特别有用。与其他集合类型相比,缺乏灵活性也使数组的处理速度更快。

声明一个数组的方式与之前接触过的其他变量类型的声明方式类似,但有一点点变化。

- 数组变量需要指定其所含元素的类型，需要一对方括号，需要唯一的命名。
- 用 new 关键字在内存中创建数组，后跟值的类型和另一对方括号。保留的内存区域大小与想要存储到新数组中的数据的规模相同。
- 数组将存储的元素个数放置于第二对方括号内。

用蓝图的方式说明的话，就会是下面这个样子：

```
elementType[] name = new elementType[numberOfElements];
```

举例来说，假设我们要在游戏中存储前三名高分：

```
int[] TopPlayerScores = new int[3];
```

解读一下，TopPlayerScores 是一个整型的数组，它将存储三个整数型的元素。由于我们没有添加任何初始值，因此 TopPlayerScores 中的三个值默认都为 0。然而，如果你改变了数组的大小，原始数组的内容就会丢失，因此要务必小心。

可以在创建数组时直接为其赋值，方法是在变量声明的末尾添加一对花括号，并将值添加至花括号内。C#有普通和简化两种方式来声明并初始化数组，二者都同等有效。

```
// 普通的初始化
int[] TopPlayerScores = new int[] {713, 549, 984};

// 简化的初始化
int[] TopPlayerScores = { 713, 549, 984 };
```

提示说明：

使用简化语法的方式初始化数组非常常见，所以本书在余下部分也使用这种方式。然而，如果想提醒自己注意有关的细节，可随时使用如上所示的显式普通初始化语法。

现在声明数组的语法已不再神秘，接下来谈谈如何存储和访问数组元素。

1. 索引和下标

每个数组元素都按其分配的顺序存储，这称为索引(index)。数组是从 0 开始索引的，这意味着元素的顺序从 0 而不是从 1 开始。可以将元素的索引视为它的引用或位置。

在 TopPlayerScores 中，第一个整数 452 位于索引号 0、713 位于索引号 1，而 984 位于索引号 2，如图 4-6 所示。

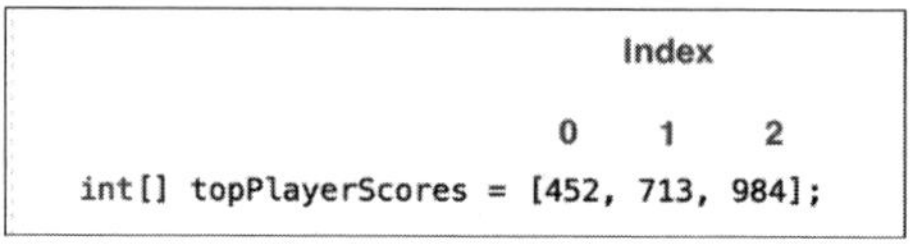

```
                            Index

                    0    1    2
int[] topPlayerScores = [452, 713, 984];
```

图 4-6 数组索引与其值之间的映射关系

可以使用下标操作符按索引号来定位单个元素，下标操作符是一对包含元素索引的方括号。

例如，要在 TopPlayerScores 中检索和读取第二个数组元素，可以用数组名称后跟下标方括号，并在其中填入索引号 1。

```
// The value of score is set to 713
int score = TopPlayerScores[1];
```

也可以通过下标操作符直接修改数组值，就像对待任何其他变量一样，甚至可以单独作为表达式传递。

```
TopPlayerScores[1] = 1001;
```

TopPlayerScores 中的值现在变成了 452、1001 和 984。

2. 多维数组

数组也是将元素以表格的形式存储的绝佳方式，就像一行行一列列那样。这样的数组被称为多维数组，因为其中的每个元素都为数据引入了另外的维度。前面介绍的数组的例子中，每个索引都只保存了一个元素，因此它们都是一维的。如果想要一个数组的每个元素能同时记录 x 轴和 y 轴的坐标，我们便需要创建一个二维的数组，如下方这样。

```
// 一个用于记录坐标的数组, 它有 3 行 2 列
int[,] Coordinates = new int[3,2];
```

请注意，在方括号中使用了逗号来标记该数组是一个二维数组，同时我们添加了两个初始化字段，它们同样也用逗号进行分隔。

我们也同样可以直接地初始化赋值一个多维数组，用上述方式创建一个由 x 轴和 y 轴坐标构成的表格，可以用如下的简化方式实现。

```
    int[,] Coordinates = new int[3,2]
    {
```

```
    {5,4},
    {1,7},
    {9,3}
};
```

可以看到在这个数组中，我们有三行，或者说三个元素，每一个元素(行)包含了两列数据，分别对应了 x 轴和 y 轴的坐标值。有点烧脑的是，你应该将多维数组视为数组的数组。在上面的例子中，每个元素仍然按照索引从 0 开始逐个存储数据，但是每个元素是一个数组而非一个单独的值。具体而言，表格中第一行第二列的值 4 位于数组的索引 0 处，而在索引 0 元素的内部。实际的值 4 位于该行数组的第二个元素处，其索引是 1，如图 4-7 所示。

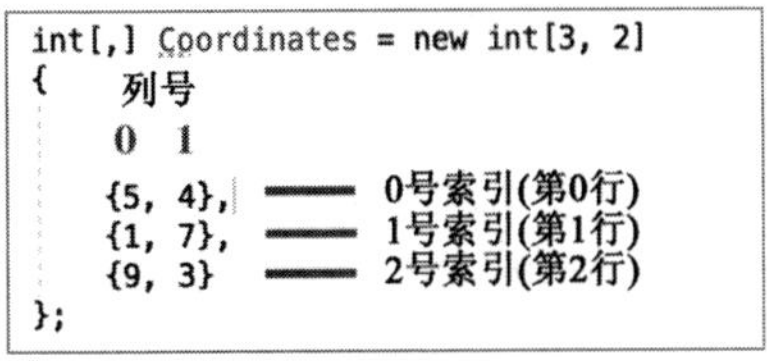

图 4-7　多维数组与索引的映射关系

在代码中，我们使用如下所示的下标的方式，先写行下标，再写列下标。

```
// 找到第一行第二列的值
int coordinateValue = Coordinates[0, 1];
```

改变多维数组内的值的方式与普通数组相同，用该值的下标定位到它并直接为其赋一个新值即可。

```
// 将第一行第二列的值变为 10
Coordinates[0, 1] = 10;
```

C#数组最多可以有 32 维，尽管这是很大的一个数字，但它们的创建规则都是相同的：在变量开头类型后的方括号内用逗号分隔开每个维度，并在初始化时用逗号分隔开每个维度元素的数量。例如，声明一个三维数组，可以如下所示。

```
int[,,] Coordinates = new int[3,3,2];
```

提示说明：

可以通过下方链接了解有关更复杂的多维数组的代码，尽管这对于我们当前的需求而言稍显超前：https://learn.microsoft.com/dotnet/csharp/programming-guide/arrays/multidimensional-arrays。

3. 范围异常

创建数组时，元素的数量是固定的且不可更改的，这意味着我们无法访问不存在的元素。在 TopPlayerScores 的例子中，数组长度为 3，因此有效索引的范围是从 0 到 2。

任何等于 3 或高于 3 的索引都超出了数组的范围，此时会在控制台中产生一个名为 IndexOutOfRangeException 的报错，如图 4-8 所示。

图 4-8　索引超出范围的异常

好的编程习惯要求我们避免这种范围异常，可以通过检查我们想要的值是否在数组的索引范围内来实现，我们将在 4.3 节中覆盖这部分知识。

我们总是可以随时查看数组的长度，即查看数组的 Length 属性，它记录了数组包含项的数量。

```
TopPlayerScores.Length;
```

数组并不是 C#提供的唯一的集合类型。在下一节中，我们将学习列表，它们在编程中更常见，使用起来也更灵活。

4.2.2　列表

列表与数组密切相关，它可以在单个变量中收集多个相同类型的值。在添加、删除和更新元素时列表更容易处理，但列表中的元素不是按顺序存储的。它们是可变集合(mutable)，意味着我们可以改变列表的长度或要存储项目的数量，而不需要重写或覆盖整个变量。但有时这会导致比数组更高的性能成本。

> **提示说明:**
> 性能成本是指给定的操作占用了多少计算机的时间和算力。如今，尽管计算机速度很快，但仍然会因大型游戏或应用程序而过载。

列表型变量需要满足以下要求:

- List 关键字，后跟一对包含元素类型的尖括号，以及唯一的名称。
- 用 new 关键字进行在内存中对列表的初始化，接着 List 关键字并紧跟一对包含了元素类型的尖括号。
- 一对括号并以分号结尾。

以蓝图描述其声明的形式如下：

```
List<elementType> name = new List<elementType>();
```

提示说明：
由于列表长度总是可以更改的，因此不需要在创建时指定最终将存放多少个元素。

与数组一样，列表可以在变量声明时通过在一对花括号内添加元素值来初始化。

```
List<elementType> name = new List<elementType>() { value1, value2 };
```

元素按添加的顺序存储(而不是按照值本身的序列顺序)，与数组一样，索引从 0 开始，并且可以使用下标操作符进行访问。

让我们设置一个列表来看看列表这个类都有哪些基本功能。

作为热身训练，我们先为一个虚构的角色扮演游戏创建队伍成员列表。

(1) 创建一个字符串类型的新列表，称为 QuestPartyMembers，并使用三个角色的名称对其进行初始化。

```
List<string> QuestPartyMembers = new List<string>()
{
    "Grim the Barbarian",
    "Merlin the Wise",
    "Sterling the Knight"
};
```

(2) 添加一条调试日志，并使用 Count 方法打印输出队伍成员的数量。

```
Debug.LogFormat("Party Members: {0}", QuestPartyMembers.Count);
```

(3) 保存文件并在 Unity 中运行。

这里初始化了一个名为 QuestPartyMembers 的新列表，它现在包含三个字符串值，并使用 List 类中的 Count 方法打印出元素的数量。

注意，对于列表使用 Count 来获取集合元素数量(集合长度)，而对于数组要用 Length(见图 4-9)。

图 4-9 在控制台输出的列表项

了解列表中有多少元素非常有用。然而在大多数情况下，只知道这些信息是不够的。我们希望能够根据需要修改列表，这将在接下来的内容中介绍。

访问与编辑列表

只要索引在 List 类的范围内，就可以像数组一样使用下标操作符和索引来访问和修改列表的元素。不仅如此，List 类还具有许多方法能进一步扩展功能性，例如添加、插入和移除元素。

继续使用 QuestPartyMembers 列表，让我们向团队添加一名新成员。

```
QuestPartyMembers.Add("Craven the Necromancer");
```

Add()方法将新元素添加到列表的末尾，这使 QuestPartyMembers 包含元素的计数变为 4，其内部元素的顺序如下：

```
{
    "Grim the Barbarian",
    "Merlin the Wise",
    "Sterling the Knight",
    "Craven the Necromancer"
};
```

要将一个元素添加到列表内的特定位置，可以将索引和要添加的值传给 Insert()方法。

```
QuestPartyMembers.Insert(1, "Tanis the Thief");
```

当一个元素被插入先前已被占用的索引位置时，列表中的所有元素的索引都会增加 1。在本示例中，" Tanis the Thief "现在位于索引 1，这意味着" Merlin the Wise "现在位于索引 2 而不是索引 1，以此类推。

```
{
    "Grim the Barbarian",
    "Tanis the Thief",
    "Merlin the Wise ",
    "Sterling the Knight",
    "Craven the Necromancer"
};
```

移除元素也同样简单，所需要的只是索引或字面值，List 类可以自行完成以下工作。

```
//以下两个方法都可以移除所需元素
QuestPartyMembers.RemoveAt(0);
QuestPartyMembers.Remove("Grim the Barbarian");
```

在最终的编辑后，QuestPartyMembers 现在包含了以下的元素，它们的索引从 0 至 3。

```
{
    "Tanis the Thief",
    "Merlin the Wise",
    "Sterling the Knight",
    "Craven the Necromancer"
};
```

如果现在运行游戏，将看到团队列表的长度为 4 而不是 3！

提示说明：
还有更多 List 类的方法，诸如对值的检查、查找和元素排序，以及使用区间值等。完整的方法列表和描述说明，可访问：https://docs.microsoft.com/en-us/dotnet/api/system.collections.generic.list-1?view=netframework-4.7.2。

尽管列表非常适合单值元素，但在某些情况下还需要存储包含多个值的信息或数据，此时字典便可以发挥作用。

4.2.3　字典

与数组和列表不同，Dictionary(字典)类型通过在每个元素中存储成对的值而非存储单个值。这些元素被称为键值对：键起到其对应值的索引或查找值的作用。不同于数组和列表，字典是无序的。但是，它们可以在创建后以各种配置进行排序。

声明字典与声明列表的方式几乎相同，只是增加了一个细节——键和值的类型都需要在箭头符号内指定。

```
Dictionary<keyType, valueType> name = new Dictionary<keyType,
  valueType>();
```

如果要用键值对对字典进行初始化，可以执行以下操作。
- 在声明末尾使用一对花括号。
- 在花括号内添加每一个元素，每个花括号内的键值用逗号分隔。
- 元素之间都用逗号分隔，最后一个元素后的逗号可有可无。

字典的初始化将会如以下代码所示:

```
Dictionary<keyType, valueType> name = new Dictionary<keyType,
  valueType>()
{
    {key1, value1},
    {key2, value2}
};
```

一个需要记住的重点是,在为键选择值时,每个键的值必须是唯一的且不能更改。如果需要更新键的值,只能在变量声明时更改,或删除整个键值对并重新添加一个。下面我们将具体说说这点。

> **提示说明:**
> 就像数组和列表,在 Visual Studio 中字典可以毫无问题的在一行上进行初始化。但是,如前面的示例所示,将每个键值对写在单独的一行中是个很好的习惯,这有助于提高代码的可读性和思路的清晰度。

创建一个字典来存储角色可能携带的道具。

(1) 在 Start 方法中,声明一个键类型为字符串、值类型为 int 的字典,称为 ItemInventory。

(2) 将其初始化为 new Dictionary<string, int>(),并添加任意的三个键值对。确保每个元素都在各自的一对大括号中。

```
Dictionary<string, int> ItemInventory = new Dictionary<string,
  int>()
{
    { "Potion", 5 },
    { "Antidote", 7 },
    { "Aspirin", 1 }
};
```

(3) 添加调试日志来打印输出 ItemInventory.Count 属性,以便查看背包中道具的存储情况。

```
Debug.LogFormat("Items: {0}", ItemInventory.Count);
```

(4) 保存文件并单击 Play。

这里新建了一个名为 ItemInventory 的字典,并使用三个键值对进行了初始化。我们将键的类型指定为字符串,将键对应的值类型指定为整型,并打印输出 ItemInventory 字典中当前包含的元素数量(见图 4-10)。

图 4-10 控制台上显示的字典内元素的计数

与列表一样，当给定一个字典时，我们需要能做的事远远不仅是打印输出其中键值对的个数。我们将在下一节中探讨如何添加、移除和更新这些值。

使用字典对

可以使用下标和字典类的方法从字典中添加、移除和访问键值对。要检索某个元素的值，可以如下所示利用下标操作符与元素的键来实现。在下方示例中，numberOfPotions 将被赋值 5。

```
int numberOfPotions = ItemInventory["Potion"];
```

也可以使用相同的方法更新元素的值，此刻与"Potion"对应的值是 10。

```
ItemInventory["Potion"] = 10;
```

可以有两种方式将元素添加到字典中：使用 Add 方法或使用下标操作符。Add 方法接受一个键和一个值并创建一个新的键值元素，只要它们的类型能与字典所声明的类型相对应即可。

```
ItemInventory.Add("Throwing Knife", 3);
```

如果使用下标操作符为字典中不存在的键赋值，编译器会自动将其作为一个新的键值对添加。例如，如果想为"Bandage"(绷带)添加一个新元素，可以使用以下代码：

```
ItemInventory["Bandage"] = 5;
```

这就引出了一个关于引用键值对的关键问题：最好尽量在尝试访问某个元素之前先确定它的存在，以避免错误地添加新的键值对。针对此问题，一个简单的解决方案是将 ContainsKey()方法与 if 语句配对使用，因为 ContainsKey()方法会根据键的存在与否返回一个布尔值。在下面的示例中，展示了如何在修改其值之前确定"Aspirin"(阿司匹林)这个键的存在。

```
if (ItemInventory.ContainsKey("Aspirin"))
{
    ItemInventory["Aspirin"] = 3;
}
```

最后,可以使用 Remove()方法从字典中删除键值对,该方法只接受一个键作为参数。

```
ItemInventory.Remove("Antidote");
```

提示说明:

与列表一样,字典提供了多种方法和功能使开发更简易,但我们无法逐一介绍。如有需要,可访问官方文档: https://docs.microsoft.com/en-us/dotnet/api/system.collections.generic.dictionary-2?view=netframework-4.7.2。

至此,我们的编程工具箱又增添了集合这个工具,但在进入下一个庞大话题之前,是时候通过小测验来检查你是否做好了准备,而这个庞大的话题就是迭代语句。

4.2.4 小测验 2—— 关于集合的一切

(1) 数组或列表中的元素是什么?

(2) 数组或列表中第一个元素的索引是多少?

(3) 单个数组或列表可以存储不同类型的数据吗?

(4) 如何向数组添加更多元素以增加可容纳更多数据的空间?

不要忘记将你的回答与附录中的答案进行对照以检验你的学习成果!

由于集合是一些项目的组或列表,因此需要通过较有效的手段访问它们。幸运的是,C#有几个迭代语句来应对这些问题,我们将在下一节中介绍它们。

4.3 迭代语句

我们已经通过下标操作符以及集合类型自带的方法实现了对各种集合中单独元素的访问,但是当需要逐个元素地遍历整个集合时,该怎么办呢?在编程中,该过程称为迭代(iteration)。C#提供了多种语句类型,是我们可以循环遍历(或技术上称为迭代)的集合元素。迭代语句类似于方法,因为它们内部也包含了要执行的代码块。但与方法不同的是,它们会重复执行这些代码块,只要它们的条件一直被满足。

4.3.1 for 循环

若要让某一代码块在程序继续之前执行一定次数,最常使用的就是 for 循环。语句本身接受三个表达式，每个表达式都在循环执行之前实现特定的功能。由于 for 循环会跟踪当前的迭代，因此最适合用于遍历数组和列表。

for 循环语句的蓝图如下所示：

```
for (initializer; condition; iterator)
{
    code block;
}
```

对以上代码的解读如下：

(1) 以 for 关键字作为语句的开头，后跟一对括号。

(2) 括号内是三个"守门人"，它们分别是：初始化表达式、条件表达式和迭代表达式。

(3) 循环会从初始化表达式开始，它是一个局部变量，用于跟踪循环执行的次数。鉴于集合类型都是零索引的，因此它通常被设置为 0。

(4) 接下来会检查条件表达式，如果为 true，则继续执行迭代表达式。

(5) 迭代表达式用于增加或减少(递增或递减)初始化表达式，这意味着下一次循环评估条件时，初始化表达式的变量值会发生变化。

将一个值以 1 为幅度进行增加或减少被分别称为递增或递减(操作符--对一个值进行递减操作，操作符++对值进行递增操作)。

内容听起来好像很多，接下来看一个基于之前创建的 QuestPartyMembers 列表的实际例子。

```
List<string> QuestPartyMembers = new List<string>()
{ "Grim the Barbarian", "Merlin the Wise", "Sterling the Knight"};
int listLength = QuestPartyMembers.Count;

for (int i = 0; i < listLength; i++)
{
    Debug.LogFormat("Index: {0} - {1}", i, QuestPartyMembers[i]);
}
```

一起来看看循环是如何工作的。

(1) 首先，for 循环中的初始化表达式被设置为一个名为 i 的局部 int 变量，且其起始值为 0。

(2) 然后，将列表的长度存储在一个变量中，这样每次循环就不需要反复检查列表的长度，这在实践有最好的性能表现。

(3) 为了确保永远不会遇到超出范围的异常，for 循环确保仅在当 i 小于

QuestPartyMembers 中的元素个数时执行循环。

- 对于数组，用 Length 属性确定其中项目的数量。
- 对于列表，用 Count 属性确定其中项目的数量。

(4) 最后，每次执行循环时使用++操作符使 i 增加 1。

(5) 在 for 循环内部，使用 i 作为索引，打印输出索引和该索引处的列表元素。

(6) 注意 i 与集合中元素的索引是同步的，因为它们都从 0 开始计数，如图 4-11 所示。

图 4-11　用 for 循环输出列表值

通常用字母 i 作为初始化表达式变量的名称。如果碰巧嵌套了 for 循环，则可以延续使用字母 j、k、l 等作为变量名称。

让我们在已有的集合上尝试新的迭代语句。

当遍历 QuestPartyMembers 时，是否可以识别出迭代至某个特定元素，并同时输出一个指定的调试日志。

(1) 将 QuestPartyMembers 列表和 for 循环移动到一个名为 FindPartyMember 的 public 方法中，并在 Start 中调用它。

(2) 在 for 循环中的调试日志下方添加 if 语句，以检验当前的 QuestPartyMembers 列表是否匹配"Merlin the Wise"。

```
if (QuestPartyMembers[i] == "Merlin the Wise")
{
    Debug.Log("Glad you're here Merlin!");
}
```

(3) 为匹配时的情况添加一个调试日志，与下方代码进行对照，并单击 Play 运行。

```
void Start()
{
    FindPartyMember();
}
```

```
public void FindPartyMember()
{
    List<string> QuestPartyMembers = new List<string>()
    {
        "Grim the Barbarian",
        "Merlin the Wise",
        "Sterling the Knight"
    };

    int listLength = QuestPartyMembers.Count;
    QuestPartyMembers.Add("Craven the Necromancer");
    QuestPartyMembers.Insert(1, "Tanis the Thief");
    QuestPartyMembers.RemoveAt(0);
    //QuestPartyMembers.Remove("Grim the Barbarian");

    Debug.LogFormat("Party Members: {0}", listLength);

    for (int i = 0; i < listLength; i++)
    {
        Debug.LogFormat("Index: {0} - {1}", i,
QuestPartyMembers[i]);

        if (QuestPartyMembers[i] == "Merlin the Wise")
        {
            Debug.Log("Glad you're here Merlin!");
        }
    }
}
```

控制台输出应该看起来几乎相同，只不过现在有一条额外的调试日志，这仅在循环遍历到 Merlin 时打印输出一次。更具体地，当 i 在第二次循环中等于 1 时，if 语句被触发，从而打印输出两条而不是一条日志，如图 4-12 所示。

图 4-12　for 循环输出列表值并匹配 if 语句

使用标准 for 循环在恰当的情况下会非常有用，但在编程中解决问题很少只有一种方式，针对上述情形，foreach 语句也同样好用。

4.3.2 foreach 循环

foreach 循环获取集合中的每个元素并将其存储在局部变量中，使其可在语句内被访问。局部变量的类型必须与集合元素类型匹配才能正常工作。foreach循环可用于数组或列表，且特别适用于字典，因为字典是基于键值对索引而非基于数字索引的。

用蓝图刻画的话，foreach 循环语句类似如下所示的形式。

```
foreach (elementType localName in collectionVariable)
{
    code block;
}
```

继续使用 QuestPartyMembers 列表作为示例，并对其包含的每个元素进行清点。

```
List<string> QuestPartyMembers = new List<string>()
{ "Grim the Barbarian", "Merlin the Wise", "Sterling the Knight"};

foreach (string partyMember in QuestPartyMembers)
{
    Debug.LogFormat("{0} - Here!", partyMember);
}
```

提示说明：

可以使用 var 关键字自动地确定所遍历集合的类型，如下所示。

```
foreach (var partyMember in QuestPartyMembers)
{
    Debug.LogFormat("{0} - Here!", partyMember");
}
```

上面的代码解读如下。

- 元素类型被声明为一个字符串，与 QuestPartyMembers 中值的类型相匹配。
- 创建了一个名为 partyMember 的局部变量，以便在循环重复时暂存每个元素。
- in 关键字，后跟要循环遍历的集合，在本例中即 QuestPartyMembers，最终有了如图 4-13 所示的结果。

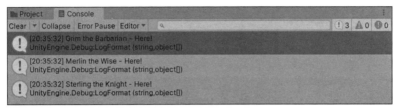

图 4-13　用 foreach 循环打印输出列表值

这比 for 循环要简单得多。然而在处理字典时，有几个重点需要额外留意，即如何将键值对作为局部变量来处理。

1. 循环键值对

要在局部变量中捕获键值对，需要使用名为 KeyValuePair 的类型，并为键和值分配与字典相对应类型匹配的类型。由于 KeyValuePair 是它自己的类型，因此它就像任何其他元素类型一样可以作为一个局部变量。

举例来说，让我们遍历之前创建的 ItemInventory 字典，并将键值作为道具描述通过调试信息输出。

```
Dictionary<string, int> ItemInventory = new Dictionary<string, int>()
{
    { "Potion", 5},
    { "Antidote", 7},
    { "Aspirin", 1}
};

foreach (KeyValuePair<string, int> kvp in ItemInventory)
{
    Debug.LogFormat("Item: {0} - {1}g", kvp.Key, kvp.Value);
}
```

我们已经指定了 KeyValuePair 的一个局部变量，称为 kvp，这是编程中常见的命名约定，与称 for 循环的初始化表达式变量为 i 一样。然后我们将键和值的类型设置为 string 和 int 以匹配 ItemInventory 的键和值的类型。

要访问局部变量 kvp 变量的键和值，可以分别使用 KeyValuePair 的 Key 和 Value 的属性。

在本例中，键是字符串，值是整数，我们将它们视为道具名称和道具价格打印输出，如图 4-14 所示。

图 4-14　用 foreach 循环打印输出字典的键值对

如果你喜欢冒险，可以尝试接下来的可选挑战，进一步巩固刚刚学到的知识。

2. 英雄的试炼 —— 寻找买得起的道具

使用前面的脚本，创建一个变量来存储虚构角色有多少金币，看看是否可以在 foreach 循环中添加一个 if 语句来检查道具是否能支付的起。

> **提示说明：**
> 使用 kvp.Value 将道具价格与角色钱包中的金额进行比较。

4.3.3　while 循环

while 循环与 if 语句很相似，只要单个表达式或条件为真，它们就会运行。

值的比较结果和布尔变量都可用作 while 的条件，且也可以使用 NOT(逻辑非)运算符修改条件。

在 while 循环中，只要条件为 true，就会一直运行代码块。

```
Initializer
while (condition)
{
    code block;
    iterator;
}
```

对于 while 循环，通常会像在 for 循环中一样声明一个初始化变量，并在循环代码块的末尾手动递增或递减该变量。这样做是为了避免陷入无限的循环，我们会在本章的最后讨论这个话题。根据实际情况，初始化表达式通常是循环条件的一部分。

while 循环在 C#代码中非常有用，但在 Unity 中却不被认为是一个好做法。这是因为它们会对性能产生负面的影响，且通常需要手动管控。

举一个常见的用例，假设需要在玩家活着时执行某段代码，而在玩家死亡时进行调试。

(1) 创建一个名为 PlayerLives 的 int 型的 public 变量，并将其值设为 3。

```
public int PlayerLives = 3;
```

(2) 创建一个 public 的方法，命名为 HealthStatus。

```
public void HealthStatus()
{
}
```

(3) 声明一个 while 循环，其条件是检查 PlayerLives 变量是否大于 0(即玩家是否还活着)。

```
while (PlayerLives > 0)
{
}
```

(4) 在 while 循环中，调试输出一些东西，以便让我们知道角色还活着，然后使用--操作符将 PlayerLives 递减 1。

```
Debug.Log("Still alive!");
PlayerLives--;
```

(5) 在 while 循环的花括号外添加一个调试日志，使得当生命耗尽时打印输出一些内容。

```
Debug.Log("Player KO'd...");
```

(6) 在 Start 内调用 HealthStatus 方法。

```
void Start()
{
    HealthStatus();
}
```

全部代码应该如下所示。

```
public int PlayerLives = 3;

void Start()
{
    HealthStatus();
}
```

```csharp
public void HealthStatus()
{
    while (PlayerLives > 0)
    {
        Debug.Log("Still alive!");
        PlayerLives--;
    }

    Debug.Log("Player KO'd...");
}
```

PlayerLives 从 3 开始递减，因此 while 循环将执行 3 次。在每次循环中，会触发调试日志输出"Still alive!" (还活着！)，并从 PlayerLives 中减去一条生命。

当 while 循环第四次运行时，条件会失败，因为 PlayerLives 此时为 0，于是程序会跳过 while 的代码块并打印出最终的调试日志，如图4-15 所示。

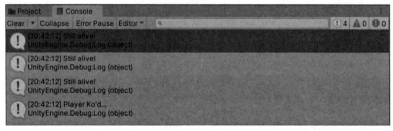

图4-15   控制台中 while 循环的输出

如果你没有看到调试输出多条 Still alive!，则确保控制台的工具栏上的 Collapse 按钮没有被按下。

如果一个循环永不停止，会怎样？下一节将讨论这个问题。

4.3.4   超越无限

在结束本章之前，还需要了解迭代语句中一个非常重要的概念：无限循环。顾名思义，当循环的条件使其无法停止，将导致程序一直持续运行。无限循环通常发生在 for 和 while 两种循环中，当它们的迭代表达式没有增加或减少时便会发生这种情况。如果在 while 循环的示例中，把 PlayerLives 递减的代码行从 while 循环的代码块中移除，Unity 将冻结或崩溃，因为 Unity 会识别出 PlayerLives 将始终为 3 而导致循环永远执行下去。

迭代表达式并不是唯一需要注意的罪魁祸首。在 for 循环中，如果条件设置成永远不会失败或 false，也可能导致无限循环。在介绍循环键值对那部分的团队成员示例中，如果将 for 循环条件设置为 i>=0 而不是 i<QuestPartyMembers.Count，由于 i 将始终大于等于 0，循环会持续运行直至 Unity 崩溃。

4.4　本章小结

在结束本章时，应该回顾一下已取得的成绩，看看我们可以利用这些新知识构建点什么。在本章中，我们学习了如何使用简单的 if-else 语句和更复杂的 switch 语句实现代码中的决策。我们学会创建数组、列表或带有键值对的字典等变量来存储值的集合。

集合类型使存储复杂的、成组的数据更佳、有效率。我们甚至可以为每种集合类型选择恰当的循环语句，并谨慎地避免陷入无限循环和程序崩溃。

如果此刻你感到大脑过载是很正常的，逻辑思维与序列化的思维方式也是训练编程思维的一部分。

下一章将通过介绍类、结构和面向对象编程(OOP)来完成 C#编程全部的基础知识。我们将把到目前为止学到的一切都融入这些主题中，为我们首次深入了解 Unity 引擎并在其中控制物体做好准备。

第5章

使用类、结构体以及面向对象编程

显然，本书的目标不是用过量的信息使人头脑发痛。接下来的话题将带你走出初学者的小隔间，转而迈入面向对象编程(Object-Oriented Programming，OOP)的广阔天地。到目前为止，我们一直依赖于C#语言预置的变量类型。从底层来看，字符串、列表和字典都是类。这就是为什么我们可以创建它们并通过点表示法来使用它们的属性。然而，依赖内置类型有一个明显的弱点，我们无法脱离C#已经设定好的蓝图。

创建自定义类为我们提供了自由度，使我们可以基于特定的游戏或应用需求，为游戏设计、信息获取以及行为驱动定义和配置蓝图。其实，自定义类和面向对象对于编程举足轻重。缺少了它们，独特的程序将少之又少。

在本章中，我们将通过实践学习如何从零开始创建类，了解其内部的类变量、构造方法、成员方法等。还将了解引用类型对象和值类型对象之间的差异，以及如何在 Unity 中应用这些概念。伴随本章的学习，你将详细了解以下主题：

- 什么是面向对象编程
- 如何定义类
- 如何声明结构体
- 了解引用类型和值类型
- 掌握面向对象的思想
- 将面向对象编程用于 Unity

5.1 什么是面向对象编程

面向对象编程是写 C#代码时使用的主要编程范式。如果将类和结构体比作程序的蓝图,那么面向对象编程就是将所有结合在一起的架构。之所以将面向对象编程称为编程范式,是因为它从总体的角度为程序应该如何运作和通信提出了具体原则。

从本质上讲,面向对象编程关注的是对象,而不是单纯的顺序逻辑。它会关注对象所持有的数据、对象如何驱动行为,以及最重要的,对象之间是如何相互通信的。

5.2 定义类

在第 2 章中简单介绍了类作为对象蓝图的作用(这里的对象是指代码中的对象概念,而非 Unity 中的游戏对象),也提到可以将类视为可自定义的变量类型。我们还了解到 LearningCurve 脚本也是一个类,且是一个特别的类,它允许 Unity 可以将其附着到场景中的游戏对象上。关于类要记住的重点是它们都属于引用类型,也就是说,在它们被赋值或传递给另一个变量时,系统引用的是原始对象,而不是创建一个新副本。我们将在介绍结构体之后再对此深入讲解。而在那之前,我们需要了解有关创建类的基本知识。

现在,先把类和脚本在 Unity 中是如何工作的放在一边,将视线聚焦于在 C#中创建和使用它们的方式上。可以使用 class 关键字创建类,如下所示:

```
accessModifier class UniqueName
{
        Variables
    Constructors
Methods
}
```

提示说明:

在类内部声明的任何变量和方法都属于该类,并可通过其唯一的类名进行访问。

为了使本章中的示例尽可能统一,我们将创建并编辑一个一般在游戏中常见的 Character(角色)类。另外,为了促使你尽早习惯在实战中阅读和解读代码,从此以后我们将不再给出完整的代码片段。首先要做的是创建一个自定义类。

在理解类内部的工作原理之前，需要一个类来练习，让我们从头开始创建一个新的 C#脚本。

(1) 右击 Scripts 文件夹(在第 1 章创建)，选择 Create > C# Script。

(2) 将其命名为 Character，并在 Visual Studio 中打开，删除前三行以 using 关键字开头以外的所有自动生成的代码。

(3) 声明一个名为 Character 的公共类，后跟一对花括号{}，然后保存文件。你的类代码应与下方一致。

```
using System.Collections;
using System.Collections.Generic;
using UnityEngine;

public class Character
{
}
```

提示说明：

删除自动生成的代码的目的是因为我们不需要将此脚本附加到 Unity 中的 GameObject 上。

Character 现在已被注册为一个公共类的蓝图。这意味着项目中的任何类都可以使用它来创建角色。然而，这些只是指南，要创建出一个角色还需要额外的一步。这一创建步骤被称为实例化，它是下一节的主题。

5.2.1　实例化类对象

实例化是根据一组特定指令创建对象的行为，被创建的对象称为实例。如果类是蓝图，那么实例就是根据蓝图的说明指南所建造的房子。每个 Character 类的新实例都是该类自身的一个对象，就像基于相同的蓝图建造的两栋房子从物理上来说仍然是两个不同的结构。发生在其中一个身上的事情不会对另一个产生任何影响。

在第 4 章中，我们使用 new 关键字和类型创建了列表和字典，它们都是 C# 自带的默认类。相同的操作也适用于例如 Character 这样的自定义类，你来试试看。

将 Character 类声明为一个公共类，这意味着可以在任何其他类中创建 Character 的实例。既然已经有了 LearningCurve 脚本，可以试着在其 Start()方法中声明一个新角色。

打开 LearningCurve 脚本,并在其 Start()方法中声明一个 Character 类型的新变量,取名 hero。

```
Character hero = new Character();
```

让我们逐步地解读上述代码:

(1) 将变量类型指定为 Character,即该变量是 Character 类的一个实例。

(2) 变量名为 hero,通过使用 new 关键字后跟 Character 类名称和一对括号()来创建。这样便为实例在程序的内存中划分出了实际的空间,即便该 Character 类现在是空的。

(3) 我们可以像迄今为止使用过的任何其他对象一样使用 hero 变量。当 Character 类有了自己的变量和方法后,就可以通过点表示法从 hero 访问到它们。

你还可以简单地使用推理式声明法来创建 hero 变量,如下方这样:

```
var hero = new Character();
```

现在,我们的这个类中没有任何字段可以使用,这个角色类就做不了任何事。在接下来的几节中,我们将学习如何添加类字段等内容。

5.2.2 添加类字段

向自定义类添加变量或字段的方式与之前熟悉的 LearningCurve 脚本所用的方式并无差异。应用理念也相同,包括访问修饰符、变量作用域以及变量赋值。然而,类的任何变量都是随着类的实例化而创建的,这意味着如果没有赋值,它们将默认为零或为空。通常,初始值的选择取决于即将存储的信息。

- 若无论在何时,当类实例化后该变量都具有相同的值,则设置初始值是一个不错的想法。这种用法适用于经验点数或起始分数等。
- 若每次实例化后都需要自定义该变量,例如角色名字 CharacterName,则不建议为其赋值,使用类的构造方法即可。

每个角色类都需要一些基本字段,添加它们是你接下来要完成的任务。

让我们用两个变量记录角色的名字和初始经验值。

(1) 在 Character 类的花括号内添加两个公共变量,它们分别是: name,一个字符串变量用于记录名字; exp,一个整型变量用于记录经验值。

(2) 将 name 的值留空,但将 exp 赋值为 0,以便每个角色都从最低等级开始。

```
public class Character
{
    public string name;
```

```
    public int exp = 0;
}
```

(3) 回到 LearningCurve 脚本中，在 Character 类实例化的相关语句之后添加一个调试日志，通过点表示法打印输出新角色的 name 和 exp 信息。

```
Character hero = new Character();
Debug.LogFormat("Hero: {0} - {1} EXP", hero.name, hero.exp);
```

(4) 当 hero 被初始化后，name 被赋予一个空值，它在调试日志中显示为空白，而 exp 输出为 0。请注意，我们不必将 Character 脚本附加给场景中的任何游戏对象，只需要在 LearningCurve 脚本中引用它，Unity 会完成其余工作。现在控制台会调试出角色信息，如图 5-1 所示。

图 5-1　在控制台打印输出自定义类的属性

至此，我们的自定义类有了一点作用，但是其中的空值却没有实际用处。接下来将使用类的构造方法来解决这个问题。

5.2.3　使用构造方法

类的构造方法是在类创建其实例时自动触发的一种特殊方法，这类似于 Start() 方法在 LearningCurve 脚本中的运行方式。构造方法会根据它的蓝图构建类。

- 如果未指定构造方法，C# 会生成一个默认构造方法。默认构造方法将任何变量设置为其数据类型所对应的默认值：例如，数值型变量设置为 0，布尔类型的变量设置为 false，引用类型(或类)的变量设置为 null。
- 像任何其他方法一样，可以使用参数自定义构造方法，可用于在初始化时为类的变量赋值。
- 一个类可以有多个构造方法。

构造方法的撰写方式与常规方法类似，但也有一些不同。例如，构造方法必须是公共的，无返回类型，且方法名总是与它的类名一致，下面将具体举例说明。向 Character 类添加一个没有参数的基本构造方法，并将 name 字段设置为 null 以外的任意值。

如下，将新代码直接添加在类变量的下方。

```
public class Character
{
    public string name;
    public int exp = 0;

    public Character()
    {
        name = "Not assigned";
    }
}
```

在 Unity 中运行项目，将看到使用了新构造方法的 hero 实例。调试日志显示出 hero 的名字为 Not assigned 而不是一个空值，如图 5-2 所示。

图 5-2   在控制台中显示输出未赋值的自定义类变量

一切进展顺利，但我们还需要类的构造方法能够更加灵活。这意味着需要能够将值传入，以便将它们用作初始值。让我们继续。

现在，Character 类的行为开始越来越像一个真实角色对象了，我们还可以通过添加第二个构造方法使其变得更好，让它在初始化时接收一个名称并将其赋值给 name 字段。

(1) 向 Character 类添加另一个构造方法，该构造方法接受一个称为 name 的字符串参数。在一个类中拥有多个构造方法的情况常被称为构造方法重载。

(2) 使用 this 关键字将参数赋值给类的 name 变量。

```
public class Character
{
    public string name;
        public int exp = 0;

    public Character()
    {
        name = "Not assigned";
    }

    public Character(string name)
    {
```

```
        this.name = name;
    }
}
```

(3) 为方便起见，构造方法通常会使用与类变量相同名称的参数。此时，可以使用 this 关键字来指定哪个变量是属于该类的。在本示例中，this.name 指的是类的 name 变量，而 name 是参数。如果没有 this 关键字，编译器会因无法区分它们而发出警告。为了代码更清晰易读，可以在默认的构造方法中，在设置 name 为 Not assigned 处使用 this 关键字。

(4) 在 LearningCurve 脚本中创建一个新的 Character 实例，称为 heroine。使用自定义构造方法在其初始化时传入一个名称并在控制台中打印出详细信息。

```
Character heroine = new Character("Agatha");
Debug.LogFormat("Hero: {0} - {1} EXP", heroine.name,
    heroine.exp);
```

(5) 当一个类有多个构造方法，或者一个方法有多个变体时，Visual Studio 会在自动补全的弹出窗口中显示一组箭头，可以使用箭头键上下滚动选择，如图 5-3 所示。

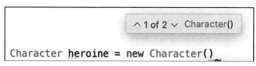

图 5-3　在 Visual Studio 中显示多个构造方法

(6) 现在，当初始化一个新的 Character 类时，可以在基本构造方法和自定义构造方法之间进行选择。可以针对不同情况的需要配置不同的实例，Character 类变得更加灵活了，如图 5-4 所示。

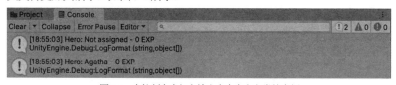

图 5-4　在控制台中打印输出多个自定义类的实例

现在，真正的工作开始了。类不只是充当变量的存储容器，还需要一些能够做事的方法。你的下一个任务便是将此付诸实践。

5.2.4 声明类方法

将方法添加到自定义类与将它们添加到 LearningCurve 脚本中没有什么不同。现在正是介绍一个好的编程习惯的良机，那就是"DRY"(Don't Repeat Yourself，不要重复自己)。DRY 是评测所有代码写得好不好的基准。事实上，每当你发现自己一遍又一遍地写同一行或同几行代码，就该意识到是时候对代码进行重新思考和组织了。通常的做法是会声明一个新方法，包含那些重复的代码，从而使修改和在其他地方调用这一功能更简单便利。

在编程术语中，这也被称为抽象出方法或功能。

我们已经有相当多的重复代码，让我们看看脚本中还有哪些地方可以进一步提高易读性和效率。

重复的调试日志代码给我们提供了实践的好机会，可以将它们的代码抽取出来放置到 Character 类中。

(1) 向 Character 类添加一个名为 PrintStatsInfo 的 public 方法，其返回类型为 void。

(2) 将调试日志相关代码从 LearningCurve 脚本复制出来并粘贴到新方法体中。

(3) 将变量更改为 name 和 exp，因为它们现在可以直接从类中引用。

```
public void PrintStatsInfo()
{
    Debug.LogFormat("Hero: {0} - {1} EXP", this.name, this.exp);
}
```

(4) 将 LearningCurve 脚本中角色的调试日志代码替换为调用 PrintStatsInfo 方法，然后单击 Play 按钮。

```
Character hero = new Character();
hero.PrintStatsInfo();

Character heroine = new Character("Agatha");
heroine.PrintStatsInfo();
```

(5) 现在 Character 类有了一个新方法，任何实例都可以通过点表示法来访问它。由于 hero 和 heroine 都是分离的两个对象，因此 PrintStatsInfo 将它们各自的 name 和 exp 值调试输出至控制台。

这种做法比在 LearningCurve 脚本中直接使用调试日志要好。将功能集中到一个类，并通过方法来调用是个不错的主意。这会使代码更具可读性。例如，每当在打印输出调试日志时，Character 对象将直接给出指令，而不必重复相同的代码。

完整的 Character 类的代码应如下所示。

```
using System.Collections;
using System.Collections.Generic;
using UnityEngine;

public class Character
{
    public string name;
    public int exp = 0;

    public Character()
    {
        name = "Not assigned";
    }

    public Character(string name)
    {
        this.name = name;
    }

    public void PrintStatsInfo()
    {
        Debug.LogFormat("Hero: {0} - {1} EXP", this.name, this.exp);
    }
}
```

介绍完类的相关知识后，你应该可以编写具有良好可读性、轻量级、可重复利用的模块化代码了。现在是时候了解结构体了！

5.3　声明结构体

结构体与类相似，它们都是在程序中所要创建对象的蓝图。主要区别在于结构体是值类型，意味着它需要通过值而不是通过引用传递(例如类)。当结构体被赋值或传递给另一个变量时，该结构体的一个新的副本便会被创建出来，因此，原始的结构体完全没有被引用。接下来将更详细地介绍这一点。首先，我们需要了解结构体的工作原理以及创建它时要遵循的特定规则。

结构体的声明方式与类相同，同样可以包含字段、方法和构造方法。

```
accessModifier struct UniqueName
{
    Variables
    Constructors
    Methods
}
```

与类一样,结构体内部的任何变量和方法都只属于该结构体,并可以通过其唯一名称进行访问。

但是,结构体还有几点限制要求,如下所示。

● 变量不能在结构体声明的内部对其值进行初始化,除非将它们用 static 或 const 修饰符进行标记。在第 10 章中你会看到关于此点的更多解释说明。举例来说,下面的代码将会报错。

```
public struct Author
    {
        string name = "Harrison";
        int age = 32;
    }
```

● 结构体不允许使用没有参数的构造方法。例如,下面的代码将会报错。

```
public struct Author
{
    public Author()
    {
    }
}
```

● 结构体带有一个默认构造方法,它会根据默认类型自动将所有变量设置为其默认值。

每个角色都需要一把好武器,而武器就非常适合用结构体的对象而不是类的对象来定义。具体原因会在 5.4 节 "了解引用类型和值类型"中进行讲解。首先,让我们创建一个结构体,实际体验一下。

我们的角色需要一把好武器来通过重重关卡,武器是简单结构体的理想选择。

(1) 右击 Scripts 文件夹,选择 Create,然后选择 C# Script。

(2) 将其命名为 Weapon,在 Visual Studio 中打开它。删除 using UnityEngine 之后所有的自动生成的代码。

(3) 声明一个名为 Weapon 的公共结构体,紧跟着一对花括号,并保存文件。

(4) 添加 string 类型的 name 字段，以及 int 类型的 damage 字段。

(5) 虽然可以将类和结构体在内部相互嵌套，但这会导致代码混乱，因而通常并不赞同这么做。

```
public struct Weapon
{
    public string name;
    public int damage;
}
```

(6) 使用 name 和 damage 参数声明一个构造方法，并使用 this 关键字设置结构体的字段值。

```
public Weapon(string name, int damage)
{
    this.name = name;
    this.damage = damage;
}
```

(7) 在构造方法下方添加调试方法，用于输出武器信息。

```
public void PrintWeaponStats()
{
    Debug.LogFormat("Weapon: {0} - {1} DMG", this.name, this.damage);
}
```

(8) 在 LearningCurve 脚本中，使用自定义构造方法和 new 关键字创建一个新的 Weapon 结构体，使用 PrintWeaponStats 方法调式输出结构体的值。

```
Weapon huntingBow = new Weapon("Hunting Bow", 105);
huntingBow.PrintWeaponStats();
```

(9) 新的 huntingBow 对象使用了自定义的构造方法并在初始化时为两个字段提供了赋值。

> **说明：**
> 将脚本限制为单个类是个好主意，把只有某个类使用的结构体包含在同一个脚本中也是相当常见的做法。

现在我们见过了引用类型(类)对象和值类型(结构体)对象的例子，是时候熟悉它们的每一个细节了。确切地说，我们需要了解这些对象中的每一个是如何在内存中传递和存储的。

5.4 了解引用类型和值类型

除了关键字和初始字段值之外，到目前为止我们还没有看到类和结构体之间的太大区别。类最适合将整个程序中可能发生变化的复杂行动和数据组合在一起；而对那些在大多数情况下将保持不变的简单对象和数据，例如某些在整个项目的过程中都保持不变的值，结构体是更好的选择。除了用途之外，最关键的不同之处在于它们在变量之间传递或赋值的方式不同。类是引用类型，这意味着它传递的是引用；结构体是值类型，这意味着它传递的是值。

5.4.1 引用类型

当 Character 类的实例被初始化时，hero 变量和 heroine 变量并不保存它们的类信息，而恰恰相反，它们保存了对象在程序内存中位置的引用。如果将 hero 或 heroine 赋值给另一个相同类的变量，则赋值的也是内存引用，而不是角色数据。这有几个含义，其中最重要的是，如果有多个变量存储了相同的内存引用，对其中任何一个变量的更改也会影响其他所有变量。

这样的话题通过展示比解释更易理解，接下来让我们在实际案例中进行尝试。

现在来检验一下 Character 类是否是引用类型。

(1) 在 LearningCurve 脚本中声明一个新的 Character 变量，称为 villain。将 hero 赋值给 villain，并使用 PrintStatsInfo 方法打印出它们的信息。

(2) 单击 Play 并查看控制台中显示的两个调试日志。

```
Character hero = new Character();
Character villain = hero;

hero.PrintStatsInfo();
villain.PrintStatsInfo();
```

(3) 两个调试日志应是相同的，因为 villain 在创建时已用 hero 赋值。此时，villain 和 hero 都指向了 hero 在内存中的位置，如图 5-5 所示。

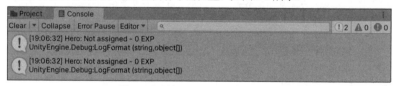

图 5-5 控制台上打印输出的结构体状态

(4) 现在，将 villain 的 name 字段修改一下，然后再次单击 Play。

```
Character villain = hero;
villain.name = "Sir Kane the Bold";
```

(5) 会看到 hero 和 villain 现在具有相同的 name 信息，即便只有一个角色的数据发生了更改，如图 5-6 所示。

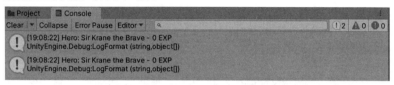

图 5-6　控制台上打印输出类实例的属性

这告诉我们需要谨慎对待引用类型，将其赋值给新变量时，它们不会被复制。对一个引用的任何更改都会贯穿并影响所有其他持有相同引用的变量。

如果想要复制一个类，要么创建一个新的、另外的实例，要么重新考虑作为对象蓝图而言结构体是否是更好的选择。下一节，我们将更进一步了解值类型。

5.4.2　值类型

创建结构体对象时，其所有数据都存储在其相应的变量中，与其在内存中位置的引用或连接无关。因此，结构体适合创建能快速、高效复制且同时保持独立性的对象。在接下来的实践环节，用 Weapon 结构体尝试一下。

尝试将 huntingBow 复制到一个新变量来创建一个新的武器对象，并更新其数据以查看该更改是否同时影响两个结构体。

(1) 在 LearningCurve 脚本中声明一个新的 Weapon 结构体，并用 huntingBow 为其赋初始值。

```
Weapon huntingBow = new Weapon("Hunting Bow", 105);
Weapon warBow = huntingBow;
```

(2) 使用调试方法打印输出每个武器的数据。

```
huntingBow.PrintWeaponStats();
warBow.PrintWeaponStats();
```

(3) 以目前的设置方式，huntingBow 和 warBow 将具有相同的调试日志，就像在更改任何数据之前对两个角色所做的那样(见图 5-7)。

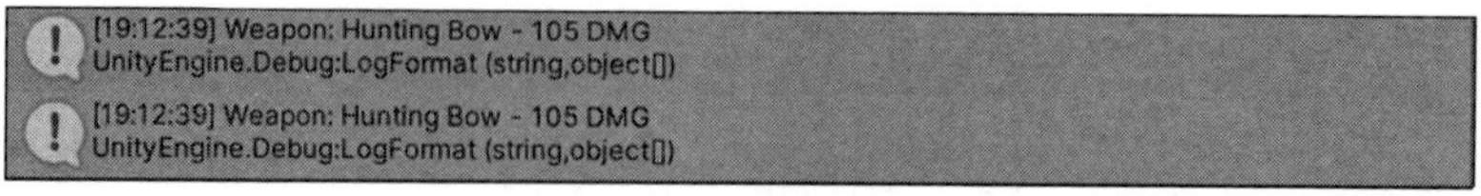

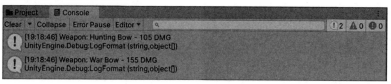

図 5-7 控制台上打印输出的结构体实例

(4) 将 warBow.name 和 warBow.damage 字段更改为其他值，然后再次单击 Play 按钮。

```
Weapon warBow = huntingBow;
warBow.name = "War Bow";
warBow.damage = 155;
```

(5) 控制台将显示仅有 warBow 相关的数据被更改，而 huntingBow 仍保留其原始数据，如图 5-8 所示。

```
Project    Console
Clear ▼  Collapse  Error Pause  Editor ▼   Q                    !2  ▲0  ●0
    [19:18:46] Weapon: Hunting Bow - 105 DMG
    UnityEngine.Debug:LogFormat (string,object[])
    [19:18:46] Weapon: War Bow - 155 DMG
    UnityEngine.Debug:LogFormat (string,object[])
```

図 5-8 控制台上打印输出的更新后的结构体属性

这个例子告诉我们，与类不同，结构体作为独立的对象很容易被复制和修改，而类保留了对其原始对象的引用。现在我们对结构体和类的工作原理有了足够的了解，也知晓了引用类型和值类型的工作原理，可以开始学习编写代码最重要的一个话题——面向对象编程，以及面向对象编程在编程中的作用。

5.5 植入面向对象的思维

物理世界中的事物也是以类似面向对象的方式运作。买饮料时，我们会拿取一瓶汽水，而不是瓶内的液体本身。饮料瓶是一个对象，将有关的信息和行动组合在一个自包含的包中。然而，无论是在编程中还是在便利店中，处理对象时都有一些规则要遵守。例如，谁可以访问它们。我们能够对周围所有对象可采取的行动中，既有普遍通用的，也有各种因对象本身特点而不同的。

在编程术语中，这些规则则是面向对象编程的主要原则，它们就是：封装、继承和多态。我们将在下面几节介绍这些话题。

5.5.1　封装

面向对象编程的优点之一便是它支持封装，即可定义某一对象的变量或方法对外部代码而言允许怎样的访问(有时称为调用代码)。以汽水瓶为例，在自动售货机中，可能的交互是有限的。由于机器是锁着的，不是任何人都可以拿取的。如果某人恰好有合适的钱币，就将被允许临时访问它，但只能获取指定的数量。如果机器本身被锁在某个房间内，那就只有拥有门钥匙的人才会知道汽水的存在。

该如何设置这些限制呢？答案很简单，我们其实一直在使用封装，实现方法就是通过为对象的变量和方法指定访问修饰符。

> **说明：**
> 如果需要复习，请返回并重温第 3 章中关于访问修饰符的小节。

让我们动手尝试一个简单的封装示例，以了解它在实践中是如何工作的。由于 Character 类是公开的，因此它的字段和方法也是公开的。但是，如果想要一种可以将角色数据重置回其初始值的方法，该怎么办呢？如此使用公共的方法显然会很便利，但如果意外调用它，可能会造成灾难性的后果。因此，此种情况就更适合使其成为私有的对象成员。

(1) 在 Character 类内部创建一个名为 Reset 的 private 方法，它没有返回值。将 name 和 exp 变量分别设置回"Not assigned"和 0。

```
private void Reset()
{
    this.name = "Not assigned";
    this.exp = 0;
}
```

(2) 回到 LearningCurve 脚本，在打印输出 hero2 数据后调用 Reset()方法，如图 5-9 所示。

```
13        hero.PrintStatsInfo();
14        villain.PrintStatsInfo();
15        villain.Reset();
```
Assets\Scripts\LearningCurve.cs(15,17): error CS0122: 'Character.Reset()' is inaccessible due to its protection level

图 5-9　Character 类中不可访问的方法

此时可能会怀疑是不是 Visual Studio 出了问题，答案当然不是。将方法或变量标记为私有将使其无法使用点表示法进行访问，只能通过从它们所属的类或结构体的内部调用它们。在你手动敲入 Reset()时，若将鼠标悬停在它上面，将看到有关 Reset()方法被受保护的错误提示消息。

若要实际调用该私有方法，可以在类的构造方法或其他 Character 类的方法内部添加一个 Reset()命令。

```
public Character()
{
    Reset();
}
```

封装确实允许对对象进行更复杂的可访问性设置，但就目前而言，我们将继续使用 public 和 private 两种成员。随着下一章游戏原型的不断充实，我们将根据需要增添不同的新修饰符。

现在来谈谈继承，它是我们在游戏中创建类的层次结构时的好伙伴。

5.5.2 继承

可以基于一个类的映像创建另一个 C#类，后者共享前者的成员变量和方法，且能够定义其独有的数据。在面向对象编程中，这种机制被称为继承，它是一种不需要重复代码即可创建相关类的强大方式。再以汽水为例，市场上有许多具有相同基本属性的普通汽水，此外还有一些特别的汽水。特别的汽水也具有相同的基本属性，但同时还具有不同的品牌或包装，使它们与众不同。放眼望去，很明显它们都是汽水，但它们也显然各不相同。

原始类通常称为基类或父类，而继承类称为派生类或子类。任何用 public、protected 或 internal 访问修饰符标记的基类成员都会自动成为派生类的一部分，但构造函数除外。类的构造函数总是属于包含它们的类，但仍可以从派生类中使用它们，以减少重复代码。目前不必过度担心不同的基类情形，我们先试一个简单的游戏示例。

大多数游戏都有不止一种类型的角色，所以让我们创建一个名为 Paladin 的新类，它继承自 Character 类。可以将这个新类添加到 Character 脚本中，或者为其创建一个新脚本。将新类添加到 Character 脚本时，确保它位于 Character 类的花括号之外。

```
public class Character
{
    // All our previous code...
}

public class Paladin: Character
```

```
    {

    }
```

正如 LearningCurve 脚本继承自 Monobehavior 类一样，我们所需要做的只是在新类后添加一个冒号和想要继承的基类，其余的工作交由 C#来完成。现在，任何 Paladin 的实例都可以访问 name 属性和 exp 属性以及 PrintStatsInfo()方法。

提示说明：

通常认为较好的做法是为不同的类创建一个新的脚本，而不是将它们添加到已存在的类中。使脚本相互分隔以避免在任何单个文件中包含太多代码行(称为臃肿的文件)。

继承的类如何处理它们的构造方法呢？下一节将会学到。

基类构造方法

当一个类继承自另一个类时，基类的成员变量向下汇入它的任何派生子类，形成一个类似金字塔的形态。基类不知其派生子类的存在，但所有子类都能回溯并知晓它们的双亲。可以通过一个简单的语法编辑直接从子类构造方法调用其双亲的构造方法。

```
public class ChildClass: ParentClass
{
    public ChildClass(): base()
    {
    }
}
```

base 关键字代表双亲的构造方法，在本例中即为默认构造方法。但由于 base 代表构造方法，而构造方法是一个方法，因此子类可以将参数沿金字塔向上传递给其双亲的构造方法。

由于希望所有的 Paladin 对象都要有一个 name 变量，而 Character 类已有一个构造方法来处理这个问题，因此可以直接从 Paladin 类中调用 base 构造方法，省去重写构造方法的麻烦。

(1) 向 Paladin 类添加一个构造方法来接收一个名为 name 的 string 类型参数。使用冒号(:)和 base 关键字调用双亲构造方法，并传入 name。

```
public class Paladin: Character
{
    public Paladin(string name): base(name)
```

```
    {

    }
}
```

(2) 在 LearningCurve 脚本中创建一个新的名为 knight 的 Paladin 实例。用 base 构造方法赋值。从 knight 调用 PrintStatsInfo 并查看控制台:

```
Paladin knight = new Paladin("Sir Arthur");
knight.PrintStatsInfo();
```

(3) 调试日志的输出将与其他 Character 实例相似,但名字为给 Paladin 构造方法的赋值(见图 5-10)。

图 5-10 用基类的构造方法显示角色属性

当 Paladin 构造方法触发时,它会将 name 参数传递给 Character 构造方法来设置 name 值。本质上,是使用了 Character 的构造方法来完成 Paladin 类的初始化工作,使 Paladin 构造方法只负责初始化其独有的属性,尽管此刻它还没有。

除了继承,有时想基于其他现有对象的组合来创建新对象。以搭乐高积木为例,我们并不是从零开始搭建的,而是被提供了不同颜色和结构的块可以使用。在编程术语中,这称为组合,我们将在下一节中介绍。

5.5.3 组合

除了继承,类还可以由其他类组成。以 Weapon 结构体为例。Paladin 类可以轻易地在其内部包含一个 Weapon 变量,并可以访问其中所有的属性和方法。下面更新 Paladin 类,以接收一个初始武器,并在构造方法中为其赋值。

```
public class Paladin: Character
{
    public Weapon weapon;

    public Paladin(string name, Weapon weapon): base(name)
    {
        this.weapon = weapon;
    }
}
```

由于weapon(武器)是Paladin(圣骑士)独有的，而不是Character独有的，因此我们需要在构造方法中设置其初始值。同时还需要更新 knight 实例以包含一个Weapon 变量。所以回到LearningCurve.cs 脚本，传入 huntingBow。

```
Paladin knight = new Paladin("Sir Arthur", huntingBow);
```

如果现在运行游戏，并不会看到任何不同，因为我们使用的是 Character 类的 PrintStatsInfo 方法，它并不知道 Paladin 类的 weapon 属性。为了解决这个问题，就需要谈谈多态。

5.5.4　多态

多态源于希腊语中多种形态的意思，它以两种不同的方式应用于面向对象编程。

- 派生类对象的处理方式与基类对象相同。例如，一个 Character 对象的数组也可以存储 Paladin 对象，因为它们都派生自 Character。
- 基类可以将方法标记为 virtual(虚拟的)，意味着派生类可以使用 override 关键字修改其指令。在 Character 和 Paladin 的例子中，可以用此方式实现通过 PrintStatsInfo()方法为各自调试输出不同的信息。

多态允许派生类保持其基类的结构的同时，还可以自由地定制行动以满足其特定需求。任何用 virtual 标记的方法将提供基于对象多态性的自由度。让我们将这个新知识应用到角色的调试方法中。

修改Character和Paladin类以使用PrintStatsInfo()方法输出不同的调试信息。

(1) 修改Character类的PrintStatsInfo()方法，在public和void之间添加virtual关键字。

```
public virtual void PrintStatsInfo()
{
    Debug.LogFormat("Hero: {0} - {1} EXP", name, exp);
}
```

(2) 使用 override 关键字在 Paladin 类中声明 PrintStatsInfo 方法。添加调试日志以任意方式打印出 Paladin 的属性。

```
public override void PrintStatsInfo()
{
    Debug.LogFormat("Hail {0} - take up your {1}!", this.name,
            this.weapon.name);
}
```

(3) 这可能看起来有点像之前说过不被提倡的、重复的代码，但在此处却是一种特例。在 Character 类中将 PrintStatsInfo 方法标记为 virtual，旨在告诉编译器此方法根据调用它的类的不同可以有多种不同的形态。

(4) 当在 Paladin 中声明重写版本的 PrintStatsInfo 方法时，即添加了仅适用于该类的自定义行为。幸亏有了多态，我们不必选择从 Character 或 Paladin 对象调用哪个版本的 PrintStatsInfo 方法，因为编译器已经知晓，如图 5-11 所示。

图 5-11   角色属性的多态

鉴于内容较多，因此在最后一起回顾面向对象编程的一些要点。

- 面向对象编程本质上是将相关的数据和行动组合到对象中，这些对象可以相互通信，同时各自的行动又相互独立。
- 可以像访问变量一样，通过访问修饰符对类成员进行访问。
- 类可以继承自其他类，从而形成具有双亲/孩子关系的自上而下的层次结构。
- 类可以有其他类或结构体类型的成员。
- 类可以重写任何标记为 virtual 的基类方法，使其可以在保持相同蓝图的同时又能够执行自定义行动。

面向对象编程并不是 C#唯一可以使用的编程范式，其他方式的实例讲解可访问：http://cs.lmu.edu/~ray/notes/paradigms。

本章学到的所有面向对象编程的知识都直接适用于 C#。然而，我们仍然需要从 Unity 的视角来看待它，这是本章剩余部分将关注的内容。

5.6   在 Unity 中应用面向对象编程

如果足够了解面向对象编程语言，就一定会听说"一切皆是对象"这句在开发者之间广泛流传的说法。根据面向对象编程的原则，程序中的一切都应该是一个对象，而 Unity 中的 GameObjects 可以代表类和结构体。这并不是说 Unity 中的所有对象都必须出现在游戏场景中，我们仍然可以在游戏场景的"幕后"使用新创建的类。

5.6.1　对象是类的行动

之前在第 2 章中，我们介绍了当脚本添加到 Unity 中的游戏对象上时，是如何转换为组件的。可将其视为面向对象编程原则中组合的概念，即说游戏对象是基类容器，它们可以由多个组件组成。这听起来可能与每个脚本是一个 C# 类的想法相矛盾，但事实上，这个说法更多只是为了更好的可读性而非实际的要求。类可以内部相互嵌套，很容易变得一团乱。然而，将多个脚本以组件的方式附加到单个游戏对象上的做法是非常有用的，尤其是当面对管理器的类或行为时。

始终尝试将对象归结为构成它们的基本元素，然后用组合的方式基于这些较小的类去构建更大、更复杂的对象。修改一个由小型、可替换的组件构成的游戏对象要远比修改大型且笨重的游戏对象更容易。

以主摄像机 Main Camera 为例，如图 5-12 所示。

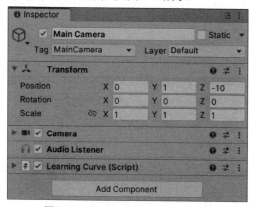

图 5-12　Inspector 中的 Main Camera 对象

图 5-12 中的每个组件(Transform、Camera、Audio Listener 和 LearningCurve 脚本)在 Unity 中都作为类启用。与 Character 或 Weapon 的实例一样，当我们单击 Play 时，这些组件将成为计算机内存中的对象，同时包含了它们的成员变量和方法。

如果我们将 LearningCurve 脚本(或任何脚本和组件)附加到 1000 个游戏对象上并单击 Play，则会在内存中创建并存储 1000 个独立的 LearningCurve 实例。

我们甚至可以使用组件名称作为数据类型来创建这些组件的实例。与类一样，Unity 的组件类是引用类型，可以像任何其他变量一样创建。但是，这些

Unity 组件的查找和赋值方式却与我们之前所见的略有不同。为此,我们将在下一节中进一步了解游戏对象是如何工作的。

5.6.2 访问组件

现在我们知道了组件如何作用于 GameObject,那该如何访问组件的特定实例呢?幸运的是,Unity 中的所有游戏对象都继承自 GameObject 类,这意味着我们可以使用 GameObject 类成员方法在场景中进行查找任何需要的对象。有两种方法可以分配或检索当前激活的游戏对。

(1) 通过 GameObject 类中的 GetComponent()或 Find()方法,这两种方法适用于公共和私有变量。然而,使用这两个方法时必须非常小心。为了获得最优的性能和最佳实践,调用 GetComponent()的结果应总是保存在它自己专有的变量中,而 Find()应该尽量少使用且永远不要将它用在 Update()的循环中。

(2) 通过将 GameObject 本身从 Project 面板直接拖放到 Inspector 面板中的变量槽中。此方式仅适用于 C#中的公共变量,因为它们是唯一会在 Inspector 面板出现的变量。如果需要在 Inspector 面板上显示一个私有变量,则可以用 SerializeField 属性标记该变量。

要了解有关属性和 SerializeField 的更多信息,可访问 Unity 文档: https://docs.unity3d.com/ScriptReference/SerializeField.html。

先来看看第一个方式的语法。

1. 从代码中访问组件

使用 GetComponent 方法相当简单,但它的方法签名与之前看到的其他方法略有不同。

```
GameObject.GetComponent<ComponentType>();
```

这里所需的只有要寻找的组件类型,如果它存在 GameObject 类,将返回该组件,否则返回 null。GetComponent 方法还有其他变体,但目前这个是最简单的,因为我们不需要知道正在寻找的 GameObject 类的更多细节。

这称为泛型方法,我们将在第 13 章中进一步介绍。但现在让我们处理摄像机的 Transform。

由于 LearningCurve 脚本已经附加到 Main Camera 对象上,我们只需要获取 Transform 组件并将其存储在一个公共变量中即可。Transform 组件控制了一个对象在 Unity 中的位置(position)、旋转(rotation)和缩放(scale),所以这是一个很便利的例子。

(1) 在 LearningCurve 脚本中添加一个新的公共的 Transform 类型变量，命名为 CamTransform。

```
public Transform CamTransform;
```

(2) 在 Start 方法中使用 GameObject 类的 GetComponent 方法初始化 CamTransform。要使用 this 关键字，因为 LearningCurve 脚本与 Transform 组件都附加在同一 GameObject 对象上。

(3) 使用点表示法访问并调试 CamTransform 的 localPosition 属性(注意，出于性能的考量，我们将该组件存储在它专有的变量中)。

```
void Start()
{
    CamTransform = this.GetComponent<Transform>();
    Debug.Log(CamTransform.localPosition);
}
```

(4) 我们在 LearningCurve 脚本的顶部添加了一个未初始化的公共 Transform 变量，并在 Start 方法中用 GetComponent 方法对其进行了初始化。GetComponent 方法会找到附加到此 GameObject 对象的 Transform 组件，并将其返回给 CamTransform。由于 CamTransform 现在存储了一个 Transform 对象，我们便可以访问它所有的类属性和方法，包括 localPosition，如图 5-13 所示。

图 5-13　控制台打印输出 Transform 组件的 position

GetComponent 方法非常适合快速检索组件，但它只能访问调用它的脚本所附加的指定游戏对象上的组件。比方说，如果我们使用附加到 Main Camera 的 LearningCurve 脚本中的 GetComponent 方法，就只能访问 Main Camera 上的 Transform、Camera 和 Audio Listener 组件。

如果想引用另外的游戏对象上的组件，比如 Directional Light(方向光)，就需要首先使用 Find 方法获取对该对象的引用。只需要传入游戏对象的名称，Unity 将返回适配的游戏对象供我们存储或操作。

补充说明，每个 GameObject 的名称都可以在选中该对象后从对应的 Inspector 选项卡的顶部找到，如图 5-14 所示。

图 5-14　Directional Light 对象的 Inspector 面板

在 Unity 中找到游戏场景中的对象至关重要，需要多加练习。下面的练习锁定指定对象并为其分配组件。

让我们用 Find 方法在 LearningCurve 脚本中检索 Directional Light 对象。

(1) 在 LearningCurve 脚本的 CamTransform 变量下方添加两个变量，一个为 GameObject 类型，另一个为 Transform 类型。

```
public GameObject DirectionLight;
public Transform LightTransform;
```

(2) 用名称找到 Directional Light 对象，并用它初始化 Start()方法中的 Direction Light。

```
void Start()
{
    DirectionLight = GameObject.Find("Directional Light");
}
```

(3) 将附加到 DirectionLight 上的 Transform 组件赋值给 LightTransform，并调试输出其 localPosition 属性。由于 DirectionLight 现在是其所属的游戏对象，便可以使用 GetComponent 方法。

```
LightTransform = DirectionLight.GetComponent<Transform>();
Debug.Log(LightTransform.localPosition);
```

(4) 在运行游戏之前，有必要了解可以通过链式的方式将方法连在一起调用，从而减少代码步骤。例如，可以通过组合 Find 和 GetComponent 方法在同一行中初始化 LightTransform，而不需要借助 Direction Light。

```
GameObject.Find("Directional Light").GetComponent<Transform>();
```

提示说明：

值得警惕的是，在面对复杂的应用程序时，过长的链式代码会导致可读性变差和混乱。依据经验，应尽量避免比此示例更长的代码行。

虽然可以在代码中查找对象，但也可以简单地将对象本身拖放到 Inspector 面板上。下一节将演示怎样做。

2. 拖放对象

前面介绍了重度依赖代码的解决方式，下面快速了解一下 Unity 的拖放功能。尽管拖放比在代码中使用 GameObject 类要快得多，但 Unity 有时会在保存、导出项目或 Unity 更新时丢失以这种方式创建的对象和变量之间的连接。

当需要快速分配一些变量时，可以使用此功能。但在大多数情况下，仍建议坚持使用代码的方式。

让我们更改 LearningCurve 脚本来体验如何使用拖放的方式分配游戏对象。

(1) 注释掉如下的代码行，也就是使用 GameObject.Find()方法检索 Directional Light(方向光)对象并将其赋给 DirectionLight 变量的那行代码。

```
//DirectionLight = GameObject.Find("Directional Light");
```

(2) 选中 Main Camera 对象，将 Directional Light 拖到 LearningCurve 组件上的 Direction Light 字段，然后单击 Play，如图 5-15 所示。

图 5-15　将方向光拖曳到脚本的属性上

(3) Directional Light 游戏对象现在已赋给 DirectionLight 变量。因为 Unity 在内部进行了变量赋值，不涉及任何代码，也无须修改 LearningCurve 类。

在决定是使用拖放的方式还是用 GameObject.Find()方法赋值变量时，了解以下两点很重要。首先，Find()方法稍微慢一些，如果在多个脚本中多次调用该方法，则会导致游戏出现性能问题。其次，需要确保游戏对象在场景的层次结构中都有唯一的名称，否则在有多个同名对象或自动重命名的情况下，可能会导致一些令人讨厌的 bug。

5.7　本章小结

完成类、结构体以及面向对象编程的学习之旅标志着 C#基础知识的第一部分的结束。在本章，我们学习了如何声明类和结构体，它们是制作应用程序或游戏的关键工具。我们学会识别这二者之间传递和访问的差异，以及它们与面向对象编程的关系。最后，我们动手实践了面向对象编程的核心概念，即如何使用继承、组合和多态创建类。

掌握如何识别相关数据和行动，创建蓝图以赋予它们形体，并使用实例来构建交互是实现任何程序或游戏的坚实基础。在此基础上，再掌握访问组件的能力，我们便具备了成为 Unity 开发者的基本素质。

第 6 章将深入介绍游戏开发的基础知识，并在 Unity 中直接编写控制对象行为的脚本。我们将利用场景中的游戏对象逐渐充实一个简单的开放世界冒险游戏，并于最后为角色准备好一个白盒测试环境。

5.8　小测验——面向对象编程的那些事

(1) 用什么方法可以处理类内部的初始化逻辑？

(2) 作为值类型，结构体是如何传递的？

(3) 面向对象编程的三个主要核心概念是什么？

(4) 若要在调用类所在的同一个对象上查找组件，应使用哪个 GameObject 类的方法？

不要忘记将你的答案与附录中给出的答案进行比对，看看你的学习效果！

第**6**章
亲手实践 Unity

创建游戏远不止是通过代码模拟行为。设计、故事、环境、光照和动画也都为游戏的制作起到了重要作用。游戏首先是一种体验，而一段美好的体验不能只靠代码来实现。

在过去的十年中，Unity 通过为程序员和其他人提供各种先进工具，走在了游戏开发的第一线。使用 Unity 编辑器，不需要代码就可以直接实现动画、特效、音频、环境设计等。我们将在之后为 Hero Born 项目具体设定开发需求、制作环境以及实现机制时再来探讨这些主题。现在，先对游戏设计进行专题介绍。

游戏设计理论研究范围广泛，掌握其所有诀窍可能需要穷尽整个职业生涯。本章仅涉及基础知识，旨在为后续内容的学习铺路，更深入的研究则取决于个人进一步的探索！

本章重点：
- 游戏设计入门
- 构建关卡
- 光照基础
- 在 Unity 中制作动画

6.1　游戏设计入门

在开始任何游戏项目之前，对想要构建的内容进行蓝图规划非常重要。有时起初的构想非常清晰，但到了要创建角色类或环境的时候，却发现项目的走向似乎偏离了初衷。这时就需要游戏设计来帮助我们规划好以下几点。

- 概念：对游戏的全局理念和设计，包括游戏类型和玩法风格。
- 核心机制：角色可以在游戏中使用的可玩功能或互动方式。常见的游戏机制包括跳跃、射击、解谜、驾驶等。
- 控制方案：玩家用来控制游戏角色、环境交互和其他可执行动作的键位映射。
- 故事：推动游戏发展的背景叙事，用于在玩家与游戏世界之间建立共情与关联。
- 艺术风格：游戏的总体观感，并体现在从角色、界面美术到关卡和环境设计的各方面。
- 胜负条件：决定游戏输赢的规则，通常由一些可能会遭遇失败的目标构成。

这些主题绝非设计游戏的详尽清单，不过可以作为编写游戏设计文档的起点。

6.1.1 游戏设计文档

如果用谷歌搜索"游戏设计文档"，会得到大量的文本模板、格式规则和内容指导等信息，过多的内容往往会使新手程序员望而生畏。事实上，团队或公司在创建设计文档时，都会根据自身情况进行定制，所以一份适合个人需求的设计文档，其实远比网上看到的那些要简单许多。

一般而言，设计文档有如下三种类型。

- 游戏设计文档(Game Design Document，GDD)：游戏设计文档主要包括游戏玩法、氛围、故事、游戏体验等一切与游戏本身有关的内容。根据游戏的不同，文档可能有几页到几百页不等。
- 技术设计文档(Technical Design Document，TDD)：技术设计文档侧重于所有与游戏技术相关的内容，从运行游戏的硬件，到需要构建出的类和程序架构。和游戏设计文档一样，技术设计文档的大小也会因项目而异。
- 单页文档(One-Page)：单页文档经常用于市场宣传，本质上就是一张游戏快照。顾名思义，文档的长短应保持在一页之内。

提示说明：
游戏设计文档没有限定的内容或格式标准。可以在正文中添加几张能够激发灵感的参考图片，也可以在页面布局上大胆创新——完全由我们自己决定要如何表达对游戏的愿景。

我们要制作的游戏 Hero Born 较为简单,不需要像 GDD 或 TDD 那样详尽的文档,使用的是最后一种类型的文档来对项目目标及背景信息进行追踪。

6.1.2 Hero Born 游戏单页文档

为了确保项目按需推进,这里已经梳理好了一份简单的文档,上面列有 Hero Born 游戏原型的基础设定,如图 6-1 所示。浏览这份文档,思考如何将已经学到的编程知识付诸实践。

概念
游戏原型的重点是潜行躲避敌人并收集治疗道具,还包含一部分 FPS(第一人称射击)的内容。

可玩性
主要机制围绕利用可见度(Line of Sight, LoS)来领先巡逻中的敌人并收集所需道具。
战斗包含向敌人射击,这会自动触发反击响应。

接口
使用 WASD 键或方向键控制移动,鼠标控制摄像机。使用空格键射击,通过对象碰撞收集道具。
简单的 HUD(Head Up Display, 抬头显示系统)将显示玩家收集到的道具和剩余子弹数量,以及一个常规血条栏来显示玩家生命值。

艺术风格
为了快速高效地开发原型,关卡和角色的艺术风格将全部采用原始 GameObject。如有需要,之后可以替换为 3D 模型或地形环境。

图 6-1 Hero Born 游戏单页文档

掌握了游戏骨架后,就可以开始构建原型关卡来实现上述游戏体验了。

6.2 构建关卡

在构建游戏关卡时,始终应该从玩家视角进行思考。我们希望玩家在游戏环境中看见些什么,感受到什么,与什么进行交互呢?在打造游戏世界的过程中,一定要注意与玩家获得感保持一致。

具体操作可以通过在 Unity 中使用基本的 3D 形状来构建简单的环境,也可以使用更高级的 ProBuilder 工具,或者混合两者使用。还可以将其他程序(例如 Blender)中的 3D 模型导入 Unity,用作场景中的对象。

提示说明:

有关 ProBuilder 工具的详尽介绍,可访问: https://unity.com/features/probuilder。如果使用诸如 Blender 之类的工具来创建游戏资源,可访问: https://www.blender.org/features/modeling/。

Hero Born 项目将设置一个类似于竞技场的简单室内场景,这样的环境既便于玩家走动,又有几个角落可供隐藏。整个场景可全部通过 Unity 自带的原始对象搭建,这些对象可以轻松地在 Unity 中创建、缩放和摆放。

6.2.1 创建原始对象

在平时玩的游戏中,经常可以看到那些效果逼真,仿佛穿过屏幕就触手可及的物体,你也许会想知道怎样才能做出游戏中的模型呢? 幸运的是,Unity 有一套原始 GameObject,可以在此刻帮助我们快速地完成原型设计。虽然这些对象不够精致高清,但对于还处在 Unity 探索阶段的个人或正缺少 3D 美术师的开发团队,它们可是大救星。

打开 Unity,在 Hierarchy 面板的左上角,单击 + > 3D Object,会看到一系列选项,其中约有一半可用来创建原始对象或常用形状,如图 6-2 所示。

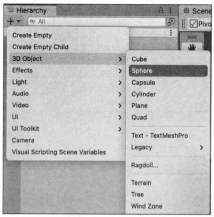

图 6-2　在 Unity 的 Hierarchy 窗口中选中 3D Object

其他选项,例如 Terrain、Wind Zone 和 Tree,这些 3D 对象在更进阶的场合才会使用到,如感兴趣可自行尝试。

提示说明:

有关 Unity 构建环境的更多信息,可访问: https://docs.unity3d.com/Manual/ CreatingEnvironments.html。

让我们循序渐进,先为竞技场创建用来行走的地面,具体步骤如下所示。

(1) 在 Hierarchy 面板中,单击 + > 3D Object > Plane,创建一个 Plane 对象。

(2) 在 Hierarchy 面板中,选中新对象,并在 Inspector 面板中将这个对象重命名为 Ground 并按 Enter 键。

(3) 在 Inspector 面板中的 Transform 下拉菜单中,将 x、y 和 z 轴的 Scale(缩放)更改为 3,如图 6-3 所示。

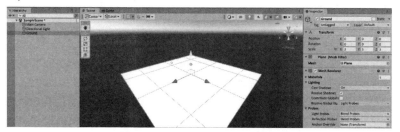

图 6-3　Unity 编辑器中的 Ground 对象

(4) 如果场景中的光照看上去较暗或与图 6-3 不同,则可以按照图 6-4 在 Hierarchy 面板中找到并选中 Directional Light,并将 Directional Light 组件的 Intensity(强度)值设为 1。

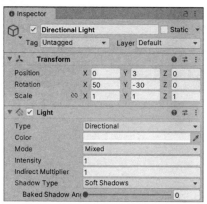

图 6-4　在 Inspector 面板中的 Directional Light 对象

通过上述步骤，就创建好了一个 Plane 对象，并放大了它的尺寸，来为将来角色的四处走动留有足够的空间。需要强调的是，这块 3D 平面会遵循现实生活中的物理规则。也就是说，其他对象能够碰到这个地面，而不会直接穿过地面下落。在第 7 章中，将更多地讨论 Unity 物理系统及其工作原理。现在，先来聊一聊 3D 思维。

6.2.2 用 3D 思维思考

介绍了场景中的第一个 3D 对象，就可以开始讨论 3D 空间的知识了。具体来说，就是 3D 对象的位置、旋转和缩放在三维空间中是如何实现的。回想一下高中所学的几何知识，应该会想起具有 x 轴和 y 轴的坐标系。如果要在坐标系上放置一个点，需要知道 x 坐标和 y 坐标的值。

Unity 同时支持 2D 和 3D 游戏开发。如果制作 2D 游戏，那么现有的说明已经足够。但如果要在 Unity 编辑器中处理 3D 空间，就还会牵涉 z 轴。z 轴映射深度或透视关系，从而赋予空间和对象立体感。

一开始接触这些概念可能会觉得难以掌握，好在 Unity 提供了一些不错的视觉辅助工具，可以帮助我们理清头绪。在 Scene 视图的右上角会有一个立体几何图标，其中 x、y 和 z 轴分别标记为红色、绿色和蓝色。此外，Hierarchy 面板中的对象在被选中时，场景中的对象也会在图标中显示坐标轴指示箭头，如图 6-5 所示。

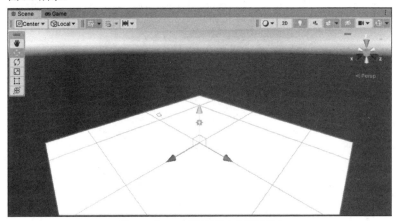

图6-5　在 Scene 视图中的方向指示图标

场景右上角的几何图标将始终表示场景和放置在其中的对象的当前方向。单击任一色彩的坐标轴,都会让当前场景方向切换到这根轴的指向。可以亲自在编辑器上试一下,以便对场景视角的转换有一些直观的感受。

观察图 6-6 中 Ground 对象的 Transform 组件,会看到 Position(位置)、Rotation(旋转)和 Scale(缩放)都是由这三个轴定义的。

位置决定了对象摆放在场景中的地点,旋转主导着它的角度,缩放则负责它的大小,设置的界面如图 6-6 所示。

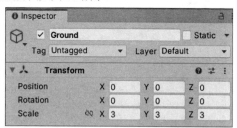

图 6-6　在 Hierarchy 面板中被选中的 Ground 对象

下面将通过使用材质改变地面平淡无奇的视觉状态。

6.2.3　材质

现在的地面不太好看,可以使用材质(Material)为关卡注入一点生命力。材质负责设置 GameObject 的颜色和纹理等属性。材质被传递给着色器(Shader),着色器以此在屏幕上渲染材质的属性。可以认为着色器负责将光照和纹理数据组合起来,进而呈现出材质看起来的样子。

每个 GameObject 一开始就具有默认材质和着色器(图 6-7 来自 Inspector 面板),颜色被设置为标准白色。

要更改对象的颜色,首先需要创建材质,再将材质拖放到这个对象上。记住,材质也是一种对象,它可以根据需求在任意数量的 GameObject 上重复使用,但如果对它进行更改,更改也将作用于该材质附加到的所有对象。举个例子,假设场景中有几个敌人对象使用的材质本来设置为红色,现在把这个材质的基色改为蓝色,那么所有的敌人都将变为蓝色。

图 6-7　对象的默认材质

　　蓝色也是一种显眼的颜色，不妨就将地面改为蓝色。让我们创建一个新材质，将地面从乏味的白色变为跃动的深蓝色，具体步骤如下所示。

　　(1) 在 Project 面板中，右击 > Create > Folder 创建一个新文件夹，命名为 Materials。

　　(2) 在 Materials 文件夹中，右击 > Create > Material，创建一个新材质，命名为 Ground_Mat。

　　(3) 在 Project 面板中选中新材质，并在 Inspector 面板中查看其属性。单击 Albedo 属性旁边的颜色框，然后在弹出的 Color 窗口中选择所需颜色(在中间的大方块上设置实际颜色)，完成后关闭窗口(见图 6-8)。

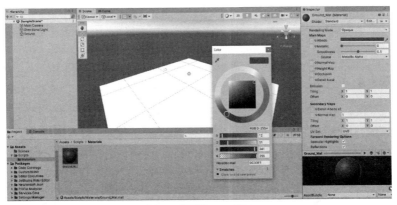

图6-8　材质的Color 窗口

(4) 从 Project 面板将 Ground_Mat 材质拖放到 Hierarchy 面板中的 Ground 对象上。

创建的材质属于项目资产(Asset)。通过从 Project 面板将 Ground_Mat 材质拖放到 Hierarchy 面板中的 Ground 对象上，使地面颜色发生了变化。这也意味着之后对 Ground_Mat 材质所做的任何更改都将反映在 Ground 对象上，如图 6-9 所示。

如果在 Hierarchy 面板中选中 Ground 对象，你会看到 Inspector 面板底部的 Ground_Mat(Material)组件正在被标准着色器使用，以渲染 Ground 对象的颜色属性。

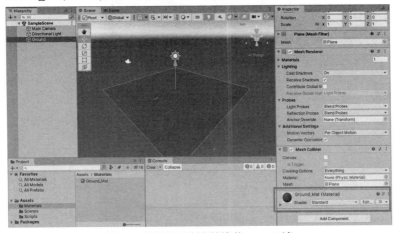

图6-9　使用更新后的材质颜色的 Ground 对象

地面相当于 3D 空间中的画布(Canvas)，其中放置的不再是 2D 对象，而是各种 3D 对象。如何在这块"画布"上为未来的玩家布置出有趣好玩的环境呢？在下一节中将介绍白盒设计的相关知识。

6.2.4　白盒

白盒是一个设计术语，指的是使用占位符(Placeholder)排布出构想的内容，将来再用做好的资源替换它们。具体应用到关卡设计中，就是使用原始 GameObject 大致搭建出环境，以便对想要的关卡外观形成基本概念。这有助于开展工作，尤其是在游戏的原型设计阶段。

在使用 Unity 进行处理之前，笔者喜欢先画出关卡的基本布局和位置的简易草图。这会为后续开发提供一些方向，也有助于当下更快地布置好环境。图 6-10 展示了笔者脑海中的竞技场，中间有一个高起的平台(Platform)，可通过坡道(Ramp，即下图中标注的 Access Walkway)进入，每个角落都还配有一个小炮塔(turret)。

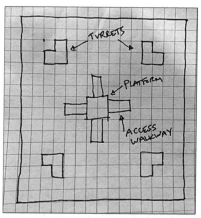

图 6-10　Hero Born 的竞技场关卡草图

> **提示:**
> 画得不好没关系，这里的重点是要将想法直观地表示出来，并在开始使用 Unity 之前理清所有的设计问题。

在将草图变为正式项目之前，先来熟悉一些 Unity 编辑器的界面操作，以便更轻松地进行白盒阶段的制作。

1. 编辑器工具

我们在第 1 章中简单地讨论过 Unity 界面,现在回顾并深化对 Unity 编辑器的了解,以便更高效地操作 GameObject。可以在 Unity 编辑器的左上角找到这些编辑器工具,如图 6-11 所示。

图 6-11　Unity 编辑器工具栏

针对上图工具栏中的每一项,分别进行介绍。

(1) 查看(View):单击并拖动鼠标在场景中平移,以更改在场景中的位置。

(2) 移动(Move):拖动相应的轴箭头,分别沿 x、y 和 z 轴移动对象。

(3) 旋转(Rotate):拖转标记的相应部位来调整对象的旋转。

(4) 缩放(Scale):拖动指定轴来修改对象的比例。

(5) 矩形变换(Rect Transform):移动、旋转和缩放工具功能三合一。

(6) 变换(Transform):可同时控制对象的位置、旋转和缩放。

> **注意**
>
> 关于场景内导航和 GameObject 定位的更多信息,可访问 https://docs.unity3d.com/Manual/PositioningGameObjects.html。此外,还可以像在 6.2.2 节 "用 3D 思维思考" 中讨论的那样,使用 Transform 组件来移动、定位和缩放对象。

在场景内进行平移和导航的还有另一套工具,虽然它们不是 Unity 编辑器界面上的工具,但对于在 Unity 编辑器内的操作也非常实用。

● 需要环顾四周,可以按住鼠标右键来平移摄像机。

● 需要四处移动但保持摄像机方向不变,可以按住鼠标右键并使用 W、A、S、D 键分别向前、向左、向后和向右移动。如果使用 MacOS 和触控板,可以两指单击触控板并按住,同时按下 W、A、S、D 键。

● 在 Hierarchy 面板中选中某 GameObject,然后在场景中按 F 键可缩放并聚焦于该 GameObject。

注意

这种场景导航通常称为飞越模式(Fly-through Mode)。在后文中如果提到要聚焦或导航到特定的对象或视角时,请结合使用这些功能。

虽然熟悉 Scene 视图的过程本来也是一种挑战,但熟能生巧。更详尽的场景导航功能列表可访问: https://docs.unity3d.com/Manual/SceneViewNavigation.html。

由于地面不会被穿透,因此像玩家这样的 3D 对象都可以脚踩地面、自由行走。可一旦跨出地面边界,也会失足下坠。所以需要在竞技场周边筑墙,让玩家有一个封闭的活动区域。

2. 英雄的试炼——搭建墙壁

使用 Cube(立方体)原始对象和工具栏,通过移动、旋转和缩放工具在关卡周围放置四面墙,以分隔出主要的竞技场区域。

(1) 在 Hierarchy 面板中,选择 + > 3D Object > Cube,创建第一面墙,并将其命名为 Wall_01。

(2) 将 x、y 和 z 轴的 Scale 值分别更改为 30、1.5 和 0.2。

注意

Plane 对象的尺度是其他对象的 10 倍,因此长度为 3 的 Plane 对象与长度为 30 的其他对象相当。

(3) 在 Hierarchy 面板中选中 Wall_01 对象,在场景的左上角切换成移动工具,使用红色、绿色和蓝色箭头将墙体定位在地面的边缘。

(4) 重复上述步骤,在区域周围完成全部四面墙的创建,如图 6-12 所示。

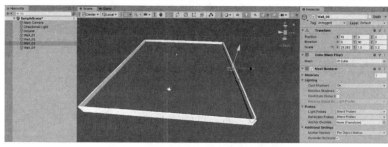

图6-12　带有四面墙和地面的竞技场关卡

注意

本章将提供墙体位置、旋转和缩放这类基本数值，但同时鼓励更改这些值并发挥创造力。理论在于实践，笔者建议读者勤加练习，亲自上手体验 Unity 编辑器的各种工具。

经过这番"施工"，竞技场逐渐成形！在进行下一步之前，先来清理一下对象的层级结构。

3. 保持层级整洁

通常情况下，笔者会将建议类的内容放在某一节的末尾提示区，但现在要讨论的主题太重要了，必须在正文中阐述。这个主题就是务必要保持层级整洁有条理。具体执行起来，就是把所有相关的 GameObject 都放在一个父对象下，类似于将某些相关联文件放在一个文件夹中。由于现在我们的场景中只有少数几个对象，不进行整理的后果不算严峻，但随着项目日益壮大，当场景中的对象达到数百个时，未经清理的层级终会让项目开发变成一场灾难。

保持层级整洁最简单的方法就是将相关的对象都存储在一个父对象中，就像在计算机上使用文件夹存储多个文件一样。现在关卡中已经有一些对象可以加以组织，而这在 Unity 中也非常容易操作，因为可以创建空的游戏对象。空对象是将相关对象组合在一起的完美容器(或文件夹)，它没有附加其他组件，就只是充当一个外壳。

下面就通过一个常规的空对象，将地面和四面墙组合在一起。具体步骤如下所示。

(1) 在 Hierarchy 面板中，选择 + > Create Empty，创建一个空对象，命名为 Environment。

(2) 选中 Environment 空对象，并检查其 Position 的 X、Y 和 Z 是否都设为 0 了。

(3) 将表示地面和四面墙的对象都拖放到 Environment 对象上，使它们成为其子对象，如图 6-13 所示。

在 Hierarchy 面板中，Environment 作为父对象，而竞技场里的那些对象都是其子对象。可以通过箭头图标，来展开或折叠 Environment 对象的层级，这样 Hierarchy 面板就不那么凌乱了。

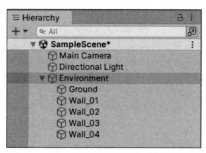

图 6-13　Hierarchy 面板中作为父对象的空对象

　　将 Environment 对象上 position 的 X、Y 和 Z 都设为 0 非常重要，因为子对象位置现在会与父对象位置保持相对关系。这里引出了一个有趣的问题：所设的这些位置、旋转和缩放参照的原点是什么？答案取决于在 Unity 中使用的相对空间是 World(世界)空间还是 Local(本地)空间。

- 世界空间使用场景中固定的原点作为所有游戏对象的参考点。在 Unity 中，此原点为(0,0,0)，即在 x、y 和 z 轴上都为 0。
- 本地空间使用对象父级的 Transform 组件信息作为其原点，本质上是改变了场景的视角。可以将其想象为父级的 Transform 组件是宇宙的中心，其他所有对象都相对于它绕行。

世界空间和本地空间有各自适用的场合，但在这时候重置父对象的位置，能让所有对象一开始都在中央均匀分布。

4. 使用预制件

　　预制件是 Unity 中最强大的工具之一。它不仅能在关卡构建中发挥作用，也能在脚本编写中大展身手。可以把预制件视为 GameObject，但这种 GameObject 能够保存其子对象、组件、C#脚本和属性设置等并重复使用。一旦创建，预制件就如同一个类模板，场景中使用的每个副本都是该预制件的单独实例。因此，对基础预制件(Base Prefab)所做的任何更改也将改变场景中所有未做相应修改的活跃实例。

　　现在的竞技场看起来有点空旷，正好可以作为我们创建和编辑预制件的理想场所。我们希望在竞技场的四个角落放置四个完全相同的炮塔，这恰好是需要预制件上场的时候。

> **说明：**
> 再次提醒，这里不会提供精确的位置、旋转或缩放值，因为笔者希望读者通过实操来学习，并多多熟悉 Unity 编辑器的各种工具。
> 之后，如果再看到步骤中缺少具体的值，就应该明白笔者的意图了。

具体步骤如下所示。

(1) 在 Hierarchy 面板中，选中 Environment 父对象，并选择 + > Create Empty，在 Environment 父对象之下创建一个空的父对象，命名为 Barrier_01。

(2) 选择 + > 3D Object > Cube，并重复这一步骤来创建两个 Cube 对象，通过改变位置和缩放摆成炮塔的 V 形底座。如果无法确定该如何设置它们的大小，可以将第一个立方体的 x 轴的 Scale 更改为 3，将第二个立方体的 x 轴的 Scale 更改为 4。

(3) 再次创建两个 Cube 对象(无须更改 Scale 值)，并将它们放置在炮塔底座的两个末端之上，如图 6-14 所示。

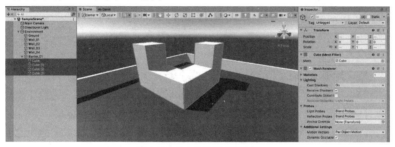

图 6-14　由立方体组成的炮塔

(4) 在 Project 面板中的 Assets 文件夹中，创建一个名为 Prefabs 的新文件夹，然后将 Hierarchy 面板中的 Barrier_01 对象拖曳到新建的 Prefabs 文件夹中，如图 6-15 所示。

图 6-15　Prefabs 文件夹中的 Barrier_01 预制件

Barrier_01 及其所有子对象现在就合成了一个预制件。接下来,通过从 Prefabs 文件夹中拖放副本到场景中,或直接复制一份场景中的副本,就能进行重复使用。还可以看到 Hierarchy 面板中的 Barrier_01 变为了蓝色,表示其状态已经更改为预制件。而在 Inspector 面板中,它的名称下方也多出了一行预制件功能按钮,如图 6-16 所示。

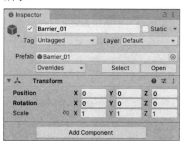

图6-16 在 Inspector 面板中 Barrier_01 名称下方显示 Prefab

对 Barrier_01 预制件进行的任何编辑现在都会影响场景中的所有副本。要进一步完善 Barrier_01 预制件,我们还需要添加第五个 Cube,正好来试一试更新并保存预制件的效果。

现在炮塔中间有个巨大缺口,用来掩护玩家还不够理想,需要再添加一个立方体。下面更新 Barrier_01 预制件,具体步骤如下所示。

(1) 创建一个 Cube 原始对象,并将其放置在炮塔底座的交点处。

(2) 在 Hierarchy 面板中,新添加的 Cube 对象被标记为灰色,其名称旁边还有一个很小的"+"图标,表明它还不是预制件的一部分,如图 6-17 所示。

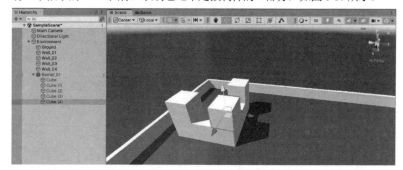

图6-17 在 Hierarchy 面板中预制件更新的标记

(3) 在 Hierarchy 面板中,右击新添加的 Cube 对象并选择 Added GameObject >

Apply to Prefab 'Barrier_01'，如图 6-18 所示。

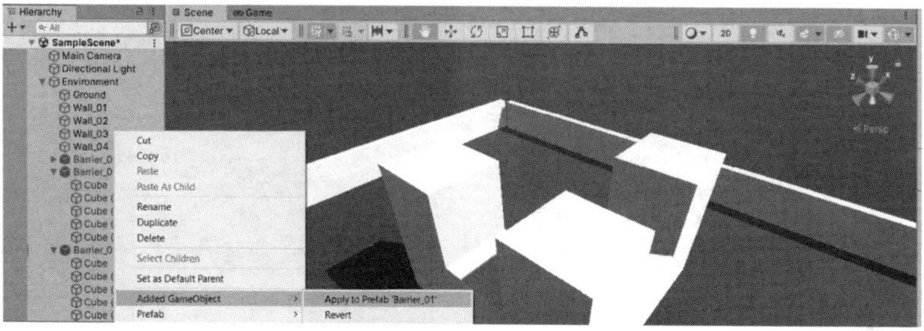

图 6-18　将预制件更改应用于基础预制件的选项

　　这样，更新后的 Barrier_01 预制件就包含了中间新加的立方体，整个预制件层级也再次变回了蓝色。现在的炮塔预制件看起来就和上面截图中的一样了。当然，如果你有其他创意，也可以进一步修改。完成后，下一步需要将炮塔布置在竞技场的每个角落。

　　有了一个可重复使用的炮塔预制件后，就可以对照本节开头的设计草图，构建出关卡的其余部分。

　　(1) 将 Barrier_01 预制件复制三次，并分别放置在竞技场的不同角落。可以通过从 Prefabs 文件夹中拖曳多个 Barrier_01 对象到场景中，或者在 Hierarchy 面板中右击 Barrier_01 对象，并在弹出窗口中选择 Duplicate 来完成这个操作。

　　(2) 创建一个新的空游戏对象，命名为 Raised_Platform。在 Environment 父对象之下创建一个新的空 GameObject，命名为 Raised_Platform，并将其 Position 的 X、Y 和 Z 都设为 0。

　　(3) 创建一个 Cube 对象，使其成为 Raised_Platform 对象的子对象，并将其缩放(X: 5, Y: 2, Z: 5)成如图 6-19 所示平台的样子。

　　(4) 创建一个 Plane 对象，并将其缩放(X: 10, Y: 0.1, Z: 5)成坡道的样子。

● 提示：围绕 z 轴旋转 Plane 对象来创建倾面。

● 通过改变其 Position 值来连接平台和地面。

　　(5) 通过在 macOS 上使用 "Cmd＋D" 或在 Windows 上使用 "Ctrl＋D" 来复制坡道对象。然后重复刚才调整旋转和位置的步骤。

　　(6) 重复两次步骤(5)，直到通向平台的四个坡道全部完成。

　　至此，我们已经为第一个游戏关卡成功创建了白盒环境。但要注意此过程不必投入过多精力，毕竟万里之行这才刚刚跨出了第一步。对于任何一款好玩的游戏而言，互动道具都是必不可少的。下面就来创建一个治疗道具预制件。

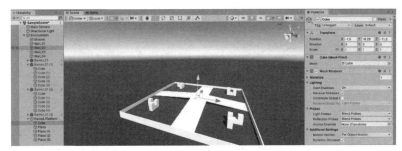

图 6-19　父级 GameObject：Raised_Platform

英雄的试炼 —— 创建治疗道具

结合本章已学的知识点，按如下步骤创建道具。这个练习虽然会占用一些时间，但值得一练。

(1) 选择 + > 3D Object > Capsule 以创建一个 Capsule 对象，命名为 Health_Pickup。

(2) 将 Health_Pickup 对象的 Scale 的 X、Y 和 Z 都设为 0.3，然后切换成移动工具，将其摆放至某个炮塔附近。

(3) 新建一个黄色的材质，并将其附加给 Health_Pickup 对象。

(4) 从 Hierarchy 面板将 Health_Pickup 对象拖入 Prefabs 文件夹中，变为预制件。

完成后的项目效果可以参考图 6-20。

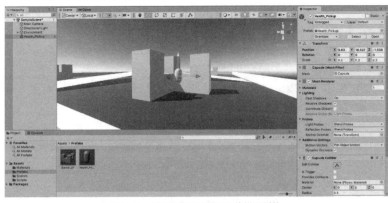

图 6-20　场景中的治疗道具和炮塔预制件

介绍完了关卡的设计和布局，接下来了解 Unity 中的光照。

6.3　光照基础

Unity 中的光照很复杂，但总的来说可以归结为两大类：实时光照和预计算光照。两者都会涉及光照的颜色和强度等属性，以及在场景中的照射方向，它们的不同之处在于 Unity 引擎对光照行为的计算方式。

- 实时光照(Real-time Lighting)每帧都会进行计算，意味着任何在其照射范围内的对象都会投射出逼真的实时阴影，就如同真实世界的光源一样。然而，这种方式会显著降低游戏运行速度，且性能消耗也会随着场景中光源数量的增加而呈指数级增长。
- 预计算光照(Precomputed Lighting)则会将场景的光照事先存储在称为光照贴图(Lightmap)的纹理中，然后将其烘焙并应用到场景中。这么做虽然可以节省计算能力，但烘焙出的光照是静态的，意味着当对象在场景中移动时，这类光照无法随之应变。

> **注意**
>
> 还有一种混合类型的光照，名为预计算实时全局光照(Precomputed Realtime Global Illumination)，这种光照填补了实时光照和预计算光照之间的空白。由于这是一个特定于 Unity 的高阶话题，因此在本书中就不多做介绍了，大家可以自行查看文档：https://docs.unity3d.com/Manual/GIIntro.html。

那么，如何在 Unity 场景里创建光源对象呢？

6.3.1　创建光源

默认情况下，每个 Unity 场景都会带有一个 Directional Light 组件充当主光源。但也可以像创建任何其他 Game Object 一样，在 Hierarchy 面板中创建光源，如图 6-21 所示。尽管光源控制可能是一个新的概念，但是别忘了光源依然属于 Unity 中的对象，意味着同样可以对它们执行移动、缩放和旋转，以满足我们的需求。

首先介绍一些实时光源对象以及它们的表现形式。

- 方向光(Directional Light)非常适合模拟自然光，例如日常生活中的阳光。方向光在场景中没有实际位置，但会照射到所有物体上，并且光线始终指向同一个方向。

- 点光源(Point Light)本质上就像悬空的灯泡，它从中心点向周围所有方向发出光线。可以在场景中指定点光源的位置和强度。

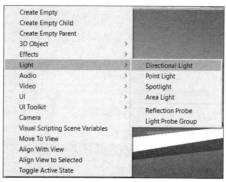

图6-21　光照创建的菜单选项

- 聚光灯(Spotlight)向指定方向发射光线，但光线受其角度的限制，并在场景中聚焦特定区域。可把它看作现实世界中的聚光灯或泛光灯。
- 面光源(Area light)的形状类似矩形，从矩形的一侧表面发出光线。

> **注意**
>
> 反射探针(Reflection Probe)和光照探针组(Light Probe Group)超出了 Hero Born 项目的制作需求，如有兴趣可查看文档: https://docs.unity3d.com/。

和 Unity 中的所有 GameObject 一样，光源也具有可以调整的属性，可以赋予场景特定的氛围或主题。

6.3.2　Light 组件属性

图 6-22 显示了场景中方向光上的 Light 组件。所有的这些属性都可以进行配置，从而创建出具有沉浸感的环境。其中，需要了解的基本属性有 Color、Mode 和 Intensity。这些属性控制着光源的色彩、效果模式(实时光照或预计算光照)，以及总体光照强度。

> **注意**
>
> 就像其他 Unity 组件一样，Light 组件的这些属性也可以通过脚本和 Light 类进行访问，详见文档: https://docs.unity3d.com/ScriptReference/Light.html。

通过选择 + > Light > Point Light，尝试创建一个点光源，并调整其设置，查看它如何影响区域的光照。完成后，通过在 Hierarchy 面板中单击点光源，并选择 Delete 来删除它。

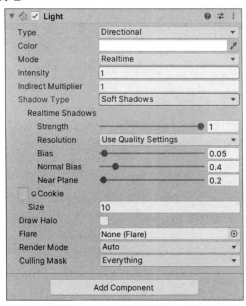

图 6-22　Inspector 面板中的 Light 组件

对如何照亮游戏场景有了初步认识后，再来看看如何为游戏添加动画!

6.4　在 Unity 中制作动画

在 Unity 中为对象制作各种动画，范围可以从简单的旋转效果一直到复杂的角色移动和身体动作。创建动画可以通过代码，也可以通过使用 Animation 和 Animator 窗口来实现。

- Animation(动画)窗口，使用时间轴创建和处理动画剪辑。在时间轴上可以录制对象属性的变化，然后通过回放创建出动画效果。
- Animator(动画器)窗口，使用动画控制器管理这些动画剪辑以及调整动画过渡。

> **注意**
> 关于 Animator 窗口和动画控制器的更多信息可访问 https://docs.unity3d.com/
> Manual/AnimatorControllers.html。

在动画剪辑中对目标对象进行创建和操作可以让游戏立刻"动"起来。在我们短暂的 Unity 动画之旅中，将通过代码和 Animator 这两种方式实现相同的旋转效果。

6.4.1 使用代码创建动画

首先尝试通过代码创建一段旋转治疗道具 Health_Pickup 对象的动画。所有 GameObject 都带有 Transform 组件，因此可以获取道具的 Transform 组件并进行无限旋转。

要在代码中创建动画，具体步骤如下所示。

(1) 在 Scripts 文件夹中创建一个新脚本，将其命名为 ItemRotation，然后在 Visual Studio Code 中打开脚本。

(2) 在 ItemRotation 脚本顶部的类内部，添加一个名为 RotationSpeed 、赋值为 100 的公共 int 变量，以及一个名为 itemTransform 的私有 Transform 变量。如果不指定访问级别，Visual Studio 会假定它是私有的，但更好的习惯是使用显式访问修饰符，这样代码才能更清晰。

```
public int RotationSpeed = 100;
private Transform itemTransform;
```

(3) 在 Start()方法体中，获取 GameObject 的 Transform 组件并将其分配给 itemTransform。

```
itemTransform = this.GetComponent<Transform>();
```

(4) 在 Update()方法体内，调用 itemTransform.Rotate。该 Transform 类方法接受三个参数，分别对应想要执行的 x、y 和 z 旋转。由于我们希望道具头尾反转，因此将使用 x 轴并将其他轴设为 0。

```
itemTransform.Rotate(RotationSpeed * Time.deltaTime, 0, 0);
```

> **注意**
> 这里将 RotationSpeed 乘以 Time.deltaTime，这是 Unity 中标准化移动效果的常用方式，可以确保无论玩家计算机的运行速度如何，移动看起来都比较平滑。

所以通常情况下，都应该将移动或旋转速度乘以 Time.deltaTime。

(5) 回到 Unity 编辑器，在 Project 面板的 Prefabs 文件夹中选中 Health_Pickup 对象，然后在 Inspector 面板中滑到底部。单击 Add Component 按钮，查找 ItemRotation 脚本并按 Enter 键将其添加，如图 6-23 所示。

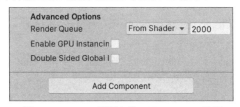

图 6-23　Inspector 面板中的 Add Component 按钮

(6) 更新预制件后，现在需要移动 Main Camera 对象，确保在 Game 视图中能够看到 Health_Pickup 对象，然后单击 Play 测试，如图 6-24 所示。

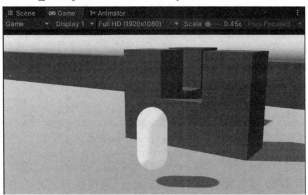

图 6-24　摄像机聚焦于治疗道具

正如看到的这样，治疗道具现在以连续且平滑的动画绕其 x 轴旋转！我们已经通过代码的方式为道具设置了动画，下面将使用 Unity 内置的动画系统重复动画制作。

6.4.2　在 Unity 中使用 Animation 窗口创建动画

在继续之前首先要明确一点，为单个动画的实现选择使用代码方式还是 Unity 动画系统非常重要。不可同时使用两者，否则这两个系统将在项目中产生冲突。

任何需要应用动画剪辑的 GameObject 都需要附加有 Animator 组件，而 Animator 组件需要设置好动画控制器(Animator Controller)。如果在创建新剪辑时项目中没有动画控制器，Unity 会自动创建一个并保存在 Project 面板中，然后就可以通过这个控制器管理剪辑了。下面尝试为治疗道具创建一个新的动画剪辑。

要为 Health_Pickup 预制件制作"无限循环旋转"的动画，首先需要创建新的动画剪辑，具体步骤如下所示。

(1) 通过 Window > Animation > Animation 打开 Animation 面板，并将 Animation 面板拖放到 Console 面板旁边。

(2) 在 Hierarchy 面板中，选中 Health_Pickup 道具对象，然后在 Animation 面板中单击 Create 按钮，如图 6-25 所示。

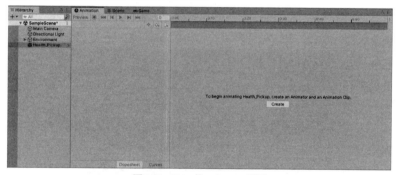

图 6-25　Unity 的 Animation 面板

(3) 在随后弹出的保存窗口中，新建一个名为 Animations 的文件夹保存在 Assets 文件夹中，再将剪辑命名为 Pickup_Spin，并保存，如图 6-26 所示。

图 6-26　创建新动画时的弹出窗口

(4) 确保新建剪辑出现在 Animation 面板上，如图 6-27 所示。

(5) 由于项目中没有任何动画控制器，因此 Unity 在 Animations 文件夹中自动创建了一个名为 Health_Pickup 的动画控制器。在选中 Health_Pickup 对象并创建剪辑时，可以看到 Inspector 面板中，Unity 也会为该预制件添加 Animator 组件，并完成对 Health_Pickup 动画控制器的设置，只是尚未正式保存到预制件中。

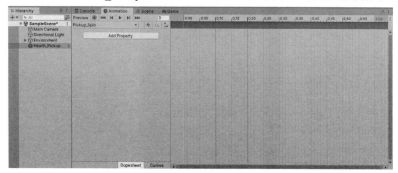

图 6-27　Animation 面板中显示的剪辑

(6) Animator 组件的左上角显示"+"图标，意味着它尚未成为 Health_Pickup 预制件的一部分，如图 6-28 所示。

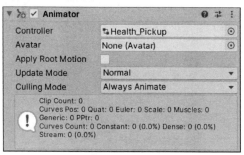

图 6-28　Inspector 面板中的 Animator 组件

(7) 单击 Animator 组件右上角的三个垂直点图标，在弹出窗口中选择 Added Component > Apply to Prefab 'Health_Pickup'，新添加的 Animator 组件就保存到了 Health_Pickup 预制件中，如图 6-29 所示。

至此，已经创建并将 Animator 组件添加到 Health_Pickup 预制件中，下面可以开始录制动画关键帧。说起动作剪辑，我们可能会立刻联想到电影胶片。当电影播放时，胶片一帧帧显示，动画就开始了，剪辑上的物体也随之表现出了

"运动"效果。同理,如果在 Unity 中提前录制好目标对象在不同帧里的不同位置,Unity 就能对录制完成的剪辑进行播放,从而实现对该对象的动画制作。

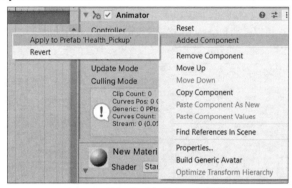

图 6-29　将新添加的组件应用到预制件

6.4.3　录制关键帧

目前在 Animation 窗口中有一段空白的时间轴,这就是下一步要处理新建剪辑的工作区域。从本质上讲,当修改 Health_Pickup 对象在 z 轴方向的旋转值等任何可用于进行动画的属性时,时间轴都会将这些属性变化记录为关键帧。然后 Unity 会将这些关键帧组合成完整的动画,就类似于刚才提到的胶片电影使单独的画面播放出"运动"效果的方法。

观察图 6-30 中录制按钮和时间轴的位置。

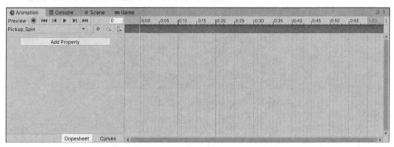

图 6-30　Animation 面板和关键帧时间轴

现在,让治疗道具旋转起来吧。要为 Health_Pickup 预制件制作旋转动画,实现其每秒绕 z 轴进行一次完整的 360°旋转的效果,只需要设置三个关键帧,Unity 会自动处理好其余部分。具体步骤如下所示。

(1) 在 Hierarchy 面板中选中 Health_Pickup 对象，然后在 Animation 面板选择 Add Property > Transform，并单击 Rotation 旁边的 "+" 符号，如图 6-31 所示。

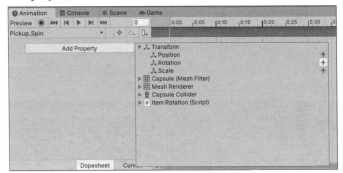

图 6-31　为动画添加 Transform 属性

(2) 单击 Record 按钮，开始录制动画。

- 将光标放置在时间轴 0:00 处，在 Inspector 面板中保持 Health_Pickup 对象在 z 轴方向的旋转值为 0 不变，注意，Inspector 面板中会进行动画录制的字段显示为红色，以防对不需要进行动画的属性误操作，如图 6-32 所示。

图 6-32　Inspector 面板上可进行动画的属性

- 在时间轴的 0:30 处，将 z 轴的旋转值设置为 180，如图 6-33 所示。

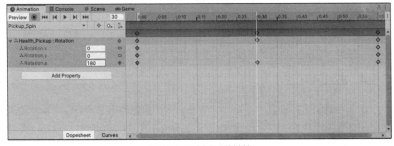

图 6-33　录制动画关键帧

- 在时间轴的 1:00 处,将 z 轴的旋转值设置为 360。

(3) 再次单击 Record 按钮,完成动画。

(4) 单击 Play 按钮,查看整个动画循环效果,如图 6-34 所示。

此时也会发现,Animator 制作的动画覆盖了之前在代码中编写的动画。不过无须担心,改回来也很容易。在 Inspector 面板中,任意组件图标的右侧都有一个小复选框,可以用来激活或停用该组件。如果通过这种方式停用 Animator 组件,Health_Pickup 对象将再次使用代码绕 x 轴旋转。

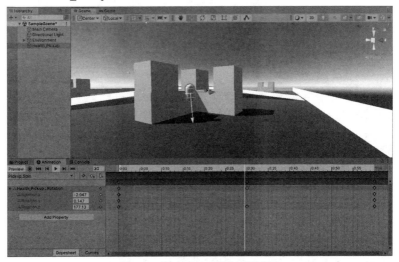

图 6-34　在 Animation 面板上播放动画

Health_Pickup 对象现在每秒会绕 z 轴从 0°旋转到 180°,再旋转到 360°,从而实现循环旋转。如果现在启动游戏,这个动画将一直运行下去,直到游戏停止。

所有动画都带有曲线,曲线决定着该动画执行的一些特定属性。关于曲线的介绍在这里不会太过深入,但还是有必要了解一些基础知识。

6.4.4　曲线和切线

除了为对象属性设置动画外,在 Unity 中还可以使用动画曲线来管理动画随时间变化的播放方式。到目前为止,Animation 窗口一直处于 Dopesheet(关键帧清单)模式。如果在窗口底部单击 Curves,会进入曲线视图(如图 6-35 所示)。

可以看到之前在 Dopesheet 模式下记录的关键帧在这里全部转变为曲线上的标注点。由于旋转动画需要的是平滑的(也称为线性的)曲线，因此不必做任何改变。但也可以通过向任意方向拖动或调整曲线上的标注点，对动画运行进行加速、减速或时间点的更改。

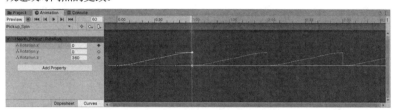

图 6-35　Animation 面板中的曲线时间轴

尽管动画曲线能够处理属性如何随时间变化，但还需要找到方法来修复每次 Health_Pickup 动画重复时出现的卡顿。这里就要用到动画的切线(tangent)。切线管理关键帧之间的混合方式。

可以在 Dopesheet 模式下，通过右击时间轴上的任何关键帧来访问相关选项，如图 6-36 所示。

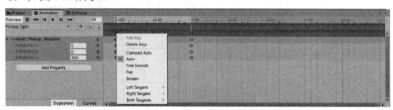

图 6-36　关键帧的平滑选项

注意

动画的曲线和切线都属于中高级内容，因此这里不做深入探讨。如有兴趣可查看文档: https://docs.unity3d.com/Manual/animeditor- AnimationCurves.html。

播放这段旋转动画，会发现在两次旋转之间出现了轻微的卡顿。下面来一起解决这个问题。需要调整旋转动画第一帧和最后一帧的切线，让动画在重复播放时无缝混合。具体步骤如下所示。.

(1) 在 Animation 面板的时间轴上，右击第一个和最后一个关键帧的菱形图标，并选择 Auto(自动)，如图 6-37 所示。

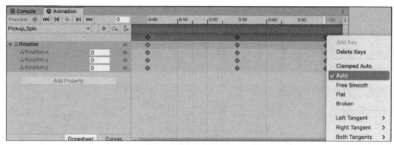

图6-37 更改关键帧的平滑选项

(2) 根据实际情况移动 Main Camera 对象，确保在 Game 视图中能够看到
Health_Pickup 对象，然后单击 Play 按钮运行游戏，如图6-38 所示。

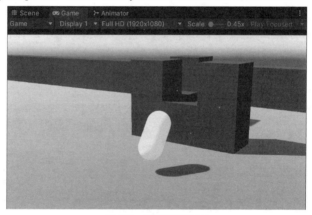

图6-38 最终平滑的动画

通过把第一帧和最后一帧的动画切线设置为 Auto，Unity 会让它们之间的
过渡变得平滑，从而就能为动画循环消除不连贯的衔接。

以上就是本书所要运用的全部动画知识，虽然只覆盖了 Unity 在动画领域
的部分工具，但笔者鼓励大家去了解全套工具箱。这样制作出来的动画才能让
游戏更具吸引力，也能得到玩家的欣赏。

6.5 本章小结

对 Unity 初学者来说，本章涵盖了许多新知识点。虽然本书的重点是 C#语

言及其在 Unity 中的实现，但了解游戏开发理论、游戏文档设计以及 Unity 非脚本功能也非常必要。本章并没有机会深度介绍光照和动画，如果想要继续开发 Unity 项目，那么进一步的学习是非常值得的。

第 7 章的重点将回到编程。我们会设置可移动的玩家对象、控制摄像机，并了解 Unity 物理系统是如何控制游戏世界的，以此来开启 Hero Born 项目的核心机制编写。

6.6 小测验——Unity 的基本功能

(1) 立方体、胶囊体和球体是哪种类型的 GameObject？

(2) Unity 使用哪个轴表示深度，从而使场景具有立体感？

(3) 如何将 GameObject 转换为可重复使用的预制件？

(4) Unity 动画系统使用什么计量单位来录制对象的动画？

第**7**章

角色移动、摄像机以及碰撞

玩家在体验新游戏时做的第一件事情往往是尝试移动角色(当然，前提是游戏中有可移动的角色)和控制摄像机。画面动起来令人感到兴奋，同时玩家对游戏玩法也有了直观的预期。Hero Born 项目里的角色将是一个胶囊体对象，可以分别使用 W、A、S、D 键和方向键操控角色进行移动和旋转。

本章将首先学习如何通过操纵角色对象的 Transform(变换)组件进行移动，然后了解通过施加力的方式实现玩家移动控制方案，从而使运动效果更真实。当移动玩家时，摄像机会在玩家后上方的位置进行跟随，这样在实现射击机制时会让瞄准更容易。最后，将借助可拾取道具预制件来探索 Unity 物理系统处理碰撞体和物理交互的方式。

尽管本章尚未添加任何射击机制，但上述这些内容拼合在一起已经可以实现一个可玩的关卡。通过学习以下主题，我们将第一次体验使用 C#语言编写游戏功能。

本章重点：

- 管理玩家移动
- 使用 Transform 组件移动玩家
- 编写摄像机行为脚本
- 使用 Unity 物理系统

7.1　管理玩家移动

当选择在虚拟世界中移动玩家角色的最佳方式时，要考虑如何才能让移动看起来最逼真，同时避免游戏因计算开销巨大而无法正常运行。在大多数情况下，最后都会采用折中方案，Unity 也不例外。

移动 GameObject 的三种最常见的方式及其结果如下。

- 方式一：使用 GameObject 的 Transform 组件来进行移动和旋转。这是最简单的解决方案，也将是我们的首选方式。

- 方式二：通过将 Rigidbody 组件附加到 GameObject 并在代码中施加力，实现真实世界的物理规律。Rigidbody 组件会为其附加的游戏对象添加模拟的真实世界物理效果。将 Rigidbody 组件附加给 GameObject 并在代码中施加力。这个解决方案依赖于 Unity 物理系统在背后处理繁重的工作，从而提供更为逼真的效果。本章稍后会使用这种方式修改编写的代码，这样我们就能对两种方式都有所了解。

> **注意**
> Unity 建议在移动或旋转某个游戏对象时，保持方式的一致。可以操作对象的 Transform 组件，也可以操作对象的 Rigidbody 组件，但是绝不要同时操作两者。

- 方式三：添加 Unity 现成的组件或预制件，例如 Character Controller 或 First-Person Controller。这样可以省去样板代码，并在加速原型制作提速的同时仍能提供逼真的效果。

> **注意**
> 虽然本书不会用到方式三，但资源商店和 Unity 社区中有大量资源可供探索。
> 有关 Character Controller 组件及其用途的更多内容，可访问 https://docs.unity3d.com/ScriptReference/CharacterController.html。
> First-Person Controller 预制件可从 Unity 的 Standard Assets Package 中获得，下载此资源包可访问 https://assetstore.unity.com/packages/essentials/asset-packs/standard-assets-32351。

我们将首先尝试使用玩家 Transform 组件的方式来实现玩家移动，然后在本章后面再介绍另一种会用到刚体物理的方式。

7.2 使用 Transform 组件移动玩家

Hero Born 将会是一款第三人称冒险游戏，下面先来制作一个可以通过键盘输入来操控的胶囊体，以及一个会跟随这个胶囊体移动的摄像机。尽管这两个游戏对象会在游戏中一起运作，但为了保证后续控制的灵活性，还是应让它们拥有各自独立的脚本。

在编写脚本之前，先要在场景中添加玩家胶囊体。

通过以下步骤，我们就能创建一个可以代表玩家的胶囊体。

(1) 在 Hierarchy 面板的左上角，单击 + > 3D Object > Capsule，新建一个 Capsule 对象，命名为 Player。

(2) 将玩家胶囊体摆放在关卡中的任何位置都可以，这里将其放置在中央的某处坡道附近。同样重要的是要让玩家胶囊体位于地面对象的上方，因此在 Inspector 面板中将胶囊体的 Transform 上 Position 的 Y 值设为 1。

(3) 选中 Player 对象，单击 Inspector 面板底部的 Add Component 按钮。查找 Rigidbody 并按 Enter 键，将该组件附加给 Player 对象。虽然稍后才会使用这个组件，但在一开始就设置妥当，这样很好。

(4) 展开 Rigidbody 组件底部的 Constraints 属性。

- 选中 x 轴、y 轴和 z 轴上的 Freeze Rotation 选项框，以防玩家在碰撞或其他物理交互过程中被意外旋转，如图 7-1 所示。我们希望将旋转的控制留给稍后要编写的代码。

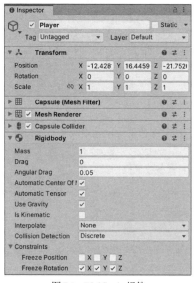

图 7-1　Rigidbody 组件

(5) 在 Project 面板中选中 Materials 文件夹，单击 + > Material，创建一个新材质，命名为 Player_Mat。

(6) 在 Hierarchy 面板中选中 Player_Mat，将 Inspector 面板上的 Albedo(反照率)属性更改为亮绿色。

(7) 将 Player_Mat 材质拖放到 Hierarchy 面板中的 Player 对象上，如图 7-2 所示。

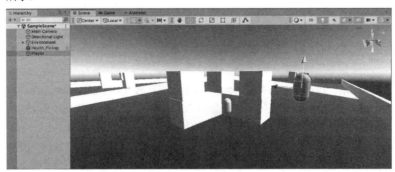

图 7-2　附加到胶囊上的玩家材质

我们使用了 Capsule 原始对象、Rigidbody 组件和亮绿色材质创建了 Player 对象。暂且先不用考虑 Rigidbody 组件究竟是什么，现在只需要知道它能让 Player 与物理系统交互即可。我们将在本章末尾的“使用 Unity 物理系统”部分再详细介绍 Rigidbody 组件。下面先讨论 3D 空间中一个非常重要的主题：向量(Vector)。

7.2.1　理解向量

创建好了玩家胶囊体，现在就可以开始研究如何使用 Transform 组件来移动和旋转 GameObject 了。Translate()和 Rotate()方法是 Unity 提供的 Transform 类中的方法，两者都需要向量参数来执行其给定功能。

在 Unity 中，向量被用来保存 2D 和 3D 空间中的位置和方向数据，根据使用条件的不同相应分为 Vector2 和 Vector3 变量。这两种变量的使用方式和其他变量类型都一样，只是保存的信息不同。由于 Hero Born 是一款 3D 游戏，因此需要使用 Vector3，意味着构造向量的时候需要使用 x、y 和 z 的值。

提示：
对于 2D 向量，则只需要 x 和 y 的值。别忘了，3D 场景的当前方向在场景右上方有图标提示，如图 7-3 所示。

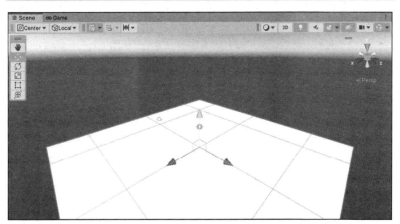

图 7-3　Unity 编辑器中的向量指示图标

注意
有关 Unity 向量的更多信息，可访问文档和脚本参考：https://docs.unity3d.com/ScriptReference/Vector3.html。

例如，希望新建一个向量来保存场景的位置，可以使用以下代码。

```
Vector3 Origin = new Vector(1f, 1f, 1f);
```

上述代码创建了一个新的 Vector3 变量，然后依次按照 x 为 1、y 为 1、z 为 1 的顺序对其进行了初始化。float 类型的值带不带小数皆可，但必须要以小写的 f 结尾。
也可以使用 Vector2 或 Vector3 类的属性创建方向向量。

```
Vector3 ForwardDirection = Vector3.forward;
```

这里，ForwardDirection 变量保存的不再是某个位置，而是场景中的前向(forward)，即 3D 空间中 z 轴的指向。使用 Vector3 方向向量的妙处在于，无论让玩家朝哪个方向看，代码始终知道哪个方向是前方。本章将在稍后讨论向量的使用，现在只需要培养一种用 x、y 和 z 坐标表示 3D 空间中移动的位置和方向的习惯即可。

> **注意**
> 向量是个复杂的概念，如果不太熟悉，可以查看 Unity 的向量指导手册
> (cookbook)：https://docs.unity3d.com/Manual/VectorCookbook.html。

　　对向量有所了解后，就可以开始实现基础的玩家移动了。首先需要收集玩家通过键盘等外设输入的信息。

7.2.2　获取玩家输入

　　位置和方向的概念对角色移动非常重要，但如果没有玩家输入，就无法真正产生移动。这就是引入 Input 类的原因所在。Input 类会处理从按键输入和鼠标位置到加速度(施加在某个方向上的力)和陀螺仪数据(旋转)的所有内容。

　　在 Hero Born 项目中，会使用 W、A、S、D 键及方向键来控制移动，同时还会结合一个脚本，让摄像机能够跟随玩家鼠标指向的位置。为此，需要先介绍输入轴(input axes)是如何工作的。

　　在编辑器上方，单击 Edit > Project Settings > Input Manger，打开 Input Manager 面板，如图 7-4 所示。

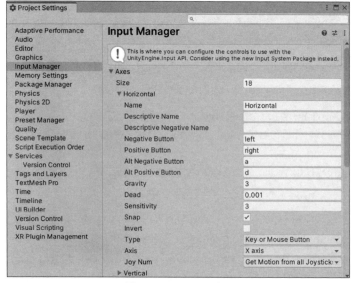

图 7-4　Input Manager 窗口

注意

在过去几年中，由于 Unity 引入了新的输入系统，使得如何处理玩家输入的选择变得更复杂。新系统通过将输入处理封装成一个可以从编辑器使用的组件，从而减少了大量的设置和代码工作。本章选择继续使用较旧的、编程式的方法，以避免过早引入委托和行为等的中级主题，这些主题在新输入系统中是必需的。

然而，当完成这本书的学习并对 C#技能游刃有余时，推荐在未来的项目中深入了解新的输入系统，以跟上时代的步伐。你可以在 https://unity.com/features/input-system 找到关于新输入系统的更多文档，并在 https://learn.unity.com/project/using-the-input-system-in-unity 找到很棒的教程。

可以看到已经配置好的 Unity 默认输入列表，以 Horizontal(水平)输入轴为例进行说明。Horizontal 输入轴的 Positive 和 Negative 按钮分别设置为 "left" 和 "right" 键位，而 Alt Negative 和 Alt Positive 按钮分别设置为 "A" 和 "D" 键位。

每当在代码中查询输入轴时，值的范围都将介于-1 和 1 之间。例如，当左方向键或 A 键被按下时，水平输入轴会记录值为-1。当按键被释放时，该值回到 0。同样，当右方向键或 D 键被按下时，水平输入轴会记录值为 1。这样仅通过一个输入轴就能获取四种不同的输入，而不用为每种输入都去写一长串的 if-else 语句。

获取输入轴非常简单，只需要调用 Input.GetAxis()方法，并指定输入轴的名称即可，稍后我们就采取这种方式获取水平和垂直输入。这种方式还有一个额外的好处，就是 Unity 应用了平滑滤波器(Smoothing Filter)，能使输入不受帧率影响。

注意

可以按照需求修改默认的输入配置，也可以创建自定义轴: 在 Input Manager 面板中增加 Size 属性值，再为创建出的自定义轴重命名。必须增加 Size 属性值才能添加自定义的输入轴。

下面使用 Unity 的输入系统和自定义脚本让玩家动起来。

7.2.3　角色移动

为了让玩家可以移动，先要为 Player 对象添加脚本，具体步骤如下所示。

(1) 在 Scripts 文件夹中新建一个 C#脚本，命名为 PlayerBehavior，将它拖放到 Hierarchy 面板的 Player 对象上。

(2) 添加以下代码并保存文件。

```
using System.Collections;
using System.Collections.Generic;
using UnityEngine;

public class PlayerBehavior : MonoBehaviour
{
    // 1
    public float MoveSpeed = 10f;
    public float RotateSpeed = 75f;
    // 2
    private float _vInput;
    private float _hInput;

    void Update()
    {
        // 3
        _vInput = Input.GetAxis("Vertical") * MoveSpeed;
        // 4
        _hInput = Input.GetAxis("Horizontal") * RotateSpeed;
        // 5
        this.transform.Translate(Vector3.forward * _vInput *
        Time.deltaTime);
        // 6
        this.transform.Rotate(Vector3.up * _hInput * Time.deltaTime);
    }
}
```

注意

this 关键字可要可不要。为了简化代码，Visual Studio 会建议将其移除，但这里还是予以保留，让代码更清晰明了。此外，如果存在空的方法，比如本例中的 Start()方法，为了明确起见，通常会将空的方法删除。

对上述代码的分步解析如下。

(1) 声明两个公共变量，用作乘数。

- MoveSpeed 表示玩家前进和后退的速度。
- RotateSpeed 表示玩家向左和向右旋转的速度。

(2) 声明两个私有变量，用于保存玩家输入，最开始不设置任何值。

- _vInput 用来存储垂直轴输入。

- _hInput 用来存储水平轴输入。

(3) Input.GetAxis("Vertical")检查上下方向键、W 或 S 键何时被按下，并将其值乘以 MoveSpeed。

- 上方向键和 W 键返回 1，这会让玩家向前方(正方向)移动。
- 下方向键和 S 键返回-1，这会让玩家向后方(反方向)移动。

(4) Input.GetAxis("Horizontal")检查左右方向键、A 或 D 键何时被按下，并将其值乘以 RotateSpeed。

- 右方向键和 D 键返回 1，这会让玩家向右旋转。
- 左方向键和 A 键返回-1，这会让玩家向左旋转。

> **注意**
>
> 虽然这些移动计算可以集中在一行上进行，但最好还是将代码分行，以便自己和他人查看。

(5) 使用 Translate()方法移动 Player 对象的 Transform 组件，该方法接收一个 Vector3 类型参数。

- this 关键字明确指定了脚本附加给的 GameObject(本例中即 Player 对象)。
- 将 Vector3.forward 与_vInput 和 Time.deltaTime 相乘，提供了玩家沿 z 轴向前或向后移动的方向和速度。
- Time.deltaTime 会返回游戏自执行上一帧到现在的秒数。它通常用于平滑在 Update()方法中获取或运行的值，使其不受设备帧率的影响。

(6) 使用 Rotate()方法，相对于传入的向量参数，旋转 Player 对象的 Transform 组件。

- 将 Vector3.up 与_hInput 和 Time.deltaTime 相乘，得到向左或向右的旋转轴。
- 在这里使用 this 关键字和 Time.deltaTime 的原因同上。

> **注意**
>
> 如上所述，在 Translate()和 Rotate()方法中使用方向向量(Direction Vector)只是解决问题的其中一种方法。我们也可以根据轴的输入创建新的 Vector3 变量，并用作参数。

单击 Play 按钮运行游戏，现在可以使用上/下方向键和 W/S 键控制玩家的前后移动，使用左/右方向键和 A/D 键控制玩家的左右旋转。由于还未设置摄像机跟随玩家，这里可能先要将摄像机移高一些，这样在按下相关输入键时才能看到玩家移动。

仅仅几行代码就设置好了两个易于修改，且不受帧率影响的独立控制。然而，摄像机还不会跟随玩家四处移动，下面就解决这个问题。

7.3 编写摄像机行为脚本

让一个 GameObject 跟随另一个 GameObject，最简单的操作就是让其中一个成为另一个的子对象。当一个对象是另一个对象的子对象时，子对象的位置和旋转是相对于父对象的。也就是说任何子对象都会随父对象移动和旋转。

但这就意味着 Player 对象发生的所有移动或旋转都会影响摄像机(就像瀑布影响顺流而下的水一样)，并不是我们想要的效果。摄像机应该位于玩家身后并保持一定距离，同时始终朝向它。幸好，我们可以使用 Transform 类提供的方法轻松地设置摄像机相对于 Player 对象的位置和旋转。下面就来编写摄像机的逻辑脚本。

要让摄像机行为与玩家的移动分离开来，需要控制摄像机相对于某个目标位置进行摆放，而这个目标可以在 Inspector 面板中设置。

(1) 在 Scripts 文件夹中新建一个 C#脚本，命名为 CameraBehavior，然后拖放到 Main Camera 对象上。

(2) 在 CameraBehavior 脚本中添加以下代码并保存文件。

```csharp
using System.Collections;
using System.Collections.Generic;
using UnityEngine;

public class CameraBehavior : MonoBehaviour
{
    // 1
    public Vector3 CamOffset = new Vector3(0f, 1.2f, -2.6f);
    // 2
    private Transform _target;

    void Start()
    {
        // 3
        _target = GameObject.Find("Player").transform;
    }

    // 4
```

```
    void LateUpdate()
    {
        // 5
        this.transform.position = _target.TransformPoint(CamOffset);
        // 6
        this.transform.LookAt(_target);
    }
}
```

对上述代码的分步解析如下。

(1) 声明一个公共 Vector3 变量，用来存储 Main Camera 和 Player 对象之间的偏移距离。

- 因为变量被设置为公共的，所以可以在 Inspector 面板中手动设置摄像机在 x、y 和 z 轴的偏移位置。
- 现有预设值比较合适，但也可尝试修改。

(2) 创建一个 Transform 类型的_target 变量来保存 Player 对象的 Transform 信息。

- 这样就可以访问 Player 对象的 Position、Rotation 和 Scale。
- 不希望其他脚本能够更改摄像机的跟随目标，所以变量被设置为私有的。

(3) 使用 GameObject.Find()方法在场景中按名称查找 Player 对象，并获取其 Transform 属性。

- 这意味着存储在_target 变量中的玩家位置会在每一帧都进行更新。
- 场景中查找对象是一项计算开销较大的任务，因此最好在 Start()方法中只执行一次然后存储引用。切勿在 Update()方法中使用 GameObject.Find() 方法，这样会不断试图进行查找，可能导致游戏崩溃。

(4) 就像 Start()或 Update()方法一样，LateUpdate()也是 MonoBehaviour 提供的方法，它在 Update()方法之后执行。

- 由于 PlayerBehavior 脚本在 Update()方法中移动了 Player 对象，而我们希望 CameraBehavior 脚本中的这段代码在 Player 对象移动完成之后再运行。LateUpdate()方法就确保了_target 变量引用的是最新位置。

(5) 每帧都把摄像机的位置设置为_target.TransformPoint(camOffset)，将会产生如下效果。

- TransformPoint()方法用于计算并返回世界空间中的相对位置。

- 在本例中，TransformPoint()方法会返回_target(即玩家)的偏移位置：在 x
  轴上偏移 0、在 y 轴上偏移 1.2(相当于将摄像机置于胶囊体上方)，以及
  在 z 轴上偏移-2.6(相当于将摄像机置于胶囊体后方)，如图 7-5 所示。

(6) LookAt()方法每帧都会更新胶囊体的旋转值，使摄像机始终对准传入的
Transform 参数(本例中即 Target 变量)的所在位置。

图 7-5　在 Play 模式下的玩家胶囊体和其跟随摄像机

上述解析中存在大量需要被消化的知识，如果按先后顺序进行分解，理解
起来会更容易。

(1) 为摄像机创建了一个偏移位置。

(2) 查找并存储玩家胶囊体的位置。

(3) 每帧手动更新摄像机的位置和旋转值，让它始终以设定的距离跟随并对
准玩家。

提示：

在使用那些提供平台特定功能的类方法时，记得先将操作分解为最基本的
步骤。这将帮助我们在新编程环境中如鱼得水。

虽然上述管理玩家移动的代码能起作用，但实际运行起来还是不够流畅。
如果要创建更平滑、更逼真的运动效果，则需要了解 Unity 物理系统的基础
知识。

7.4　使用 Unity 物理系统

到目前为止，我们尚未讨论 Unity 引擎是如何工作的，又是如何在虚拟空
间中创建出逼真的交互和运动效果的。本章的其余部分将学习 Unity 物理系统。
有两大组件为 Unity 的 NVIDIA PhysX 引擎赋能。

- Rigidbody(刚体)组件，允许 GameObject 受到重力影响，并可以为对象
  添加 Mass(质量)和 Drag(阻力)等属性。如果同时附加了 Collider 组件，

Rigidbody 组件还可以受到施加力的影响，从而呈现出更逼真的运动效果。Rigidbody 组件的属性面板如图 7-6 所示。

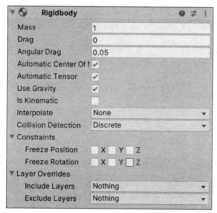

图 7-6　Inspector 面板中的 Rigidbody 组件

● Collider(碰撞体)组件，决定了 GameObject 是如何以及何时进入和离开其他对象的物理空间的，或简单地碰撞再弹开。虽然只能为指定的 GameObject 附加一个 Rigidbody 组件，但却可以附加多个 Collider 组件，以实现不同的形状或交互。这种设置通常被称为复合碰撞体(Compound Colliders)。Collider 组件的属性面板如图 7-7 所示。

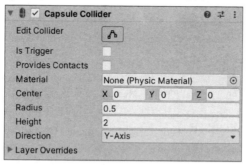

图 7-7　Inspector 面板中的 Capsule Collider 组件

当两个 Collider 组件相互碰撞时，Rigidbody 组件的属性决定了它们之间的交互结果。举例来说，如果一个游戏对象的质量大于另一个，那么碰撞时较轻的游戏对象会弹得更开，就像在现实生活中一样。Rigidbody 和 Collider 这两个组件负责 Unity 中的所有物理交互和模拟运动。

使用这两个组件还有几点说明，下面将使用 Unity 允许的移动类型的术语进行阐释。

- Kinematic 移动(也称为运动学移动、非物理运动)：附加了 Rigidbody 组件的 GameObject 会进行 Kinematic 移动，它不会向场景中的物理系统进行注册，所以不会受到物理系统的影响。也就是说，运动学对象具有物理相互作用，但自身不对其做出反应，就像现实生活中的墙壁一样。Kinematic 移动仅在某些特定情况下使用，可以通过选中 Rigidbody 组件的 Is Kinematic 属性来启用。由于我们要让玩家胶囊体与物理系统进行交互，因此这里不会用到。

- Non-kinematic 移动(也称为非运动学移动、物理运动)：它指的是通过施加力来对 Rigidbody 组件进行移动或旋转，而不是手动操纵 GameObject 的 Transform 属性。本节的目标就是要修改 PlayerBehavior 脚本以实现 Non-kinematic 的移动。

> **提示:**
> 目前的设置情况是，使用 Rigidbody 组件与物理系统交互的同时，手动操纵胶囊体的 Transform 组件，目的是建立“3D 空间中移动和旋转”的思维方式。但这样的做法并不适合应用在实际产品中，Unity 也建议大家避免在代码中混合使用 Kinematic 和 Non-kinematic 移动。

下面会使用施加力的方式，将当前的移动系统转换为更逼真的物理运动体验。

7.4.1 刚体运动

既然 Player 对象上附加了 Rigidbody 组件，就应该让物理引擎来控制其移动，而不是通过 Transform 组件手动操纵。有两种方式可以通过物理系统施加力。

- 一是直接使用 Rigidbody 类提供的 AddForce()和 AddTorque()方法，分别来移动和旋转对象。但这种方法存在不足，通常还需要额外的代码来修正非预期的物理行为，例如在碰撞期间可能会出现不希望的扭矩或施加力。

- 二是使用其他 Rigidbody 类提供的方法，例如 MovePosition()和 MoveRotation()方法。这种方式仍然使用施加力。

注意

在下一节中会采用第二种方式，让 Unity 为我们处理物理效果的应用，但如果对第一种方式感兴趣，可查看施加力和扭矩的文档: https://docs.unity3d.com/ScriptReference/Rigidbody.AddForce.html。

这两种方法都会给玩家带来更为逼真的感觉，并让我们可以在第 8 章"游戏机制脚本编写"中添加跳跃等机制。

提示:

如果一个没有附加 Rigidbody 组件的对象与附加了 Rigidbody 组件的环境交互时，会发生什么？试试在 Player 对象上移除 Rigidbody 组件，并在竞技场中四处走动测试一下——恭喜玩家成功化身鬼魂，获得穿墙技能! (在继续之前，别忘了将 Rigidbody 组件加回去!)

Player 对象已经附加了 Rigidbody 组件，下一步就要实现对其属性的访问和修改。

首先需要找到并存储 Player 对象上的 Rigidbody 组件，为此，可以根据以下代码更改 PlayerBehavior 脚本。

```
using System.Collections;
using System.Collections.Generic;
using UnityEngine;

public class PlayerBehavior : MonoBehaviour
{
    public float MoveSpeed = 10f;
    public float RotateSpeed = 75f;
    private float _vInput;
    private float _hInput;
    // 1
    private Rigidbody _rb;

    // 2
    void Start()
    {
        // 3
        _rb = GetComponent<Rigidbody>();
    }

    void Update()
    {
```

```
    _vInput = Input.GetAxis("Vertical") * MoveSpeed;
    _hInput = Input.GetAxis("Horizontal") * RotateSpeed;
    /*
    this.transform.Translate(Vector3.forward * _vInput * Time.deltaTime);
    this.transform.Rotate(Vector3.up * _hInput * Time.deltaTime);
    */
  }
}
```

对上述代码的分步解析如下。

(1) 添加一个私有 Rigidbody 类型变量_rb，用来存储胶囊体的 Rigidbody 组件的引用。

(2) Start()方法会在场景中脚本初始化阶段，也就是我们单击 Play 按钮时触发。在初始化过程中，需要设置变量时都应该使用 Start()方法。

(3) GetComponent()方法会检查脚本所附加的 GameObject 上是否有所需的组件类型(本例中即 Rigidbody 组件)。如果找到了，就返回该类型。

- 如果没找到，该方法将返回 null。不过由于我们知道 Player 对象上确实存在 Rigidbody 组件，因此这里就不考虑进行错误检查了。

(4) 注释掉 Update()方法中对 Transform()和 Rotate()方法的调用，从而避免同时运行两套玩家控制。

- 但仍然保留获取玩家输入的代码，以备不时之需。

对 Player 对象上的 Rigidbody 组件进行了初始化和存储，并注释掉了原来的 Transform 代码部分后，就为基于物理的移动奠定了基础。下面就要来施加力了。

想要实现 Rigidbody 组件的移动和旋转，可以在 PlayerBehavior 脚本中的 Update()方法之下，添加以下代码并保存文件。

```
// 1
void FixedUpdate()
{
    // 2
    Vector3 rotation = Vector3.up * _hInput;
    // 3
    Quaternion angleRot = Quaternion.Euler(rotation *
Time.fixedDeltaTime);
    // 4
    _rb.MovePosition(this.transform.position +
this.transform.forward * _vInput * Time.fixedDeltaTime);
    // 5
    _rb.MoveRotation(_rb.rotation * angleRot);
}
```

对上述代码的分步解析如下。

(1) 任何与物理(或刚体)相关的代码都要放到 FixedUpdate()方法中，而不能放到 Update()或其他 MonoBehaviour 方法中。

● FixedUpdate()方法独立于帧率，适用于所有物理代码。

(2) 创建一个 Vector3 变量，用来存储左右旋转值。

● Vector3.up * _hInput 和我们在上一个示例中，在 Rotate()方法中所用的旋转向量是相同的。

(3) Quaternion.Euler()方法接收一个 Vector3 类型参数，并返回一个以欧拉角为单位的旋转值。

● 后面 MoveRotation()方法需要一个 Quaternion(四元数)值而不是一个 Vector3 类型参数，这是 Unity 首选的旋转类型，因此在此做一个类型转换。

> **注意**
>
> 有关 Unity 如何处理对象旋转和方向的更多信息，可访问 https://docs.unity3d. com/Documentation/Manual/QuaternionAndEulerRotationsInUnity.html。

● 乘以 Time.fixedDeltaTime 的原因与在 Update()方法中使用 Time.deltaTime 相同。

(4) 调用_rb 组件上的 MovePosition()方法，该方法接收一个 Vector3 类型参数并施加相应的力。

● 使用的向量可分解为：胶囊体的位置向量加上前进方向的向量与垂直输入和 Time.fixedDeltaTime 的乘积。

● Rigidbody 组件负责调整施加的力以满足传入的向量参数。

(5) 在_rb 组件上调用 MoveRotate()方法，该方法同样接收一个 Vector3 类型参数并施加相应的力。

● angleRot 已包含来自键盘的水平输入，还需要将当前 Rigidbody 组件的旋转值乘以 angleRot，就能获取相同的左右旋转值。

> **注意**
>
> 请注意，如果对 Non-kinematic 对象使用 MovePosition()和 MoveRotation()方法，工作方式会不同。更多信息请访问刚体脚本参考：https://docs.unity3d. com/ScriptReference/Rigidbody.html。

单击 Play 按钮运行游戏,现在我们能够沿视线方向前进后退,也能绕 y 轴旋转。施加力产生的效果会比直接移动和旋转 Transform 组件更强,因此可能需要在 Inspector 面板中微调 moveSpeed 和 rotateSpeed 变量。至此,我们重建了之前的运动方案,并加强了物理真实感。

如果现在跑上坡道或跳下中央平台,可能会看到玩家飞向空中或缓慢才落到地面的情况。即使将 Rigidbody 组件设置为 Use Gravity,也还是效果甚微。我们将在第 8 章实现跳跃机制时,解决给玩家施加重力的问题。现在要介绍 Collider 组件在 Unity 中处理碰撞的方式。

7.4.2 碰撞体和碰撞

Collider 组件不仅使 GameObject 能被 Unity 物理系统识别,也使交互和碰撞成为可能。不妨把碰撞体想象成 GameObject 周围看不见的力场,取决于设置,它们可以被穿过也可以被碰撞,并且还带有一系列在不同交互中执行的方法。

> **注意**
>
> Unity 物理系统针对 2D 和 3D 游戏的工作方式不同,本书仅涵盖 3D 方面的主题。如果对制作 2D 游戏感兴趣,可了解 Rigidbody2D 组件文档:https://docs.unity3d.com/Manual/class-Rigidbody2D.html。若想查看可用的 2D 碰撞体,可访问 https://docs.unity3d.com/Manual/Collider2D.html。

Health_Pickup 对象层级中的 Capsule 子对象如图 7-8 所示,如果想更清楚地看到 Capsule Collider,可以增加 Radius 属性。

图 7-8 附加到治疗道具上的 Capsule Collider 组件

对象周围的绿线标示出的形状是 Capsule Collider,可以通过 Center、Radius 和 Height 这些属性对其进行移动和缩放。

创建原始对象时,碰撞体会默认与原始对象的形状匹配,因为我们创建的是一个 Capsule 原始对象,所以它带有一个 Capsule Collider。

> **注意**
> 还有 Box、Sphere 和 Mesh 形状的碰撞体,可以在顶部主菜单中选择 Component > Physics,或通过 Inspector 面板的 Add Component 按钮手动添加。

当 Collider 与其他组件接触时,它会发出所谓的消息(Message)或广播(Broadcast)。当 Collider 发送消息,任何添加了一个或多个这类方法的脚本都会收到通知。这被称为事件,我们将在第 14 章介绍。

例如,当两个带有碰撞体的 GameObject 碰撞时,两个对象都会注册一个 OnCollisionEnter 事件,其中包含对撞到对象的引用。可以把事件想象成发送出去的消息——如果选择监听它,当发生碰撞时就会收到通知。这些消息可用于追踪各种交互事件,最简单的事件就如道具拾取。如果想要一个对象能够穿过另一对象,可以使用碰撞触发器,将在下一节予以讨论。

> **注意**
> 有关 Collider Message 的相关内容,可访问 https://docs.unity3d.com/Script Reference/Collider.html。
> 只有当碰撞对象满足某种特定配置(取决于碰撞体、触发器和刚体组件,以及是 Kinematic 还是 Non-Kinematic 移动的组合情况),碰撞或触发事件才会发送。详情可查看碰撞操作矩阵(Collision Action Matrix): https://docs.unity3d.com/Manual/CollidersOverview.html。

之前创建的治疗道具正好可以用来试验碰撞的工作原理。

道具拾取

要更新道具对象,为它添加碰撞逻辑,具体步骤如下所示。

(1) 在 Scripts 文件夹中新建一个 C#脚本,命名为 ItemBehavior,将其拖放到 Hierarchy 面板的 Health_Pickup 对象上。

- 使用碰撞检测的脚本都必须附加给带有 Collider 组件的对象,即使它是预制件的子对象。

(2) 在 Hierarchy 面板中选中 Health_Pickup 对象,单击 Inspector 面板上 Item Behavior(脚本)组件右上角的三个垂直点图标,然后选择 Added Component > Apply to Prefab 'Health_Pickup', 如图 7-9 所示。

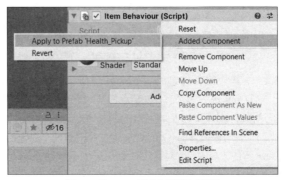

图 7-9　将 Prefab 更改应用到治疗道具

(3) 用以下内容替换 ItemBehavior 脚本中的默认代码，并保存文件。

```
using System.Collections;
using System.Collections.Generic;
using UnityEngine;

public class ItemBehavior : MonoBehaviour
{
    // 1
    void OnCollisionEnter(Collision collision)
    {
        // 2
        if (collision.gameObject.name == "Player")
        {
            // 3
            Destroy(this.transform.gameObject);
            // 4
            Debug.Log("Item collected!");
        }
    }
}
```

(4) 单击 Play 按钮，移动玩家至道具处，然后把它"拾取"起来!

对上述代码的分步解析如下。

(1) 当另一个对象与道具发生碰撞时，Unity 会自动调用 OnCollisionEnter()
方法。

- OnCollisionEnter()方法带有一个参数，该参数存储对它遇到的碰撞体的
  引用。

- 注意 collision 变量的类型是 Collision 而不是 Collider。

(2) Collision 类有一个名为 gameObject 的属性,它存储了对碰撞对象的 Collider 的引用。

- 可以使用此属性来获取碰撞对象的名称,并使用 if 语句来检查碰撞对象是否为 "Player"。

(3) 如果碰撞对象是 "Player",将调用 Destroy()方法。该方法接收一个 GameObject 类型参数,并将该 GameObject 从场景中移除。

(4) 向控制台打印一条信息,表明已经收集到了道具,如图 7-10 所示。

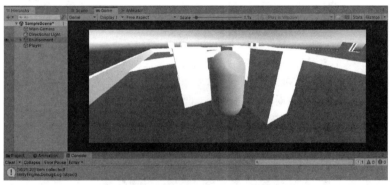

图 7-10 GameObject 从场景中被收集的示例

在 ItemBehavior 脚本中所做的设置,实质上是去监听任何与 Health_Pickup 对象发生的碰撞。每当碰撞发生时,ItemBehavior 脚本就会使用 OnCollisionEnter() 方法,以此来检查碰撞对象是否为玩家。如果是,就销毁(或者说拾取)该道具。假如你还是不理解,可以将编写的碰撞代码理解为来自 Health_Pickup 对象的通知接收器。每当道具被碰撞时,就会触发这些代码。

这里其实也可以使用 OnCollisionEnter()方法创建类似的脚本并附加给玩家,然后检查碰撞对象是否为道具。碰撞逻辑取决于被碰撞对象的视角。

现在的问题是,如何设置碰撞才会让碰撞对象继续各自原本的移动轨迹而不是弹开?

7.4.3 使用碰撞触发器

Collider 中的 isTrigger 属性默认设置为未选中状态,这意味着物理系统会将它们视为具有实体的对象,并在碰撞时触发碰撞事件。然而在某些情况下,我们可能希望 GameObject 能够穿过 Collider 而不会受到阻止。这时候就需要用到触发器(Trigger)。选中(启用)isTrigger 属性后，其他 GameObject 就可以穿过它，而 Collider 发送的通知则变为 OnTriggerEnter、OnTriggerExit 和 OnTriggerStay。

触发器多用于检查 GameObject 是否进入某个区域或通过某个点。可以使用触发器在敌人周围布置警戒区域，如果玩家走进触发区域，敌人就会得到警示，然后开始攻击玩家。下面就来实现敌人逻辑。

1. 创建敌人

创建敌人的具体步骤如下。

(1) 在 Hierarchy 面板中，单击 + > 3D Object > Capsule，新建一个 Capsule 原始对象，命名为 Enemy(敌人)。

(2) 在 Materials 文件夹上右击，从菜单中选择 Create > Material，创建一个新材质，命名为 Enemy_Mat，并将其 Albedo 属性设置为亮红色。

● 将 Enemy_Mat 拖放到 Enemy 对象上。

(3) 选中 Enemy 对象，在 Inspector 面板中单击 Add Component 按钮，查找 Sphere Collider 组件并按 Enter 键将其添加。

● 选中 isTrigger 属性框，并将 Radius 更改为 8，如图 7-11 所示。

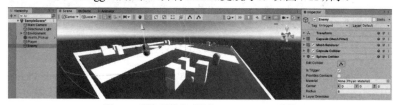

图 7-11　附加到敌人对象的 Sphere Collider 组件

新建的 Enemy 对象现在被一个半径为 8 的球状触发器所包围。每当另一个物体进入、停留或离开这个球状区域时，Unity 都会发送可以被捕获到的通知，就和处理碰撞时一样。下面就要具体实现通知的捕获。

为了捕获触发事件，需要创建一个新脚本，具体步骤如下所示。

(1) 在 Scripts 文件夹中新建一个 C#脚本，命名为 EnemyBehavior，将其拖放到 Enemy 对象上。

(2) 添加以下代码并保存文件。

```
using System.Collections;
using System.Collections.Generic;
using UnityEngine;
```

```
public class EnemyBehavior : MonoBehaviour
{
    // 1
    void OnTriggerEnter(Collider other)
    {
        //2
        if (other.name == "Player")
        {
            Debug.Log("Player detected - attack!");
        }
    }

    // 3
    void OnTriggerExit(Collider other)
    {
        // 4
        if (other.name == "Player")
        {
            Debug.Log("Player out of range, resume patrol");
        }
    }
}
```

(3) 单击 Play 按钮运行游戏。先走向敌人以触发第一个通知，再远离敌人，触发第二个通知。

对上述代码的分步解析如下。

(1) OnTriggerEnter()方法会在任何对象进入敌人对象的 Sphere Collider 半径范围内被触发。

● 与 OnCollisionEnter()方法类似，OnTriggerEnter()方法也会存储一个对侵入对象的 Collider 组件的引用。

● 注意 other 变量是 Collider 类型，而不是 Collision 类型。

(2) 可以通过 other 变量访问碰撞对象的名称，并使用 if 语句检查它是否为“Player”。

● 如果是，会向控制台打印出一条信息，指示玩家处于危险区域，如图 7-12 所示。

(3) OnTriggerExit()方法会在任意对象离开 Enemy 的 Sphere Collider 半径范围时被触发。

● 该方法同样也带有一个对碰撞对象的 Collider 组件的引用。

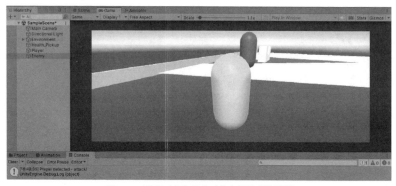

图 7-12 玩家对象和敌人对象之间的碰撞检测

(4) 再次使用 if 语句，按名称检查离开 Sphere Collider 半径的对象。

● 如果是 Player，会向控制台打印出另一条信息，指示玩家现在安全了，如图 7-13 所示。

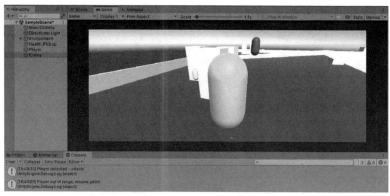

图 7-13 碰撞触发器示例

当敌人警戒区域被入侵时，Enemy 对象上的 Sphere Collider 会发出事件通知，而 EnemyBehavior 脚本会捕获这些事件。每当玩家进入或离开 Sphere Collider 的半径范围时，控制台都会打印出调试日志，以示代码正常运行。在第 9 章中将以此敌人逻辑为基础并进行扩展。

> **注意**
>
> Unity 采用了一种称为组件的设计模式。简而言之，就是对象(以及它们的类)负责自己的行为，而不是将所有代码都放在一个庞大的文件中。这就是为什

么要将道具对象和敌人对象上的碰撞脚本分开，而不是让一个类处理所有碰撞内容。我们将在第 14 章中进一步讨论。

由于本书旨在尽可能多地灌输良好的编程习惯，因此在本章的最后需要将所有核心对象都转换为预制件。

2. 英雄的试炼 —— 全部变为预制件！

为了让项目为下一章做好准备，请将 Player 和 Enemy 对象拖到 Prefabs 文件夹中，创建出玩家和敌人的预制件。

> **提示：**
>
> 从现在开始，如果对 Player 对象和 Enemy 对象再做任何更改，都需要通过单击 Hierarchy 面板中的预制件，在 Inspector 面板中选中更改过的预制件右上角的三个垂直点图标，然后选择 Added Component > Apply to Prefab，让更改对预制件生效。

完成后，可以进入"物理系统综述"部分，回顾本章涵盖的主要内容，并充分吸收所学知识。

7.4.4　物理系统综述

- Rigidbody 组件能为附加到的对象添加模拟现实世界的物理特性。
- Collider 组件通过 Rigidbody 组件与其他 Collider 组件(或对象)交互。
  - 如果 Collider 组件不是触发器，则充当具有实体的对象。
  - 如果 Collider 组件是触发器，则可以被穿过。
- 如果对象使用 Rigidbody 组件并启用了 Is Kinematic，则该对象是运动学对象，会被物理系统忽略。
- 如果对象使用 Rigidbody 组件并通过施加力或扭矩来为它的移动和旋转提供动力，则其为非运动学对象。
- 碰撞体根据它们的交互情况发送通知。这些通知取决于 Collider 组件是否被设置为触发器。碰撞双方都可以接收通知，并且都自带包含对象碰撞信息的引用变量。

事实上，学习像 Unity 物理系统这样广泛而复杂的主题非一日之功。本章的知识将为未来更深入的研究奠定基础。

7.5　本章小结

在本章，我们创建了自己的第一款游戏原型，虽然游戏看似简单但创作的游戏行为却不少。我们使用了向量和基本向量运算来确定 3D 空间中的位置和角度，也熟悉了玩家输入以及移动和旋转游戏对象的两种主要方法。我们甚至已经深入到 Unity 内部的物理系统，并掌握了刚体物理、碰撞、触发器和事件通知等知识。总而言之，Hero Born 项目有了一个好的开端。

在下一章中，将开始处理更多的游戏机制，包括跳跃、射击以及与环境进行交互。这也将给我们提供更多的实战经验，例如使用 Rigidbody 组件施加力、获取玩家输入以及执行逻辑。

7.6　小测验 —— 玩家控制和物理系统

(1) 可以使用什么数据类型来存储 3D 空间的移动和旋转信息？

(2) 在 Unity 中，可以使用哪些内置组件来跟踪和修改玩家控制？

(3) 哪个组件为 GameObject 添加了真实世界的物理特性？

(4) Unity 建议使用什么方法在 GameObject 上执行和物理相关的代码？

第**8**章
游戏机制脚本编写

在第 7 章中，我们重点介绍了使用代码实现玩家角色和摄像机的移动，进而介绍了 Unity 物理系统的一些相关知识。然而，只是控制玩家角色并不足以制作出一款引人入胜的游戏；事实上，它可能是所有游戏中共有的主题。

一款游戏的独特之处体现在其核心机制，以及这些机制赋予玩家的力量感和代入感。如果创建的虚拟环境不具备可玩性和感染力，玩家就缺乏一玩再玩的兴致，更不要说体会到游戏中的乐趣了。接下来，在尝试实现游戏机制的同时，我们还会进一步学习 C#编程知识以及一些中级功能。

本章将专注于游戏机制、设计模式和 UI(User Interfaces，用户界面)的基础知识，从而完成 Hero Born 的原型制作。

本章重点：
- 实现玩家跳跃
- 发射子弹
- 创建游戏管理器
- 添加 UI

8.1 添加跳跃

上一章中，Rigidbody 组件为 GameObject 添加了模拟的真实世界物理效果，而 Collider 组件会与使用 Rigidbody 组件的对象交互。

使用 Rigidbody 组件控制玩家移动还有一大优势，我们在上一章还未提及，就是可以轻松地添加各种依赖于施加力的机制，例如跳跃。本节将实现玩家的跳跃，并编写第一个实用工具(Utility)函数。

> **注意**
> 实用工具函数是一种类方法，可以用它完成某些繁琐的工作，避免我们的
> 游戏代码变得散乱——例如，检查玩家是否碰到了地面以进行跳跃。

首先，介绍一种称为"枚举"的新数据类型。

8.1.1　枚举介绍

按照定义，枚举类型是属于同一变量的具名常量的集合。当需要用到一系列不同的值，且这些值都属于相同的父类型时，枚举就可以发挥用处。

为了便于理解，一起来看以下代码片段中枚举的语法：

```
enum PlayerAction { Attack, Defend, Flee };
```

对代码片段的分析如下：

- enum 关键字声明了它的类型，后跟变量名称。
- 枚举包含的值位于大括号中，每个值之间用逗号分隔(最后一个值除外)。
- 枚举必须以分号结尾，和之前使用的所有其他数据类型一样。

这里，我们声明了一个名为 PlayerAction 的变量，其类型为 enum，其可以被设置为三个值之一——Attack、Defend 或 Flee。

可以使用以下语法声明一个枚举变量：

```
PlayerAction CurrentAction = PlayerAction.Defend;
```

对上述语法的分析如下：

- 变量类型为 PlayerAction，因为枚举与其他任何变量类型一样，比如字符串或整型。
- 变量名称为 CurrentAction，并与 PlayerAction 的某个值相等。
- 每个枚举常量都可以通过点表示法访问。

CurrentAction 变量现在被设置为 Defend，但随时可以更改为 Attack 或 Flee。枚举看似简单，却能在适当场合发挥出巨大作用。它最有用的特性之一就是能够存储基础类型。

枚举的基础类型

枚举与基础类型相关联，意味着大括号内的每个常量都具有其关联值。枚举的默认基础类型是 int，它的第一个常量默认值为 0，后续常量就像数组一样，

依次递增 1。

> **注意**
>
> 并非所有类型都可以在枚举中使用，枚举的基础类型仅限于 byte、sbyte、short、ushort、int、uint、long 和 ulong。这些都被称为整型类型，用于指定变量可以存储的数值的大小。
>
> 这些进阶内容略超出本书的讨论范围，大多数情况下使用 int 类型即可。
>
> 有关整型类型的更多信息，可访问：https://docs.microsoft.com/ en-us/dotnet/csharp/language-reference/keywords/enum。

例如，现在将 PlayerAction 枚举的值列出如下，尽管通常不会像这样显式写出来，但这就是它的默认值。

```
enum PlayerAction { Attack = 0, Defend = 1, Flee = 2 };
```

没有规定基础值必须从 0 开始；实际上，只需要指定第一个值，C#就会为其余的值递增 1，例如：

```
enum PlayerAction { Attack = 5, Defend, Flee };
```

在上述示例中，Defend 自动等于 6，Flee 自动等于 7。但如果需要 PlayerAction 枚举包含不连续的值，可以进行显式添加，例如：

```
enum PlayerAction { Attack = 10, Defend = 5, Flee = 0 };
```

我们甚至可以通过在枚举名称后添加冒号，将 PlayerAction 的基础类型更改为其他支持类型，例如：

```
enum PlayerAction : byte { Attack, Defend, Flee };
```

检索枚举的基础类型需要执行显式类型转换，相关内容都已做过介绍，因而可以轻易理解以下语法。

```
enum PlayerAction { Attack = 10, Defend = 5, Flee = 0 };
PlayerAction CurrentAction = PlayerAction.Attack;
int ActionCost = (int)CurrentAction;
```

由于 CurrentAction 被设置为 Attack，因此在上面的示例代码中，ActionCost 将为 10。

枚举是编程过程中功能非常强大的工具，下面对枚举进行实际应用，从键盘获取更具体的用户输入。

在对枚举类型有了基本了解后，可以使用 KeyCode 枚举来获取键盘输入。

根据以下代码修改 PlayerBehavior 脚本并保存，然后单击 Play 按钮运行游戏。

```
public class PlayerBehavior : MonoBehaviour
{
    // ... No other variable changes needed ...

    // 1
    public float JumpVelocity = 5f;
    private bool _isJumping;

    void Start()
    {
        _rb = GetComponent<Rigidbody>();
    }

    void Update()
    {
        // 2
        _isJumping |= Input.GetKeyDown(KeyCode.J);
        // ... No other changes needed ...
    }

    void FixedUpdate()
    {
        // 3
        if (_isJumping)
        {
            // 4
            _rb.AddForce(Vector3.up * JumpVelocity, ForceMode.Impulse);
        }

        // 5
        _isJumping = false;

        // ... No other changes needed ...
    }
}
```

对上述代码的分步解析如下。

(1) 首先，创建两个公共变量，一个公共变量用于存储想要施加的跳跃力的大小，以及一个私有布尔变量来检查玩家是否应该跳跃。

(2) 将_isJumping 的值设置为 Input.GetKeyDown()方法的返回值，该方法会根据当前帧是否按下指定的键而返回一个布尔值，即使按住不放，它也只会触发一次。

- 使用 |= 运算符设置 _isJumping，该运算符确保当玩家跳跃时，连续的输入检查不会相互覆盖。
- 该方法接收一个键位参数，可以是字符串或 KeyCode，而后者是枚举类型。这里指定对 KeyCode.J(J 键)是否按下进行检查。

> **提示：**
> 由于 FixedUpdate()方法不是每帧运行一次，因此使用它检查输入时可能导致输入丢失甚至双重输入。为了避免这个问题，我们在 Update()方法中检查输入，然后在 FixedUpdate()方法中应用力或设置速度，因为物理效果都会放在 FixedUpdate()方法中进行。

(3) 使用 if 语句检查 _isJumping 是否为 true，如果是，则触发跳跃机制。

(4) 由于已经存储了 Rigidbody 组件，因此可将 Vector3 和 ForceMode 参数传入 RigidBody.AddForce()方法，来使玩家跳跃。

- 向量(或施加的力)指定为 up(向上)方向，并乘以 JumpVelocity 的值。
- ForceMode 参数决定了力的施加方式，它也是枚举类型。Impulse 向对象施加瞬时的力，同时考虑了物体的质量，用它实现跳跃机制非常理想。

> **提示：**
> ForceMode 的其他选项在部分场合也会很有帮助，相关的详细说明可访问 https://docs.unity3d.com/ScriptReference/ForceMode.html。

如果运行游戏，现在就能向四处移动，并按下空格键使玩家跳跃。但是目前的机制对跳跃没有限制，玩家可以无数次地连续跳跃，这不是我们想要的结果。下一节中将使用称为"层遮罩(Layer Mask)"的设置来将跳跃机制调整为一次一跳。

8.1.2　使用层遮罩

可以将层遮罩理解为用来归类 GameObject 的不可见分组，Unity 物理系统使用这些分组来决定从寻路导航到碰撞体相交等各种情况的处理。层遮罩的其他使用方式超出了本书的讨论范围，这里我们将创建并使用层遮罩来执行一个简单的检查，即 Player 对象是否触地，来限制玩家一次只能进行一次跳跃。

在检查玩家是否触地之前，需要先将关卡中的所有环境对象都添加到自定义层遮罩中。这样就能使用已经附加给玩家的 Capsule Collider 组件来实际执行碰撞计算，检测玩家何时着陆在地面上。具体步骤如下所示。

(1) 选中 Hierarchy 面板中的任意环境对象，然后在 Inspector 面板中单击 Layer > Add Layer...，如图 8-1 所示。

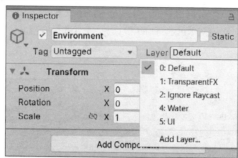

图 8-1　在 Inspector 面板中选择 Layer

(2) 通过向第一个可用的位置输入 Ground，来添加一个层名为 Ground 的新层，即 Layer 6。Layer 0~5(尽管 Layer 3 是空的)是保留给 Unity 的默认层，如图 8-2 所示。

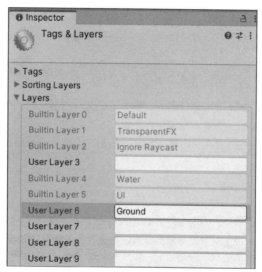

图 8-2　在 Inspector 面板中添加新层

(3) 在 Hierarchy 面板中选中父对象 Environment，单击 Layer 下拉菜单，然

后选择 Ground，如图 8-3 所示。当弹出对话框询问是否也要应用到所有子对象时，单击 Yes 按钮。

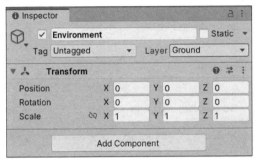

图 8-3　设置自定义层

在这里，我们定义了一个名为 Ground 的新层，并将 Environment 对象的所有子对象都分配给了该层。尽管无法在竞技场的墙上跳跃，但使用 Ground 层标记所有的环境对象比逐个处理子对象方便许多。

之后就可以检查处于 Ground 层的对象是否与某个指定对象相交了。下面就通过这种方式确保玩家只有在地面上才能进行跳跃，解决无限次跳跃的问题。

为了避免 Update()方法中的代码散乱，我们将层遮罩的计算写到一个实用工具函数中，并根据计算的结果返回 true 或 false 值。

请进行如下操作：

(1) 将以下代码添加到 PlayerBehavior 脚本，并再次运行游戏。

```
public class PlayerBehavior : MonoBehaviour
{
    // 1
    public float DistanceToGround = 0.1f;
    // 2
    public LayerMask GroundLayer;
    // 3
    private CapsuleCollider _col;
    // ... No other variable changes needed ...

    void Start()
    {
        _rb = GetComponent<Rigidbody>();

        // 4
        _col = GetComponent<CapsuleCollider>();
```

```
    }

    void Update()
    {
        // ... No changes needed ...
    }

    void FixedUpdate()
    {
        // 5
        if (IsGrounded() && _isJumping)
        {
            _rb.AddForce(Vector3.up * JumpVelocity, ForceMode.Impulse);
        }
        // ... No other changes needed ...
    }

    // 6
    private bool IsGrounded()
    {
        // 7
        Vector3 capsuleBottom = new Vector3(_col.bounds.center.x,
            _col.bounds.min.y, _col.bounds.center.z);

        // 8
        bool grounded = Physics.CheckCapsule(_col.bounds.center,
            capsuleBottom, DistanceToGround, GroundLayer,
            QueryTriggerInteraction.Ignore);

        // 9
        return grounded;
    }
}
```

(2) 在 Inspector 面板中，找到 PlayerBehavior 脚本的 Ground Layer，通过下拉菜单设置其为 Ground，如图 8-4 所示。

对上述代码的分步解析如下。

(1) 创建一个公共 float 变量，用于存储玩家的 Capsule Collider 组件和任何处于 Ground 层的对象之间的距离。

(2) 创建一个公共 LayerMask 变量，用于碰撞检测，可以在 Inspector 面板中进行设置。

图 8-4　设置为 Ground 层

(3) 创建一个私有变量，用于存储玩家的 Capsule Collider 组件。

(4) 使用 GetComponent()方法来查找并返回附加给玩家的 Capsule Collider 组件。

(5) 修改 if 语句，在执行跳跃代码之前检查 IsGrounded 是否返回 true 且 J 键是否被按下。

(6) 声明一个名为 IsGrounded()的方法，该方法会返回一个布尔值。

(7) 创建一个局部 Vector3 变量，用来存储玩家的 Capsule Collider 组件的底部位置，我们会检查这个位置是否与 Ground 层上的对象发生碰撞。

- 所有 Collider 组件都具有 bounds(包围盒)属性，可以通过 bounds 的 min、max 和 center 属性来访问其最小点、最大点和中心位置，进而获取这些位置的 x、y 和 z 的值。
- Collider 组件的底部即 3D 空间中的点坐标(center.x, min.y, center.z)。

(8) 创建一个局部布尔变量，用于存储从 Physics 类调用的 CheckCapsule()方法的结果，该方法接收以下五个参数。

- 胶囊体的初始位置(Start)：设置为 Capsule Collider 组件的中心位置，因为我们只关心胶囊体的底部是否触地。
- 胶囊体的结束位置(End)：即上一步中计算出的 capsuleBottom 位置。
- 胶囊体的半径：即之前已经设置好的 DistanceToGround 变量。
- 想要检查碰撞的层遮罩：设置为 Inspector 面板中的 GroundLayer。
- QueryTriggerInteraction：它会确定 CheckCapsule()方法是否应忽略设置为触发器的碰撞体。由于这里不需要检查触发器，因此使用 QueryTriggerInteraction.Ignore 枚举。

> **提示:**
> 我们知道玩家胶囊体的高度,因此还可以使用 Vector3 类的 Distance()方法
> 来确定离地面的距离。然而,为了围绕本章的重点,这里使用 Physics 类。

(9) 当计算结束时,返回存储在 grounded 中的结果。

> **说明:**
> 也可以手动完成碰撞计算,但这里不展开介绍其所需的更为复杂的三维数
> 学知识。当可以使用内置方法时,最好优先使用内置方法。

新添加到 PlayerBehavior 脚本的代码虽然略显复杂,但经过分步解析就会发现,代码中涉及的新内容仅使用了一个来自 Physics 类的方法。简单来说,我们只是向 CheckCapsule()方法提供了界定胶囊体的起始位置和结束位置、碰撞半径以及遮罩层。如果终点位置与遮罩层上的某对象之间的距离小于碰撞半径,则 CheckCapsule()方法返回 true,意味着玩家触地。如果玩家正处于跳跃过程中,则 CheckCapsule()方法返回 false。

由于每一帧都将在 Update()方法中使用 if 语句检查 IsGround,因此实现了只有当玩家触地时,才允许进行跳跃。

至此,跳跃机制就完成了,不过玩家仍缺少某种手段,来应对竞技场内的敌人。下面,我们将通过实现一种简单的射击机制来实现这一目标。

8.2 发射子弹

射击机制在游戏中十分常见,几乎所有第一人称游戏都会运用某种射击机制,Hero Born 项目也不例外。本节将讨论如何在游戏运行时从预制件实例化 GameObject,并使用学过的知识,通过 Unity 物理系统驱动它们向前射出。

前几章使用了类的构造函数创建了对象,而在 Unity 中实例化对象会与此略有不同,将在下一节中具体介绍。

8.2.1 实例化对象

在游戏中实例化 GameObject 的概念与实例化类相似,即两者都需要起始值,这样 C#才知道要创建什么对象以及在何处创建它。通过使用 GameObject.Instantiate()方法,并提供预制件对象、起始位置和起始旋转,可以在运行时为场景创建对象。

本质上，也可以使用 Unity 在某个位置、朝着某个方向，创建一个包含所需组件和脚本的特定对象，然后在 3D 空间中根据需要再进行调整。下面，先创建对象预制件。

在能够发射任何子弹类投射物之前，首先需要创建预制件以便引用。具体步骤如下所示。

(1) 在 Hierarchy 面板的左上角，选择 + > 3D Object > Sphere，创建一个球体，命名为 Bullet。

● 将 Transform 组件的 x、y 和 z 轴上的 Scale 都更改为 0.15。

(2) 在 Inspector 面板中选中 Bullet 对象，单击 Add Component 按钮，查找并添加 Rigidbody 组件，保留默认属性即可。

(3) 在 Project 面板中的 Materials 文件夹上右击，从菜单中选择 Create > Material，创建一个新材质，命名为 Bullet_Mat。

● 将 Albedo 属性更改为深黄色。

● 在 Hierarchy 面板中，将 Materials 文件夹中的 Bullet_Mat 材质拖放到
　Bullet 对象上，如图 8-5 所示。

图 8-5　设置子弹属性

(4) 从 Hierarchy 面板将 Bullet 对象拖入 Project 面板中的 Prefabs 文件夹(可以通过 Hierarchy 面板中对象是否为蓝色来判断其是否为预制件),完成后从 Hierarchy 面板中删除 Bullet 对象以清理场景,如图 8-6 所示。

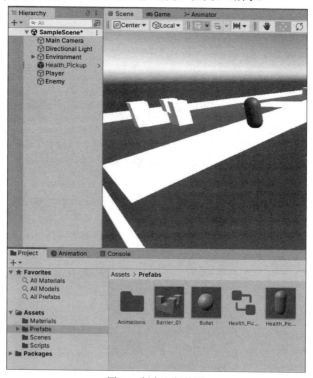

图 8-6   创建子弹预制件

至此,Bullet 预制件就已经创建并配置好了,它可以根据游戏所需进行多次实例化,并在必要时进行修改。下面实现射击机制。

8.2.2   添加射击机制

有了可以使用的预制件,就可以通过单击 Space 键实例化并移动预制件的副本,实现射击机制。具体步骤如下所示。

(1) 根据以下代码修改 PlayerBehavior 脚本。

```
public class PlayerBehavior : MonoBehaviour
{
```

```
// 1
public GameObject Bullet;
public float BulletSpeed = 100f;

// 2
private bool _isShooting;

// ... No other variable changes needed ...

void Start()
{
    // ... No changes needed ...
}

void Update()
{
    // 3
    _isShooting |= Input.GetKeyDown(KeyCode.Space);
    // ... No other changes needed ...
}

void FixedUpdate()
{
    // ... No other changes needed ...

    // 4
    if (_isShooting)
    {
        // 5
        GameObject newBullet = Instantiate(Bullet,
            this.transform.position + newVector3(0,0,1),
                this.transform.rotation) as GameObject;
        // 6
        Rigidbody BulletRB = newBullet.GetComponent<Rigidbody>();

        // 7
        BulletRB.velocity = this.transform.forward * BulletSpeed;
    }

    // 8
    _isShooting = false;
}

private bool IsGrounded()
```

```
{
    // ... No changes needed ...
}
}
```

(2) 在 Inspector 面板中, 将 Bullet 预制件从 Project 面板拖放到 PlayerBehavior 脚本的 Bullet 属性处, 如图 8-7 所示。

图 8-7   设置 Bullet 预制件

(3) 运行游戏, 单击 Space 键向玩家面对的方向发射子弹。

对上述代码的分步解析如下。

(1) 创建两个公共变量: 一个用于存储 Bullet 预制件, 另一个用于存储子弹的速度。通常首先会考虑将新变量声明为私有的, 除非有充分的理由需要设为公共的。

(2) 再创建一个私有布尔变量_isShooting 来检查玩家是否应该射击。

(3) 在 Update()方法中使用 |= 运算符和 Input.GetKeyDown(KeyCode.Space) 来设置 _isShooting 变量的值, 就像之前为跳跃机制所做的一样。

(4) 使用 if 语句检查_isShooting 是否为 true, 如果是, 则触发射击机制。

(5) 每当按下 Space 键时, 都会创建一个局部 GameObject 变量。

- 使用 Instantiate()方法, 通过向方法传入 Bullet 预制件为 newBullet 变量赋值。并通过玩家胶囊体的位置, 将新的 Bullet 预制件放置在玩家面前(沿着 z 轴向前 1 个单位), 以避免与玩家发生碰撞。

- 在句尾添加 "as GameObject" 会将返回的对象显式转换为与 newBullet 相同的类型, 即 GameObject。

(6) 调用 GetComponent()方法以返回并存储 newBullet 对象上的 Rigidbody 组件。

(7) 将 Rigidbody 组件的 velocity(速度)属性设置为玩家的 transform.forward 方向乘以 BulletSpeed。

- 不使用 AddForce()方法，而是直接更改 velocity，可以确保子弹的发射不会因受到重力作用而发生抛物线下坠。

(8) 最后，我们将_isShooting 的值设为 false，为下一次输入事件重置发射输入。

更新完成之后，我们再次较大程度升级了玩家脚本的逻辑，现在可以使用 Space 键从玩家位置发射子弹，但也产生了一个新问题，那就是场景内和 Hierarchy 面板中都充斥着用过的子弹对象。下面就要清理射出后的子弹对象，以避免出现性能问题。

8.2.3 管理对象堆积

无论是编写完全基于代码的应用程序还是 3D 游戏，都需要定期删除无用的对象，以避免造成程序过载。游戏中的子弹在射出后就失去作用了，却仍然存在于关卡中，散落在与之发生碰撞的墙体等对象周围的地上。

诸如此类的射击机制可能会导致场景中成百上千颗子弹散落在地，这不是我们想要的结果。下面就通过设定延迟时间，来实现子弹的销毁。

可以使用已学知识，让子弹执行自身的销毁行为，具体步骤如下所示。

(1) 在 Scripts 文件夹中新建一个 C#脚本，命名为 BulletBehavior。

(2) 将 BulletBehavior 脚本拖放到 Prefabs 文件夹中的 Bullet 预制件上，并添加以下代码：

```
using System.Collections;
using System.Collections.Generic;
using UnityEngine;

public class BulletBehavior : MonoBehaviour
{
    // 1
    public float OnscreenDelay = 3f;

    void Start ()
    {
        // 2
```

```
        Destroy(this.gameObject, OnscreenDelay);
    }
}
```

对上述代码的分步解析如下。

(1) 声明一个公共 float 变量，用于存储 Bullet 预制件在实例化后在场景中保留的时间。

(2) 使用 Destroy()方法删除 GameObject。

- Destroy()方法需要一个对象作为参数。在本例中，使用了 this 关键字来指定脚本附加给的对象。

- Destroy()方法还可以使用可选的 float 参数来表示延迟时间，从而让子弹在屏幕上保留一小段时间。

再次运行游戏并发射一些子弹，将发现它们在指定的延迟时间过后，从场景中自行销毁。这意味着子弹执行了自身定义的行为，不需其他脚本介入，这是对"组件"设计模式的理想应用。

完成了"内务"工作后，接着将介绍所有项目在经历精心设计和组织过程中都会使用的管理类。

8.3 创建游戏管理器

学习编程的一个常见误区是把所有变量都设置为公共的，这是不可取的。根据经验，首先应考虑将变量设置为受保护的和私有的，仅在必要时才设置为公开的。有经验的程序员通过管理类来保护数据，为了养成良好的习惯，我们也将效仿这样的方式。可以将管理类视为安全访问重要变量和方法的通道。

在编程环境中讨论"安全"听起来有些奇怪。然而，当有不同的类相互通信和更新数据时，可能会造成混乱。如果只保留单个通信联系点(例如管理类)，就可以减少这种情况的发生。下一节将讨论如何有效地使用管理类来达成这一目的。

8.3.1 追踪玩家属性

Hero Born 是一款十分简单的游戏，因此需要追踪的数据点只有两项：玩家的道具收集数以及剩余生命值。这些变量需要被设置成私有的，使得它们只能在管理类中修改，从而保证控制权和安全性。下面就为 Hero Born 项目创建一个游戏管理类并为其添加有用的功能。

游戏管理类对于将来开发任何项目都是必需的，让我们先学习如何正确地创建游戏管理类，具体步骤如下所示。

(1) 在 Scripts 文件夹中新建一个新 C#脚本，命名为 GameBehavior。

注意
这个脚本通常会命名为 GameManager，但由于 Unity 保留了该名称供自己使用，所以这里用了 GameBehavior。如果新建脚本的图标显示为"齿轮"而不是"C#文件"，就表明它受到了限制。

(2) 在 Hierarchy 面板中，选择＋＞Create Empty，创建一个空 GameObject，命名为 Game_Manager。

(3) 将 GameBehavior 脚本从 Scripts 文件夹拖放到 Game Manager 对象上，如图 8-8 所示。

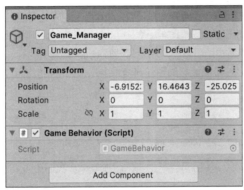

图 8-8　附加游戏管理器脚本

提示:
将管理类脚本这样的非游戏文件附加在空对象上，是为了让它存在于场景中，即使它并不与 3D 空间实际发生交互。

(4) 在 GameBehavior 脚本的顶部添加以下代码。

```
public class GameBehavior : MonoBehaviour
{
    private int _itemsCollected = 0;
    private int _playerHP = 10;
}
```

对上述代码的解析如下。

添加了两个私有 int 变量来保存玩家拾取的道具数和玩家剩余的生命值。将其设置为私有的,是因为它们只能在 GameBehavior 这个管理类中修改。如果设置为公共的,其他类可能会随意修改它们,并导致变量存储不正确或数据并发的情况发生。

将这些变量声明为私有的,意味着我们还要设置对它们的访问方式。下面有关 get 和 set 属性的介绍,将帮助我们以一种标准、安全的方式实现上述目标。

8.3.2　get 和 set 属性

我们已经设置好了管理类脚本和私有变量,那么如何从其他类访问这些私有变量呢?虽然可以在 GameBehavior 脚本中编写不同的公共方法,来将新值传递给私有变量,但是否有更好的解决办法呢?

在这种情况下,C#为所有变量提供了 get 和 set 属性,使我们能满足此刻的需求。可以将这些属性视为由 C#编译器自动触发的方法,类似于 Start()和 Update()方法,无论是否显式调用它们,场景启动时 Unity 都会去执行。

get 和 set 属性可以被添加到任何变量中,有无初始值皆可,如以下代码片段所示。

```
public string FirstName { get; set; };
// OR
public string LastName { get; set; } = "Smith";
```

然而,仅仅这样使用不会产生任何附加效果,我们还需要为每个属性添加代码块,如下所示:

```
public string FirstName
{
    get {
        // Code block executes when variable is accessed
    }
    set {
        // Code block executes when variable is updated
    }
}
```

现在,根据变量的使用情况,get 和 set 属性会执行附加的逻辑。接下来,需要处理这些新逻辑。

每个 get 代码块都需要返回一个值,而每个 set 代码块都需要赋予一个值。

当前正适合将私有变量(称为支持变量，Backing variable)和具有 get 和 set 属性的公共变量结合使用。结合后的私有变量仍将受到保护，而公共变量允许来自其他类的受控访问，如以下代码片段所示。

```
private string _firstName;
public string FirstName {
    get {
        return _firstName;
    }
    set {
        _firstName = value;
    }
}
```

对上述代码的解析如下。

- 每当其他类需要时，可以使用 get 属性返回存储在私有变量中的值，而不需要将变量暴露给外部类。
- 每当外部类为公共变量赋予新值时，可以更新私有变量，以保持它们同步。
- value 关键字代表新的赋值。

不进行实际应用，这样的解释似乎有点深奥，所以下面就结合现有的私有变量，创建具有 get 和 set 属性的公共变量，来更新 GameBehavior 脚本。

了解了 get 和 set 属性访问器的语法后，可以在管理类中实现它们，以提高效率和代码可读性。

根据以下代码修改 GameBehavior 脚本。

```
public class GameBehavior : MonoBehaviour
{
    private int _itemsCollected = 0;
    private int _playerHP = 10;

    // 1
    public int Items
    {
        // 2
        get { return _itemsCollected; }
        // 3
        set {
                _itemsCollected = value;
                Debug.LogFormat("Items:{0}", _itemsCollected);
        }
```

```
    }

    // 4
    public int HP
    {
        get {return_playerHP; }
        set {
            _playerHP = value;
            Debug.LogFormat("Lives: {0}", _playerHP);
        }
    }
}
```

上述代码的分步解析如下。

(1) 声明一个名为 Items，具有 get 和 set 属性的公共 int 变量。

(2) 每当从外部类访问 Items 变量时，都会使用 get 属性返回存储在
_itemsCollected 变量中的值。

(3) 在 Items 变量被更新时，使用 set 属性为_itemsCollected 变量赋予新值，
并添加 Debug.LogFormat()方法，用来打印_itemsCollected 变量修改后的值。

(4) 创建一个名为 HP、具有 get 和 set 属性的公共 int 变量，从而可以为私
有的支持变量_playerHP 进行补充。

现在这两个私有变量都是可读的，但只能通过相对应的公共变量读取，同
时，也只能在 GameBehavior 类中进行更改。这样的设置限定了访问和修改私有
数据的通信联系点，从而让其他脚本与 GameBehavior 脚本之间的通信变得更容
易。在本章末尾创建 UI 部分，需要显示实时数据的时候，我们会体会到这一点。

8.3.3 更新道具收集

设置好 GameBehavior 脚本中的变量后，每当在游戏场景中收集道具对象时
就可以更新 Items 变量，具体步骤如下所示。

(1) 在 ItemBehavior 脚本中添加如下代码：

```
public class ItemBehavior : MonoBehaviour
{
    // 1
    public GameBehavior GameManager;

    void Start()
    {
        // 2
```

```
            GameManager = GameObject.Find("Game_Manager").
    GetComponent<GameBehavior>();
        }

        void OnCollisionEnter(Collision collision)
        {
            if (collision.gameObject.name == "Player")
            {
                Destroy(this.transform.parent.gameObject);
                Debug.Log("Item collected!");
                // 3
                GameManager.Items += 1;
            }
        }
    }
```

(2) 单击 Play 按钮运行游戏，并拾取道具对象，查看管理类脚本向控制台打印的信息，如图8-9 所示。

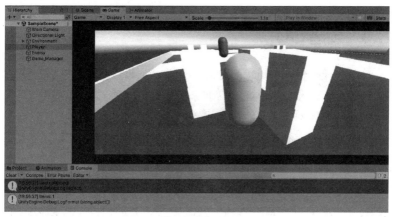

图8-9 收集道具

对上述代码的分步解析如下。

(1) 创建一个 GameBehavior 类型的变量，用来存储对附加的脚本的引用。

(2) 在 Start()方法中，通过 GameObject.Find()方法在场景中查找对象，并调用 GetComponent()方法来返回对象上附加的脚本，完成初始化 GameManager 变量。

> **注意**
> 这种一行内解决问题的代码在 Unity 文档和社区的项目中十分常见。这样做是为了简化代码，但如果你更喜欢将 Find()和 GetComponent()方法分开写也可以，只要保持格式清晰明确就可以。

(3) 当道具对象被销毁后，使用 GameManager 类的实例在 OnCollisionEnter() 方法中为 Items 属性增加 1。

由于已经在 ItemBehavior 脚本中设置好了碰撞逻辑，因此很容易在玩家拾取道具时修改 OnCollisionEnter()方法，从而与管理类进行通信。请记住，像这样分离功能可以使代码更加灵活，在开发期间进行更改时出错的可能性也会降低。

Hero Born 项目最后还缺少向玩家显示游戏数据的界面。这在编程和游戏开发中称为用户界面(User Interface，UI)。本章的最后部分将介绍如何使用 Unity 创建和处理 UI 代码。

8.4　创建 GUI

至此，在多个脚本的共同工作下，实现了玩家的移动、跳跃、收集以及射击等机制。然而，仍然缺少能够展示玩家状态数据的某种显现内容或视觉提示，也缺少游戏挑战成功或失败的条件。本章的最后部分将重点讨论这两个主题。

8.4.1　显示玩家数据

UI 是任何计算机系统都有的视觉组件。计算机上的光标、文件夹图标和程序都具备 UI 元素。我们的游戏需要一个简单的内容显示，用于让玩家知道已经收集了多少道具以及当前的生命值，还需要一个在特定事件发生时能够为他们提供信息的文本框。

在 Unity 中添加 UI 元素有以下两种方式：

- Unity UI(uGUI)
- UI Toolkit

虽然和 UI Toolkit 相比，uGUI 是 Unity 中较旧的 UI 系统，但因为它是基于 GameObject 的，可以像其他对象一样在场景视图中轻松操作，所以下面会使用 uGUI 实现 UI。

> **注意**
>
> 本章将介绍 uGUI 基础知识，更多信息可访问 https://docs.unity3d.com/Packages/com.unity.ugui@1.0/manual/index.html。

较新的 UI Toolkit 则使用基于标准 Web 技术的 UI Document(UXML)，而不是用 C# 编写。这里选择使用 uGUI 也是因为我们希望专注于 C# 的学习。

> **注意**
>
> 如果想学习 Unity 最新 UI 功能，可以查看 UI Toolkit 文档：https://docs.unity3d.com/2022.1/Documentation/Manual/UIElements.html。
>
> 如果对 Unity 中不同 UI 系统的详细比较感兴趣，请查看 https://docs.unity3d.com/2022.1/Documentation/Manual/UI-system-compare.html。

下面向游戏场景添加一个简单的 UI，该 UI 会显示在 GameBehavior 脚本中存储的变量：道具收集数、玩家生命值和游戏进程信息。

首先，在场景中创建三个文本对象。在 Unity 中，UI 是基于 Canvas(画布)工作的。如同字面含义，可以将 Canvas 想象成一块空白的画布，我们在上面绘制 UI 元素，而 Unity 会将其渲染在游戏世界的最前面。在 Hierarchy 面板中创建第一个 UI 元素时，也会同时创建一个 Canvas 父对象。

(1) 在 Hierarchy 面板中右击，选择 UI > Text - TextMeshPro。当 TMP Importer 窗口弹出并询问是否要导入缺失的资源时，选择 Import TMP Essentials，如图 8-10 所示。

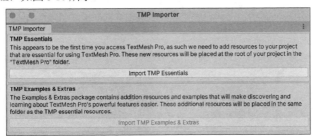

图 8-10　导入 TextMeshPro 资源

> **注意**
>
> TextMeshPro 是 Unity 用于处理、渲染和样式化文本的系统，属于本书不会深入讨论的内容。如果感兴趣，可以阅读文档：https://docs.unity3d.com/Manual/com.unity.textmeshpro.html。

(2) 在 Hierarchy 面板中选中新创建的 Text(TMP)对象，然后按 Enter 键，将其命名为 Health。注意，Canvas 父对象和新的 Text(TMP)对象刚才是一并创建的，见图 8-11。

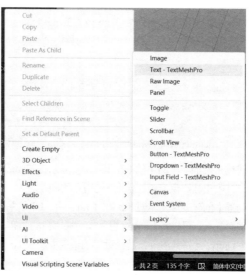

图 8-11　创建文本元素

(3) 为了正确查看画布，在场景面板顶部选中 2D 模式。在 2D 模式视图中，整个关卡显示为左下角的一小段白色线条，如图 8-12 所示。

- 即使在场景视图中 Canvas 和关卡没有重叠，当游戏运行时，Unity 也会自动正确地叠加它们。

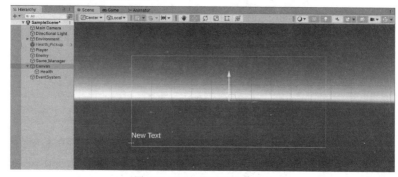

图 8-12　Unity 编辑器中的 Canvas

(4) 如果在 Hierarchy 面板中选中 Health 对象，会看到新的文本对象默认创建在画布的左下角，并且在 Inspector 面板中有一系列可定制的属性，比如文本和颜色，如图 8-13 所示。

图 8-13　Unity 中 Canvas 上的文本元素

(5) 选中 Hierarchy 面板中的 Health 对象，在 Inspector 面板中的 Rect Transform 组件上点开 Anchor Presets(锚点预设)，选择 Top Left，如图 8-14 所示。

- 锚点会为 UI 元素在画布上设置参考点，意味着无论设备屏幕的大小如何变化，生命值将始终锚定在屏幕左上角。

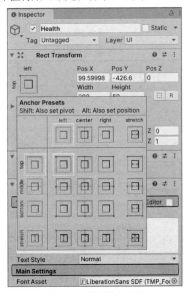

图 8-14　设置锚点预设

(6) 继续在 Hierarchy 面板的 Health 对象选中的情况下，在 Inspector 面板中找到 Main Settings，单击 Vertex Color 属性右侧的颜色条，将其更改为黑色，如图 8-15 所示。

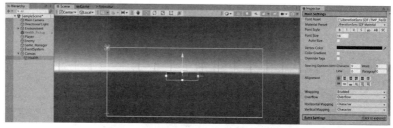

图8-15　设置文本颜色属性

(7) 在 Inspector 面板中，更改 Rect Transform 组件的位置属性：Pos X 为 110，Pos Y 为 -35，将文本定位在右上角。此外，将 Text Input 属性先更改为"Health:"，如图 8-16 所示，后面会通过代码设置文本的实际值。

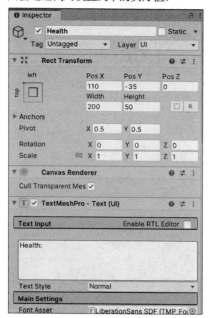

图8-16　设置文本属性

(8) 重复步骤(1)～(6)，创建一个新的 UI Text 对象，并将其命名为 Items。

● 在 Anchor Presets 中将锚点设置为 Top Left，将 Rect Transform 组件中的
Pos X 设为 110，　Pos Y 设为 -85。

● 将 Text Input 设置为 "Item:"，如图 8-17 所示。

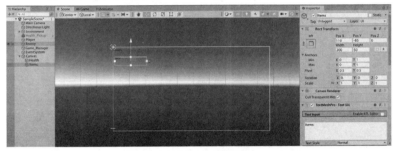

图 8-17　创建另一个文本元素 Items

(9) 重复步骤(1)～(6)，创建一个新的 UI Text 对象，并将其命名为 Progress。

● 在 Anchor Presets 中将锚点设置为 Buttom Center，将 Rect Transform 中
的 Pos X 设为 0，Pos Y 设为 15，Width 设为 435。

● 将 Text Input 设置为 "Collect all the items to win!"，如图 8-18 所示。

图 8-18　创建文本元素 Progress

Hierarchy 中的 UI 元素已经创建好了，还要与游戏管理器脚本中的变量关
联起来，具体步骤如下所示。

(1) 根据以下代码修改 GameBehavior 脚本，用于实现收集道具，并在屏幕
上显示相应文本。

```
// 1
using TMPro;

public class GameBehavior : MonoBehaviour
```

```
{
    // 2
    public int MaxItems = 4;

    // 3
    public TMP_Text HealthText;
    public TMP_Text ItemText;
    public TMP_Text ProgressText;

    // 4
    void Start()
    {
        ItemText.text += _itemsCollected;
        HealthText.text += _playerHP;
    }

    private int _itemsCollected = 0;
    public int Items
    {
        get {return _itemsCollected;}
        set {
            _itemsCollected = value;

            // 5
            ItemText.text = "Items Collected: " + Items;

            // 6
            if(_itemsCollected >= MaxItems)
            {
                ProgressText.text = "You've found all the items!";
            }
            else
            {
                ProgressText.text = "Item found, only " + (MaxItems
- _itemsCollected) + " more!";
            }
        }
    }

    private int _playerHP = 10;
    public int HP
    {
        get { return_playerHP; }
        set {
```

```
        _playerHP = value;

        // 7
        HealthText.text = "Player Health: " + HP;
        Debug.LogFormat("Lives: {0}", _playerHP);
    }
  }
}
```

(2) 在 Hierarchy 面板中选中 Game_Manager 对象，将三个文本对象从 Hierarchy 面板逐个拖放到 Inspector 面板中 GameBehavior 脚本的对应字段中，如图 8-19 所示。

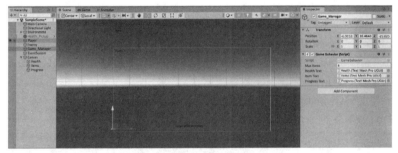

图 8-19 将文本元素拖放到脚本组件上

(3) 运行游戏并查看 UI 效果，如图 8-20 所示。

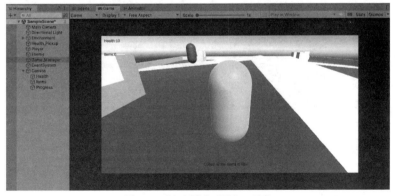

图 8-20 在运行模式下测试 UI 元素

对上述代码的分步解析如下。

(1) 添加 TMPro 命名空间，这样就可以访问 TMP_Text 变量类型，这是在 Hierarchy 面板中创建的文本对象所使用的类型。

(2) 创建一个新的公共变量 MaxItems，用于表示关卡中道具的最大数量。

(3) 创建三个新的 TMP_Text 变量，并在 Inspector 面板中进行了关联。

(4) 在 Start()方法中，使用 += 运算符设置 Health 和 Items 文本的初始值。

(5) 每当收集到一个道具时，更新 ItemText 变量的 text 属性，来显示更新后的道具数量。

(6) 在_itemsCollected 变量的 set 属性中声明了一条 if 语句。

● 如果玩家收集的道具数量大于或等于 MaxItems，那么玩家取胜并更新 ProgressText 变量的 text 属性。

● 否则，使用 ProgressText 变量的 text 属性将显示还有多少道具需要收集。

(7) 每当玩家的生命值受到损失(将在下一章中介绍)，都会更新 HealthText 变量的 text 属性。

现在运行游戏，三个 UI 元素都会显示出正确的值。每当收集到一个道具，ProgressText 和_itemsCollected 变量的值都会得到更新，如图 8-21 所示。

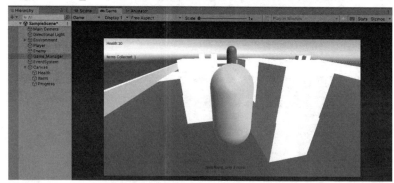

图 8-21　更新 UI 文本

游戏都设有胜负条件。在本章的最后部分，将实现这些条件以及设置相应的 UI。

8.4.2　胜负条件

游戏的核心机制和简单 UI 都已完成，但是 Hero Born 还缺少一个十分重要的游戏设计元素：胜负条件。这些条件的设置将决定玩家在游戏中如何取胜或落败，并根据输赢情况执行不同的代码。

回顾第 6 章 "亲手实践 Unity" 中的游戏设计文档，当时考虑了以下胜负条件。

- 玩家在关卡中集齐所有道具，且生命值至少为 1 时，游戏胜利。
- 玩家受到敌人伤害且生命值降为 0 时，游戏失败。

这些条件也会影响到 UI 和游戏机制，幸而我们已经设置了 GameBehavior 脚本来有效地应对这个问题。get 和 set 属性会处理任何游戏相关逻辑，并根据玩家成败来处理对 UI 的更改。

因为拾取系统已经就位，所以在本节中会实现获胜条件的逻辑，而在第 9 章讨论敌人 AI 行为的时候，我们会再添加失败条件的逻辑。下面先要在代码中确定游戏胜利的条件。

为了给玩家带来清晰的即时反馈，首先添加获胜条件的逻辑，具体步骤如下所示。

(1) 根据以下代码修改 GameBehavior 脚本。

```
//1
using UnityEngine.UI;

public class GameBehavior : MonoBehaviour
{
    // 2
    public Button WinButton;

    private int _itemsCollected = 0;
    public int Items
    {
        get { return _itemsCollected; }
        set
        {
            _itemsCollected = value;
            ItemText.text = "Items Collected: " + Items;

            if (_itemsCollected >= MaxItems)
            {
                ProgressText.text = "You've found all the items!";

                // 3
                WinButton.gameObject.SetActive(true);
            }
            else
```

```
          {
              ProgressText.text = "Item found, only " + (MaxItems
  - _itemsCollected) + " more to go!";
          }
      }
  }
}
```

(2) 在 Hierarchy 面板中右击，选择 UI > Button - TextMeshPro，将其命名为
Win Condition。

- 选中 Win Condition 对象，在 Inspector 面板中将 RectTransform 的 Pos X
  和 Pos Y 设为 0，Width 设为 225，Height 设为 115，如图 8-22 所示。

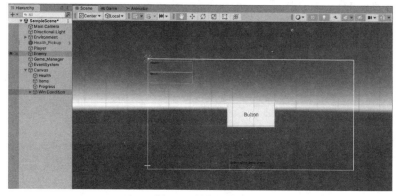

图 8-22　创建 UI 按钮

(3) 在 Hierarchy 面板中单击 Win Condition 按钮对象旁边的箭头，展开其
Text (TMP)子对象并选中，然后在 Inspector 面板中将 TextInput 更改为 "You
won!"，如图 8-23 所示。

图 8-23　更新按钮文本

(4) 再次选中 Win Condition 父对象，然后单击 Inspector 右上角的勾选图标来取消选中，如图 8-24 所示。

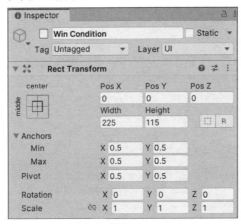

图 8-24　禁用 GameObject

这样，按钮在游戏获胜前得以隐藏，如图 8-25 所示。

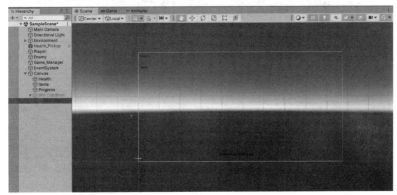

图 8-25　测试 UI 按钮隐藏

(5) 在 Hierarchy 面板中选中 Game_Manager 对象，然后将 Win Condition 按钮对象从 Hierarchy 面板拖放到 Inspector 面板中的 Game Behavior 脚本的对应字段中，就像我们对文本对象所做的一样，如图 8-26 所示。

图8-26 将 UI 按钮拖放到脚本组件上

(6) 在 Inspector 面板中,将 Max Items 的值更改为 1,然后进行测试,如图 8-27 所示。

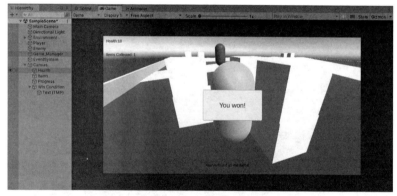

图8-27 显示胜利界面(Win Condition 按钮对象)

对上述代码的分步解析如下。

(1) 添加了 using 指令来访问 UnityEngine.UI 中的 Button 类。

(2) 创建一个 Button 变量 WinButton,用于关联 Hierarchy 面板中的 Win Condition 按钮对象。

(3) 由于在游戏开始时将 Win Condition 按钮对象设置为隐藏,当游戏获胜时将重新激活它。

Max Items 被设置为 1 时，一旦收集到场景中唯一的道具，Win Condition 按钮对象就会显示。现在单击按钮还不会执行任何操作，我们将在下一节中解决该问题。

8.4.3 使用指令和命名空间暂停和重启游戏

虽然胜利条件如预期那样运作了，但是胜利后，玩家仍然可以操作胶囊体，游戏结束后也无法重新开始。Unity 在 Time 类中提供了一个名为 TimeScale 的属性，当它被设置为 0 时会实现游戏暂停。但要重新启动游戏，则需要访问名为 SceneManagement 的命名空间，而默认情况下，我们的类无法直接访问该命名空间。

命名空间会对一系列的类进行收集并归类在不同的特定名称下，经过这样的整理之后，大型项目得以避免因脚本名称相同而产生冲突。可以通过向类中添加 using 指令来访问另一个命名空间中的类。

在 Unity 中创建的所有 C#脚本都带有 3 个默认 using 指令，如下面的代码片段所示：

```
using System.Collections;
using System.Collections.Generic;
using UnityEngine;
```

这样就能访问常用的命名空间了。但 Unity 和 C#还提供了更多的功能，可以通过使用 using 关键字加上命名空间的名称来获取。

由于在玩家胜利或失败之时游戏需要能够暂停和重启，这里就会用到默认情况下新建 C#脚本中不包含的命名空间。

(1) 将以下代码添加到 GameBehavior 脚本，然后运行游戏。

```
using System.Collections;
using System.Collections.Generic;
using UnityEngine;
using TMPro;
using UnityEngine.UI;
// 1
using UnityEngine.SceneManagement;

public class GameBehavior : MonoBehaviour
{
    // ... No changes needed ...
```

```
    private int _itemsCollected = 0;
    public int Items
    {
        get { return_itemsCollected; }
        set {
            _itemsCollected = value;

            if (_itemsCollected >= MaxItems)
            {
                ProgressText.text = "You've found all the items!";
                WinButton.gameObject.SetActive(true);

                // 2
                Time.timeScale = 0f;
            }
            else
            {
                ProgressText.text = "Item found, only" + (MaxItems -
_itemsCollected) + " more to go! ";
            }
        }
    }

    public void RestartScene()
    {
        // 3
        SceneManager.LoadScene(0);
        // 4
        Time.timeScale = 1f;
    }

    // ... No other changes needed ...
}
```

(2) 选中 Hierarchy 面板中的 Win Condition 对象，然后在 Inspector 中找到
Button 组件的 OnClick 部分，单击加号图标，如图 8-28 所示。

● 每个 Button 都有 OnClick 事件，意味着可以分配脚本中的方法，然后
在按下按钮时执行该方法。

● 可以在按钮单击时触发多个方法，但在我们的项目中只需要一个。

(3) 从 Hierarchy 面板中将 Game_Manager 对象拖放到 Inspector 面板中
On Click 部分 Runtime 下方的空格中，告诉按钮要选择触发游戏管理器脚本中
的方法，用来在按下按钮时执行，如图 8-29 所示。

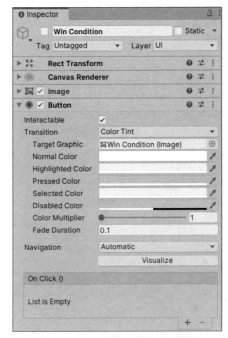

图 8-28　Button 组件上的 OnClick 部分

图 8-29　在 OnClick()中拖放入 Game_Manager 对象

(4) 在 OnClick 部分右侧 Function 下拉菜单中选择 GameBehavior > RestartScene()，来设置按钮的执行方法，如图 8-30 所示。

图 8-30　为按钮单击选择 RestartScene()方法

(5) 如果在关卡重启时场景中的光照关闭或变暗，单击主菜单 Window > Rendering > Lighting，并在底部选择 Generate Lighting，并确保未选中 Auto Generate，如图 8-31 所示。

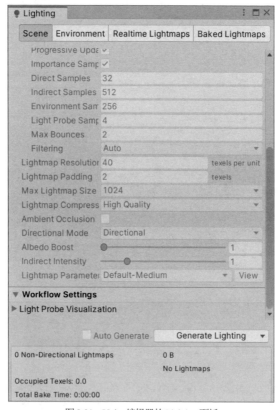

图 8-31　Unity 编辑器的 Lighting 面板

对上述代码的分步解析如下。

(1) 使用 using 关键字添加 SceneManagement 命名空间，该命名空间处理所有与场景相关的逻辑，如创建和加载场景。

(2) 当胜利界面(Win Condition 按钮对象)出现时，将 Time.timeScale 的值设置为 0 以暂停游戏，从而禁用任何输入或移动。

(3) 创建一个名为 RestartScene()的新方法，单击 Win Condition 按钮时，会调用 LoadScene()方法。

- LoadScene()方法接受一个代表场景索引的 int 参数。
- 由于项目中只有一个场景,因此使用索引 0 来设置要重启的游戏场景。

(4) 游戏重启后,将 Time.timeScale 重置为默认值 1,这样所有的控制和行为都能再次执行。

现在,当玩家集齐道具并单击"胜利按钮"时,关卡将重新开始,所有脚本和组件都恢复为其初始值,为新一轮的游戏做好了准备!

8.5　本章小结

恭喜!Hero Born 项目现已成为一个可玩的游戏原型。我们实现了跳跃和射击机制,对物理碰撞和生成对象进行了管理,并添加了一些基本的 UI 元素来提供反馈,甚至可以在玩家胜利时重置关卡。

本章介绍了许多新主题,一定要及时回顾确保自己真的理解代码中所写的所有内容。尤其要掌握枚举、get 和 set 属性以及命名空间这几方面的知识。从本章起,随着对 C#语言研究的进一步深入,代码只会变得更加复杂。

在第 9 章中,我们将着手让敌人在玩家靠近时能够有所察觉,从而执行跟踪及射击的行为,来增加玩家面临的风险。

8.6　小测验——游戏机制

(1) 枚举存储的是什么类型的数据?

(2) 如何在活动场景中创建预制件 GameObject 的副本?

(3) 哪些变量属性允许我们在引用或修改其值时添加功能?

第**9**章
AI 基础与敌人行为

为了让玩家对虚拟场景感到真实，需要在场景中加入冲突、后果和奖励。如果缺乏这三种要素，玩家就会缺乏关心游戏角色状态的动力，更不用说继续玩下去了。全部或部分满足这些要素的游戏机制虽然不少，但最好的方式还是在游戏中设置会追杀玩家的敌人。

编写这类智能敌人的程序绝非易事，往往耗时耗力。然而，通过 Unity 的内置功能、组件和类，就能以相对简单的方式设计和实现 AI 系统。本章将使用上述工具推动 Hero Born 项目诞生第一个可玩的迭代版本，从而为学习更高级的C#主题做好过渡。

本章重点：

- Unity 导航系统
- 静态对象和导航网格
- 导航代理
- 面向过程编程与逻辑
- 捕捉和处理伤害
- 添加失败条件
- 重构和 DRY

9.1 在 Unity 中导航 3D 空间

现实生活中的导航，通常是指如何从 A 点移动到 B 点。在虚拟 3D 空间中的导航，基本概念也大致相同，只是那些现实中的人们从爬行起就开始积累的经验知识,如何去向计算机阐明并"教会"它呢?从在平地上行走,到爬楼梯,再到控制起跳,如何才能将这些在现实实践中自然而然掌握的技能编写到游戏中呢?

在回答这些问题之前,先要对 Unity 提供的导航组件有所了解。

9.1.1 导航组件

简言之,Unity 投入了大量时间去完善导航系统和相关组件,这些组件可以用来控制玩家角色和非玩家角色(NPC)的走动方式。以下列出的每个组件都是 Unity 标配,并且已经内置了复杂的功能。

- NavMesh(导航网格)本质上是特定关卡中可行走区域的地图,它是通过对关卡几何体进行烘焙创建而来的。在将 NavMesh 烘焙到关卡中的过程中,会生成一种特殊的项目资源文件,用来保存导航数据。

- 如果说 NavMesh 是关卡地图,那么 NavMeshAgent(导航网格代理)就是地图上可以移动的部件。任何附加了 NavMeshAgent 组件的对象,都会自动避开它快要碰到的其他代理或障碍物。

- 导航系统需要了解关卡中可能导致 NavMeshAgent 改变路线的对象。为这些或移动或静止的对象添加 NavMeshObstacle(导航网格障碍物)组件,就能让系统知道角色移动时需要避让它们。

虽然上述介绍只是 Unity 导航系统的一小部分,但已经足够用来设置敌人行为。本章将专注于向关卡添加 NavMesh,将 Enemy 预制件设置为 NavMeshAgent,并让 Enemy 预制件以一种看似智能的方式沿着预定路线移动。

> **注意**
>
> 本章只会使用 NavMesh 和 NavMeshAgent 组件,如想进一步了解如何创建障碍物可访问: https://docs.unity3d.com/Manual/nav-CreateNavMeshObstacle.html。

Navmesh 2022.2+变化(译者注)

自 Unity 2022.2 版本开始,可通过以下方式使用 Unity 新 AI 寻路工作流:

1. 使用 Window > Package Manager 打开 Packager Manager 面板,选择 Unity Registry 类目,查找 AI Navigation 并安装。

2. 为 Environment 对象添加 NavMeshSurface 组件,由于 HeroBorn 项目不需要额外对 NavMeshSurface 组件的默认设置进行修改,这里直接点击 Bake。

3. 接着为移动对象添加 NavMeshAgent 组件(可直接跳转至"设置敌人代理"),该部分操作与之前的 AI Navigation 系统类似,不再赘述。

设置"智能"敌人的第一项任务是为竞技场的可行走区域创建 NavMesh。

创建并配置关卡的 NavMesh：

（1）选中 Environment 对象，单击 Inspector 面板中 Static 旁边的箭头图标，并在下拉列表中选择 Navigation Static，如图 9-1 所示。

（2）在弹出的对话框中单击 Yes, change children 按钮，将所有 Environment 对象的子对象全都设置为 Navigation Static，如图 9-2 所示。

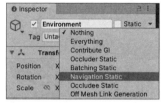
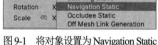

图 9-1 将对象设置为 Navigation Static

图 9-2 更改所有子对象

（3）使用 Window > AI > Navigation 打开 Navigation 面板，选择 Bake 标签。保留所有默认设置，然后单击 Bake 按钮。烘焙完成后，将在 Scenes 文件夹中看到一个新文件夹，其中包含一个新的 NavMesh 对象，如图 9-3 所示。

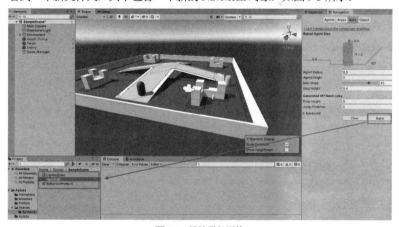

图 9-3 烘焙导航网格

现在关卡中的所有对象都标记为 Navigation Static，这意味着新烘焙的 NavMesh 已经根据 NavMeshAgent 的默认设置，评估出这些对象是否属于可行走区域。在图 9-3 中，浅蓝色部分代表附加了 NavMeshAgent 组件的对象可以行走的区域，可能在蓝色地面上有点难以看清，但 NavMesh 已经覆盖了整个表面。

下面就来设置 NavMeshAgent 组件。

9.1.2　设置敌人代理

将 Enemy 对象注册为 NavMeshAgent 的步骤如下所示。

(1) 选中 Prefabs 文件夹中的 Enemy 对象，在 Inspector 面板中单击 Add Component 按钮，查找并添加 NavMeshAgent 组件，如图 9-4 所示。

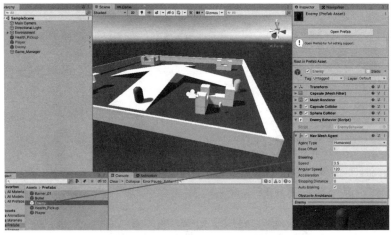

图 9-4　添加 NavMeshAgent 代理组件

(2)　在 Hierarchy 面板的左上角，单击 + > Create Empty，创建一个空对象，命名为 Patrol_Route。

- 选中 Patrol_Route 空对象，单击 Create > Create Empty，为其创建一个子对象，命名为 Location_1。将 Location_1 对象放置在关卡中的某个角落，确保炮塔和围墙之间留有足够空间，能够让敌人通行，如图 9-5 所示。

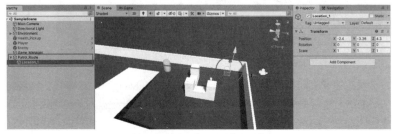

图 9-5　创建一个巡逻路线空对象

（3）再为 Patrol_Route 创建另外三个空的子对象，分别命名为 Location_2、Location_3 和 Location_4，并将它们放置在关卡的另外三个角落，最终形成正方形，如图 9-6 所示。

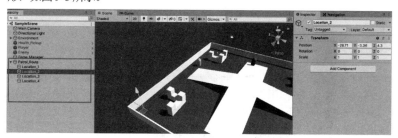

图 9-6　创建其他巡逻路线空对象

向 Enemy 对象添加 NavMeshAgent 组件，就是告知 NavMesh 组件将它注册成为拥有自主导航功能的对象。然后创建四个空对象，分别放置在关卡的四个角落，规划出一条简单路线用于敌人巡逻。将它们分组放在一个空的父对象下，就能更容易地在代码中引用它们，也让 Hierarchy 面板的结构更有条理。目前就只差让敌人根据巡逻路线走动的代码了，请见下一节。

9.2　移动敌人代理

完成了巡逻点的设置，且 Enemy 对象也有了 NavMeshAgent 组件后，接下来面临的问题是：如何引用这些巡逻点并让敌人自己移动起来。在此之前，必须先讨论软件开发领域的一个重要概念：面向过程编程(procedural programming)。

9.2.1　面向过程编程

尽管"面向过程编程"的字面意思很好理解，但理解其背后的概念却没那么容易。一旦真正了解它的内涵，将开拓代码设计的新思路。

当需要在一个或多个有序对象上执行相同的逻辑时，面向过程编程就是最佳选择。其实在我们使用 for 和 foreach 循环调试数组、列表和字典时，就已经在接触面向过程编程了。每执行一次循环语句，都会调用一次 Debug.Log() 方法，直到依次遍历完每一项。下文会实现的面向过程编程其实也是遵循同样的思路，只是在这里会发挥更大的作用。

面向过程编程最常见的用法之一，就是将一个集合中的元素添加到另一个集合中，并常常伴随着对元素的修改。比如，在这里会需要引用 Patrol_Route 父对象下的每个子对象，并将它们储存在一个列表中，此时使用面向过程编程就很合适。接下来就在代码中予以实施。

9.2.2 引用巡逻点

对面向过程编程有了基本了解之后，就可以获取四个巡逻点的引用并将它们分配到一个可用列表中了。

(1) 在 EnemyBehavior 脚本中添加以下代码。

```
public class EnemyBehavior : MonoBehaviour
{
    // 1
    public Transform PatrolRoute;
    // 2
    public List<Transform> Locations;

    void Start()
    {
        // 3
        InitializePatrolRoute();
    }

    // 4
    void InitializePatrolRoute()
    {
        // 5
        foreach (Transform child in PatrolRoute)
        {
            // 6
            Locations.Add(child);
        }
    }

    void OnTriggerEnter(Collider other)
    {
        // ... No changes needed ...
    }

    void OnTriggerExit(Collider other)
    {
        // ... No changes needed ...
```

```
        }
    }
```

(2) 从 Hierarchy 面板中选中 Enemy 对象，再将 Patrol_Route 对象从 Hierarchy 面板拖放到 Inspector 面板上的 EnemyBehavior 脚本中的 Patrol Route 变量处，如图 9-7 所示。

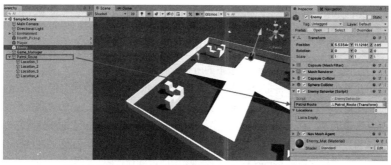

图 9-7　将 Patrol_Route 对象拖放到 EnemyBehavior 脚本的相关处

(3) 在 Inspector 面板中单击 Locations 旁边的箭头图标来展开列表，然后运行游戏查看列表中填充的数据，如图 9-8 所示。

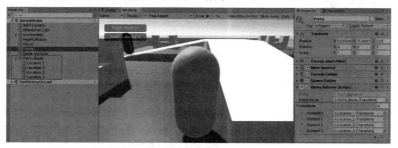

图 9-8　测试面向过程编程

对上述代码的分段解析如下。

(1) 声明一个公共变量 PatrolRoute，用于存储空的父对象 PatrolRoute。

(2) 声明一个 List 变量 Locations，用于存放 PatrolRoute 对象下所有子对象的 Transform 组件。

(3) 游戏开始时，在 Start()方法中调用 InitializePatrolRoute()方法。

(4) 创建一个私有实用工具方法 InitializePatrolRoute()，用于将 Transform 组件程序化地填入 Locations 列表。

- 注意，不加任何访问修饰符的变量和方法都将默认为是私有的。

(5) 使用 foreach 语句循环遍历 PatrolRoute 中的每个子对象，并引用其 Transform 组件。

- 每个 Transform 组件都是从 foreach 循环中声明的局部变量 child 中获取的。

(6) 使用 Add()方法，随着循环遍历 PatrolRoute 中的每个子对象，也将 Transform 组件按顺序添加到了 Locations 列表中。

- 这样，无论在 Hierarchy 面板中进行怎样的更改，Locations 列表都将始终持有 Patrol_Route 对象下的所有子对象。

虽然也可以通过将每个巡逻点对象直接从 Hierarchy 面板拖曳到 Inspector 面板中，来将它们添加到 Locations 列表，但这样对象和列表之间的关联将很容易丢失或断开。举个例子，如果巡逻点对象发生了名称更改、添加或删除，以及项目发生了更新，这些情况都可能对类的初始化造成影响。而通过在 Start()方法中程序化地填充 GameObject 列表或数组，就能让代码具有更高的安全性和可读性。

> **注意**
>
> 因此，相对于直接将对象拖曳到 Inspector 面板中，笔者更倾向通过脚本在 Start()方法中调用 GetComponent()方法，来查找和存储特定的组件引用。然而，当组件可能位于其他子对象之下或嵌套在复杂的 Prefab 中的时候，直接在 Inspector 面板中拖曳组件可能更容易一些。

下面，需要让 Enemy 对象跟随布置好的巡逻路线行动。

9.2.3 移动敌人

通过在 Start()方法中初始化巡逻点的列表，我们可以在获取 Enemy 对象的 NavMeshAgent 组件后，为其设置第一个目的地。

使用以下代码更新 EnemyBehavior 脚本，并单击 Play 按钮运行游戏。

```
// 1
using UnityEngine.AI;

public class EnemyBehavior : MonoBehaviour
{
    public Transform PatrolRoute;
    public List<Transform> Locations;
```

```
// 2
private int _locationIndex = 0;

// 3
private NavMeshAgent _agent;

void Start()
{
    // 4
    _agent = GetComponent<NavMeshAgent>();
    InitializePatrolRoute();

    // 5
    MoveToNextPatrolLocation();
}

void InitializePatrolRoute()
{
    // ... No changes needed ...
}

void MoveToNextPatrolLocation()
{
    // 6
    _agent.destination = Locations[_locationIndex].position;
}

void OnTriggerEnter(Collider other)
{
    // ... No changes needed ...
}

void OnTriggerExit(Collider other)
{
    // ... No changes needed ...
}
}
```

对上述代码的分段解析如下。

(1) 添加 UnityEngine.AI 这句 using 指令，让 EnemyBehavior 脚本可以访问 Unity 中的那些导航类，在本例中，即 NavMeshAgent 类。

(2) 声明一个私有变量_locationIndex，用于存储敌人当前正走向哪个巡逻点。由于 Locations 列表元素的索引是从 0 开始的，因此可以让 Enemy 对象按照存储在 Locations 列表中的巡逻点进行顺序移动。

(3) 声明一个私有变量_agent，用于存储附加到 Enemy 对象上的 NavMeshAgent 组件。变量是私有的，因为其他类都不应该访问或修改它。

(4) 使用 GetComponent()方法查找被附加的 NavMeshAgent 组件，并将其返回给_agent 变量。

(5) 在 Start()方法中，调用 MoveToNextPatrolLocation()方法。

(6) 声明一个私有方法 MoveToNextPatrolLocation()，并设置_agent. destination。

- destination 是 3D 空间中类型为 Vector3 的坐标位置。
- Locations[_locationIndex]会在 Locations 列表中的给定索引位置获取 Transform 元素。
- 通过添加 ".position" 来引用 Transform 组件的 Vector3 坐标位置。

当游戏场景启动时，所有巡逻点都会添加到 Locations 列表中，并且调用 MoveToNextPatrolLocation()方法，将 Locations 列表中索引为 0(_locationIndex 变量值为 0)，即第一个元素所在的位置赋值给 NavMeshAgent 组件的 destination 属性。下面，要让敌人对象从第一个巡逻点依次移动到其他三个点。

虽然敌人现在可以顺利来到第一个巡逻点，但到达之后就会停下。如果想让敌人在巡逻点之间按照顺序持续移动，需要给脚本中的 Update()方法和 MoveToNextPatrolLocation()方法再添加一些逻辑。

将以下代码添加到 EnemyBehavior 脚本，并单击 Play 按钮运行游戏。

```csharp
public class EnemyBehavior : MonoBehaviour
{
    // ... No changes needed ...

    void Update()
    {
        // 1
        if (_agent.remainingDistance < 0.2f && !_agent.pathPending)
        {
            // 2
            MoveToNextPatrolLocation();
        }
    }

    void MoveToNextPatrolLocation()
    {
```

```
    // 3
    if (Locations.Count==0)
      return;

    _agent.destination = Locations[_locationIndex].position;

    // 4
    _locationIndex = (_locationIndex + 1) % Locations.Count;
  }

  // ... No other changes needed ...
}
```

对上述代码的分段解析如下。

(1) 在声明 Update()方法中添加一条 if 语句，用于检查两个条件是否都能满足。

- remainingDistance 代表 NavMeshAgent 组件的当前位置与目标位置 destination 之间的距离，因此我们检查它是否小于 0.2。
- pathPending 会根据 Unity 是否正在为 NavMeshAgent 组件计算路线，相应地返回布尔值 true 或 false。

(2) 如果_agent 非常接近目标位置，且不存在其他正在计算的路线，那么 if 语句将返回 true，并调用 MoveToNextPatrolLocation()方法。

(3) 添加另一条 if 语句，用于确保在执行 MoveToNextPatrolLocation()方法中的其余代码时，Locations 列表不为空。

- 如果 Locations 为空，则使用 return 关键字退出方法，不再继续执行。
- 只有一行代码的 if 语句可以不使用大括号，这样更容易编写和阅读(但这完全看个人喜好)。
- 这就是所谓的防御性编程(defensive programming)，和下文将会提到的重构(refactoring)，都是通往 C#中级阶段的必备技能。

(4) 将_locationIndex 设置为其当前值加 1，再与 Location.Count 进行取模(%)运算。

- 这会让索引从 0 递增到 3，然后又回到 0 重新开始，这样 Enemy 对象就能沿着既定路线进行周而复始的移动。
- 取模运算符返回两个值相除后的余数。当结果为整数时，2 除以 4 的余数为 2，所以 2 % 4 = 2。同理，4 除以 4 没有余数，所以 4 % 4 = 0。

注意

将索引除以集合中元素的个数，是查找下一个元素的快速方法。如果对取模运算符感到生疏，请重温第2章。

使用 Update()方法，将每帧检查一次敌人是否正向其目标巡逻点移动。当敌人接近目标时，会调用 MoveToNextPatrolLocation()方法，_locationIndex 的值就会增加1，并将下一个巡逻点设置为目标位置。

如果将 Game 视图向下拖至 Console 面板旁边(如图 9-9 所示)，然后单击 Play 按钮，会看到敌人沿着关卡的四个角落循环有序地移动。

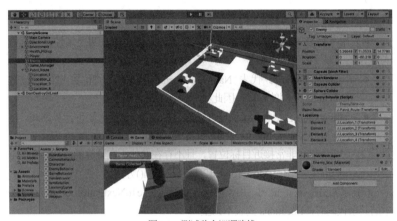

图 9-9　测试敌人巡逻路线

敌人现在已经会沿着地图外围持续不断地巡逻了，但还无法向玩家发起进攻。在下一节中，我们将为敌人添加 NavAgent 组件来改变这一情况。

9.3　敌人游戏机制

如果敌人只是四处走动，而不攻击玩家，这种没有挑战的游戏会显得很无聊。下面就为敌人添加交互机制。

9.3.1　寻找和销毁：改变代理的目标

本节将专注于当玩家接近敌人时，如何切换敌人的 NavMeshAgent 组件的目标，并在当玩家与敌人发生碰撞时造成伤害。在敌人成功损害玩家生命值后，它将返回原来的巡逻路线，直到与玩家下一次相遇。当然，我们也不会让玩家毫无还击之力。我们将通过代码来跟踪敌人的生命值，检测敌人是否被玩家发射的子弹击中，并根据生命值判断是否销毁敌人。

现在敌人正在巡逻中，需要获取玩家位置的引用并更改 NavMeshAgent 的目标。

将以下代码添加到 EnemyBehavior 脚本，并单击 Play 按钮运行游戏。

```
public class EnemyBehavior: MonoBehaviour
{
    // 1
    public Transform Player;
    public Transform PatrolRoute;
    public List<Transform> Locations;
    private int _locationIndex = 0;
    private NavMeshAgent _agent;

    void Start()
    {
        _agent = GetComponent<NavMeshAgent>();

        // 2
        Player = GameObject.Find("Player").transform;

        // ... No other changes needed ...
    }

    /* ... No changes to Update,
        InitializePatrolRoute, or
        MoveToNextPatrolLocation ... */

    void OnTriggerEnter(Collider other)
    {
        if (other.name == "Player")
        {
            // 3
            _agent.destination = Player.position;
            Debug.Log("Enemy detected!");
        }
    }

    void OnTriggerExit(Collider other)
    {
```

```
        // .... No changes needed ...
    }
}
```

对上述代码的分段解析如下。

(1) 声明一个公共变量,用来存储 Player 对象的 Transform 值。

(2) 使用 GameObject.Find("Player")返回对场景中 Player 对象的引用。

● 直接在后面添加".transform"就可以在一行内引用对象的 Transform 值。

(3) 每当玩家进入之前使用 Collider 组件设置的敌人攻击范围时,OnTriggerEnter()方法会被触发,从而将_agent.destination 的值设置为玩家当前的 Vector3 坐标位置。

现在运行游戏,当玩家接近正在巡逻中的敌人时,会看到敌人脱离原来的路线,直奔玩家而来。一旦与玩家碰撞后,Update()方法中的代码将再次接管,Enemy 对象又将恢复之前的巡逻状态。

下面,要让敌人能够真正伤害到玩家。

9.3.2 减少玩家生命值

虽然游戏中的敌人机制已经取得了不少进展,但当 Enemy 对象与 Player 对象发生碰撞时,却没有任何动静发生。为了解决这个问题,需要将新的敌人机制与游戏管理器绑定在一起。

使用以下代码更新 PlayerBehavior 脚本,并单击 Play 按钮运行游戏。

```
public class PlayerBehavior : MonoBehaviour
{
    // ... No changes to public variables needed ...

    // 1
    private GameBehavior _gameManager;

    void Start()
    {
        _rb = GetComponent<Rigidbody>();
        _col = GetComponent<CapsuleCollider>();

        // 2
        _gameManager = GameObject.Find("Game Manager").
GetComponent<GameBehavior>();
    }
```

```
/*...No changes to Update,
    FixedUpdate,
    or IsGrounded ... */

// 3
void OnCollisionEnter(Collision collision)
{
    // 4
    if (collision.gameObject.name == "Enemy")
    {
        // 5
        _gameManager.HP -= 1;
    }
}
}
```

对上述代码的分段解析如下。

(1) 声明一个私有变量，用于存储对场景中的 GameBehavior 实例的引用。

(2) 查找并返回场景中名为 Game Manager 的对象上附加的 GameBehavior
脚本。

- 经常在 GameObject.Find()方法后面直接使用 GetComponent()方法，这样
  可以减少不必要的代码行。

(3) 由于玩家是被碰撞的对象，因此要在 PlayerBehavior 中声明 OnCollision
Enter()方法。

(4) 检查碰撞对象的名称，如果是 Enemy 对象，则执行 if 主体内的语句。

(5) 使用_gameManager 实例将公共变量 HP(生命值)减 1。

> **注意**
> 两个对象之间的碰撞是双向的，因此也可以将这段代码放在
> EnemyBehavior 脚本中，然后寻找与 Player 对象的碰撞。

每当敌人跟踪玩家并与玩家发生碰撞时，游戏管理器都会通过 HP 变量的
set 属性修改生命值。UI 上显示的生命值也会相应更新，这也为稍后添加玩家在
游戏挑战失败情况下的逻辑提供了机会。下面，先来处理子弹击中敌人的检测，
并设置他们出局的情况。

9.3.3 检测子弹碰撞

现在有了游戏失败的条件，是时候为玩家添加某种反击方式，帮助他们在

敌人的攻击中幸存下来。

打开 EnemyBehavior 脚本，按照以下代码对其进行修改。

```
public class EnemyBehavior : MonoBehaviour
{
    //... No other variable changes needed ...

    // 1
    private int _lives = 3;
    public int EnemyLives
    {
        // 2
        get { return _lives; }

        // 3
        private set
        {
            _lives = value;

            // 4
            if (_lives <= 0)
            {
                Destroy(this.gameObject);
                Debug.Log("Enemy down.");
            }
        }
    }

    /* ... No changes to Start,
        Update,
        InitializePatrolRoute,
        MoveToNextPatrolLocation,
        OnTriggerEnter, or
        OnTriggerExit ... */


    void OnCollisionEnter(Collision collision)
    {
        // 5
        if (collision.gameObject.name == "Bullet(Clone)")
        {
            // 6
            EnemyLives -= 1;
            Debug.Log("Criticalhit!");
        }
```

```
    }
}
```

对上述代码的分段解析如下。

(1) 声明一个名为_lives 的私有 int 变量和一个名为 EnemyLives 的公共变量。这样就能像在 GameBehavior 脚本中那样，直接控制 EnemyLives 的引用和设置方式。

(2) 将 get 属性设置为始终返回_lives。

(3) 使用一个私有 set 属性将 EnemyLives 的新值赋给_lives，使两者保持同步。

> **注意**
>
> 在此之前还没有出现过私有 get 或私有 set 属性，但它们也同样可以拥有自己的访问修饰符，就像其他可执行代码一样。将 get 或 set 声明为私有意味着只有在其父类中才能访问它们的功能。

(4) 添加一条 if 语句来检查_lives 的值是否小于或等于 0，如果条件成立，则意味着敌人死亡。

● 在这种情况下，就可以销毁 Enemy 对象，并向控制台打印出一条信息。

(5) 因为 Enemy 是被子弹碰撞的对象，所以要在 EnemyBehavior 脚本中使用 OnCollisionEnter() 方法来检查这些碰撞。

(6) 如果与敌人发生碰撞的对象与复制得到的子弹对象名称一样，就将 EnemyLives 的值减 1，并向控制台打印出另一条信息。

> **注意**
>
> 尽管子弹的预制件名称为 Bullet，但刚才在检查时使用的名称却是 Bullet(Clone)。这是因为在射击逻辑中，子弹是由 Instantiate() 方法创建的，对于这样创建出来的对象，Unity 都会添加"(Clone)"作为后缀。
>
> 在这里，其实也可以通过检查游戏对象的标签 (tag)，判断是否应将 EnemyLives 的值减 1，但是标签属于 Unity 特有的功能，所以我们还是选择检查 GameObject 的名称，这样能让我们尽量保持纯 C# 的逻辑实现。

现在，当敌人试图攻击玩家，玩家就可以进行反击，通过射中敌人三次击毙敌人。而这里也再一次证明了，使用 get 和 set 属性来处理额外的逻辑是一种具有高灵活度和高可扩展性的解决方案。最后，还需要将游戏失败的条件更新到游戏管理器中。

9.3.4　更新游戏管理器

为了进一步实施失败条件，我们需要更新管理器类。

(1) 打开 GameBehavior 脚本，添加以下代码：

```
public class GameBehavior : MonoBehaviour
{
    // ... No other variable changes...

    // 1
    public Button LossButton;

    private int _itemsCollected = 0;
    public int Items
    {
        // ... No changes needed ...
    }

    private int _playerHP = 10;
    public int HP
    {
        get { return _playerHP; }
        set {
            _playerHP = value;
            HealthText.text = "Player Health: " + HP;

            // 2
            if(_playerHP <= 0)
            {
                ProgressText.text= "You want another life with that?";
                LossButton.gameObject.SetActive(true);
                Time.timeScale = 0;
            }
            else
            {
                ProgressText.text = "Ouch... that's got hurt.";
            }
        }
    }
}
```

(2) 在 Hierarchy 面板中，右击 Win Condition 对象，在弹出菜单中选择 Duplicate，并将其命名为 Loss Condition。

● 单击 Loss Condition 对象旁边的箭头将其展开，选择 Text(TMP) 子对象，
　然后在 Inspector 面板中将 Text Input 更改为"You lose..."。

在 Hierarchy 面板中选中 Game_Manager 对象，然后将 Loss Condition 对
象从 Hierarchy 面板拖放到 Inspector 面板的 Game Behavior 脚本的 Loss Button
处，如图 9-10 所示。

图 9-10　在 Inspector 面板中完成对 Game behavior 脚本文本和按钮的变量设置

对上述代码的分段解析如下。

(1) 声明一个新 Button 变量，当玩家输掉游戏时要显示该按钮。

(2) 添加一条 if 语句，用于检查 _playerHP 的值是否降至 0 或 0 以下。

● 如果检查结果为 true，则更新 ProgessText 和 Time.timeScale，并激活 Loss
　Condition 按钮对象。

● 如果和敌人碰撞后玩家仍然活着，ProgessText 会显示另一条信息：
　"Ouch... that's got to hurt."

现在，在 GameBehavior 脚本中将 _playerHP 更改为 1，测试当敌人和玩
家发生碰撞后的效果。

到这里，"智能"敌人已成功添加，它既可以击伤玩家，也能被玩家击伤。
此外，还通过游戏管理器添加了失败界面(Loss Condition 按钮对象)。

在本章结束之前，还有一个重要话题，那就是如何避免代码重复。

代码重复是所有程序员的痛点，所以我们也应该尽早预防，学习如何避免
在项目中出现代码重复！

9.4 重构并保持 "DRY"

DRY(Don't Repeat Yourself，不要重复自己)一词是软件开发人员应该具备的基本理念，贯彻这种理念有助于在我们做出错误或可能错误的决策时提供警示，并产生事半功倍的满足感。

在日常编程中，其实经常会产生重复代码。仅仅依赖事先反复的思虑不可能完全规避代码重复，反而还会拖累项目进度。一种有效且明智的方法是，快速识别重复代码发生的时间和地点，然后采取最佳方法将其移除。这个过程就被称为重构。接下来，就以 GameBehavior 脚本为例，展示一下重构的妙用。

之前代码中有两处都设置过 ProgressText 和 timeScale，但其实本可以通过创建实用工具函数，轻松地在一处处理这些设置。

> **注意**
>
> 逐渐熟悉编程后，就不需要这么频繁地进行代码清理工作了，而是在代码编写的时候就已经知道如何事半功倍，减少后续可能需要进行重构的情况。然而，这并不意味着就应该忽视重构，检查代码是否能够写得更干净、更高效始终很重要。

想要对现有的关卡重启代码进行重构，可以对 GameBehavior 脚本作如下更改。

```csharp
public class GameBehavior : MonoBehaviour
{
    // 1
    public void UpdateScene(string updatedText)
    {
        ProgressText.text = updatedText;
        Time.timeScale = 0f;
    }

    private int _itemsCollected = 0;
    public int Items
    {
        get { return _itemsCollected; }
        set
        {
            _itemsCollected = value;
            ItemText.text = "Items Collected: " + Items;

            if (_itemsCollected >= MaxItems)
```

```
            {
                WinButton.gameObject.SetActive(true);

                // 2
                UpdateScene("You've found all the items!");
            }
            else
            {
                ProgressText.text = "Item found, only " + (MaxItems - _
    itemsCollected) + " more to go!";
            }
        }
    }
}

    private int _playerHP = 10;
    public int HP
    {
        get { return _playerHP; }
        set
        {
            _playerHP = value;
            HealthText.text = "Player Health: " + HP;

            if (_playerHP <= 0)
            {
                LossButton.gameObject.SetActive(true);

                // 3
                UpdateScene("You want another life with that?");
            }
            else
            {
                ProgressText.text = "Ouch... that's got hurt.";
            }

            Debug.LogFormat("Lives: {0}", _playerHP);
        }
    }
}
```

对上述代码的分段解析如下。

(1) 声明一个名为 UpdateScene()的新方法，该方法接受一个字符串参数，将该参数分配给 ProgressText，并将 Time.timeScale 设置为 0。

(2) 删除第一处重复代码，并使用新方法在游戏获胜时更新场景。

(3) 删除第二处重复代码，并使用新方法在游戏失败时更新场景。

如果在代码中仔细查找，总会发现还有其他需要重构的地方。

9.5 本章小结

至此，敌人与玩家的互动就完成了。玩家和敌人可以互相造成伤害，同时屏幕上的 GUI 会相应更新。敌人会使用 Unity 的导航系统在竞技场中四处走动，并在玩家一定距离范围内切换到攻击模式。每个 GameObject 只负责自己的行为、内部逻辑和对象碰撞，而游戏管理器则跟踪那些用来控制游戏状态的变量。此外，本章还介绍了比较简单的面向过程编程，并感受了当重复的指令被抽象到方法中时，代码可以变得多么干净。

学到这里，你可能获得了一些成就感。但是，在快速学习一门新的编程语言的同时，制作一款可运行的游戏并不容易。在第 10 章中，将引入 C#中的一些中级主题，包括新的修饰符、方法重载、接口和类的扩展。

9.6 小测验——AI 和导航

(1) 如何在 Unity 场景中创建 NavMesh 组件？

(2) 什么组件会将 GameObject 标识为 NavMesh？

(3) 为一个或多个有序对象执行相同的逻辑时，应该使用哪种编程技术？

(4) DRY 代表什么？

第**10**章
重睹类型、方法和类

我们已经学会使用 Unity 的内置类编程游戏的机制与交互，是时候扩展 C# 的核心知识并聚焦于如何将基础知识付诸中级的应用场景。本章将重新审视几位老朋友：变量、类型、方法和类，面向它们更深层的应用和相关用例。本章涵盖的许多主题不适用于现阶段的 Hero Born 项目，因此某些示例是单独的，不能直接用于游戏原型。

本章涉及大量新知识，所以如果感到难度过大，可以随时重温前几章来巩固基础知识。本章还将聚焦以下话题来解构 Unity 特有的游戏机制和功能。

- 中级的修饰符
- 方法重载
- 如何使用 out 和 ref 参数
- 如何使用接口
- 什么是抽象类和重写
- 如何扩展类的功能性
- 如何处理命名空间冲突
- 什么是类型别名

让我们开始吧！

10.1 再谈访问修饰符

虽然我们已经习惯于将公共或私有访问修饰符与变量声明配对使用，就像我们在处理玩家生命值和道具收集时所做的那样，但仍有许多修饰符关键字没有见过。本章无法将它们的每一个都详细介绍，但将重点介绍其中的五个，以进一步提高对 C#语言的理解和编程技能。

本节将介绍下方所示清单中的前三个修饰符，剩余两个将在稍后介绍：

- const
- readonly
- static
- abstract
- override

提示说明：

可用修饰符的完整列表可访问: https://docs.microsoft.com/en-us/dotnet/csharp/language-reference/keywords/modifiers。

让我们先从前三个访问修饰符开始。

10.1.1　常量和只读属性

有时需要创建可以存储常量、不变值的变量。在变量的访问修饰符之后添加 const 关键字就可以做到这一点，但这仅适用于内置的 C#类型。例如，我们不能将 Character 类的一个实例标记为一个常量。常量值的一个很好的例子是 GameBehavior 类中的 MaxItems 变量：

```
public const int MaxItems = 4;
```

上面的代码将从根本上将 MaxItems 的值锁定为 4，使其不可改变。使用常量变量最常遇到的问题是它们只能在声明时赋值，这意味着 MaxItems 不能没有初始值。作为一种替代方案，我们可以使用 readonly，它不允许写入变量，意味着该变量不能被更改：

```
public readonly int MaxItems;
```

使用 readonly 关键字声明变量，会使其值与常量一样不可修改，但其初始值可以随时分配。而赋初始值的一个好地方是在 Start()或 Awake()方法中。

10.1.2　使用 static 关键字

前面介绍过如何基于类的蓝图来创建对象或实例，该实例将拥有类的所有属性和方法，比如我们实例化的第一个 Character 类的实例。虽然这有利于面向对象的功能性，但并非所有类都需要实例化，且并非所有属性都需要属于某个特定的实例。然而，静态类是密封的，这意味着它们不能用于类的继承。

工具(Utility)方法是此种情形的一个很好的例子，我们未必心要实例化一个特定的 Utility 类实例，因为它的所有方法不应依赖于某特定的对象。下一任务就是在新脚本中创建这样一个工具方法。

创建一个新类来容纳一些方法，这些方法将用于处理原始的计算或那些不依赖于游戏玩法的重复逻辑。

(1) 在 Scripts 文件夹中创建一个新的 C#脚本并将其命名为 Utilities。

(2) 打开它并添加以下代码：

```csharp
using System.Collections;
using System.Collections.Generic;
using UnityEngine;

// 1
using UnityEngine.SceneManagement;

// 2
public static class Utilities
{
    // 3
    public static int PlayerDeaths = 0;

    // 4
    public static void RestartLevel()
    {
        SceneManager.LoadScene(0);
        Time.timeScale = 1.0f;
    }
}
```

(3) 从 GameBehavior 中删除 RestartLevel()内部的代码，取而代之之调用新的工具方法，如下所示：

```csharp
// 5
public void RestartScene()
{
    Utilities.RestartLevel();
}
```

代码解构如下：

(1) 首先，添加 using SceneManagement 指令，使我们可以访问 LoadScene()方法。

(2) 然后，声明 Utilities 这个公共静态类。由于它不需要出现在游戏场景中，因此它不需要继承 MonoBehaviour。

(3) 接下来，创建一个公共静态变量来记录玩家死亡并重启游戏的次数。

(4) 声明一个公共静态方法来装载关卡重启的逻辑，该方法之前被硬编码在 GameBehavior 中。

(5) 最后，当按下胜利或失败的按钮时，更新后的 GameBehavior 会从静态的 Utilities 类调用 RestartLevel()方法。请注意，我们不需要实例化 Utilities 类来调用该方法，因为它是静态的，直接使用点标示法即可。

我们现在已经从 GameBehavior 中提取了重启逻辑并将其放入一个静态类中，这使其在代码库中更容易被重复利用。标记为 static 还可以保证在使用其类成员之前永远不必创建或管理 Utilities 类的实例。

> **提示说明:**
> 非静态类可以同时具有静态和非静态的属性和方法。但是，如果一个类被标记为静态，则其所有属性和方法都必须也是静态的。

至此，对变量和类型的回访告一段落，使我们在面对管理更大或更复杂项目时可以构建出一组自己的实用工具。现在是时候聊聊方法及其中级的能力，其中包括方法重载以及 ref 和 out 参数。

10.2 重睹方法

自从在第 3 章中学会如何在代码中使用方法以来，方法便一直是我们代码的重要组成部分。但有两个中级的用例还没有涉及，那就是方法重载以及如何使用 ref 和 out 参数关键字。

10.2.1 重载方法

术语"方法重载"是指创建多个名称相同但方法签名不同的方法。方法签名由其名称和参数组成，这是 C#编译器识别它的方式。以下面的方法为例:

```
public bool AttackEnemy(int damage) {}
```

AttackEnemy()的方法签名可以写成下方这样:

```
AttackEnemy(int)
```

当你知道了 AttackEnemy()方法的签名，便可以通过改变参数数量或改变参数类型来重载该方法，且仍然保持其名称。在需要为给定操作提供多于一种的选项时，方法重载提供了额外的灵活性。

作为示例，Utilities 中的 RestartLevel()方法是体现重载方法便利性的一个好例子。目前，RestartLevel()方法只能重启当前场景，但是当随着游戏的扩展而包含多个场景时，会发生什么呢？此时便可以重构 RestartLevel()方法来接受多个参数，但这样做也通常会导致代码臃肿和混乱。

RestartLevel()方法再次成为实践新知识的好选择。下面的任务是重载RestartLevel()方法以接收不同的参数。

为 RestartLevel()方法添加一个重载版本。

(1) 打开 Utilities 类并添加以下代码：

```
public static class Utilities
{
    public static int PlayerDeaths = 0;
    public static void RestartLevel()
    {
        SceneManager.LoadScene(0);
        Time.timeScale = 1.0f;
    }

    // 1
    public static bool RestartLevel(int sceneIndex)
    {
        // 2
        SceneManager.LoadScene(sceneIndex);
        Time.timeScale = 1.0f;
        // 3
        return true;
    }
}
```

(2) 打开GameBehavior，并对Utilities.RestartLevel()方法的调用进行如下更新。

```
// 4
public void RestartScene()
{
    Utilities.RestartLevel(0);
}
```

解构上述代码:

(1) 首先,声明了一个 RestartLevel()方法的重载版本,该新方法接收一个 int 参数并返回一个 bool 值。

(2) 然后,重载版本会调用 LoadScene()并传入 sceneIndex 参数,而不是将该值手动硬编码在方法内部。

(3) 接下来,当新场景加载且 timeScale 属性被重置之后返回 true。

(4) 最后,更新后的 GameBehavior 调用重载的 RestartLevel()方法并用 0 作为 sceneIndex 的值传入。Visual Studio 将自动检测和识别重载的方法,并用编号的方式显示出来,如图 10-1 所示。

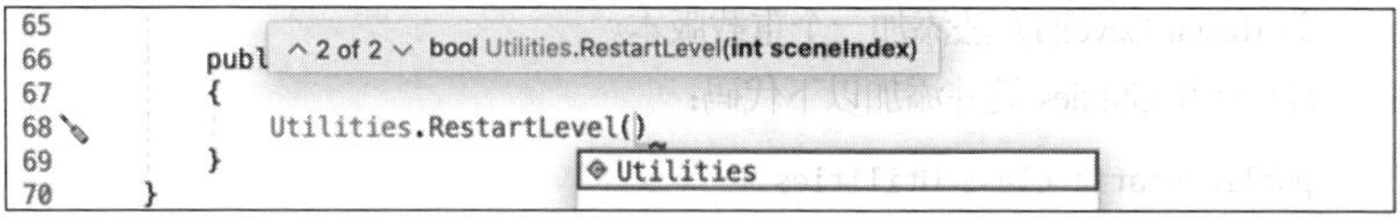

```
65
66    publ  ^ 2 of 2 ∨  bool Utilities.RestartLevel(int sceneIndex)
67    {
68        Utilities.RestartLevel()
69    }
70  }                               ⊕ Utilities
```

图 10-1　Visual Studio 中显示多个方法的重载

RestartLevel()方法的功能现在变得更易定制化,可以应对后续可能需要的其他情况了。在我们的例子中,便能够从我们选择的任一场景重启游戏。

> **说明:**
> 方法重载不限于静态方法,这与前面的例子一致。只要其签名与原始方法不同,任何方法都可以重载。

接下来,我们将涉及另外两个可以让方法更进一步的话题——ref 和 out 参数

10.2.2　ref 参数

在第 5 章学习类和结构体时,我们了解到并非所有对象都以相同的方式传递。例如,值类型通过复制传递,而引用类型通过引用传递。然而,当时没有深入讨论当对象或值作为参数传递入方法中时,传递是如何进行的。

默认情况下,C#中的参数是按值类型传递给函数的,这意味着传递给方法的变量不会受到方法体内对其值所做的任何更改的影响。这避免了当我们将变量用作方法参数时,变量产生不希望的更改。但在某些情况下,我们希望通过引用的方式传入方法参数,使其得到更新并将这种变化反映在原本的变量上。在声明参数时使用 ref 或 out 关键字作为前缀会将该参数标记为引用类型。

以下是使用 ref 关键字时要记住的几个关键点。

● 参数必须在传入方法之前进行初始化。

- 在结束方法之前，不需要对引用类型的参数值进行初始化或赋值。
- 带有 get 或 set 访问器的属性不能用作 ref 或 out 参数。

下面通过添加一些逻辑来跟踪玩家重新启动游戏的次数。

创建一个方法来更新 PlayerDeaths，通过它观察在实际中，方法的参数是如何通过引用类型的方式传递的。

打开 Utilities 并添加以下代码：

```
public static class Utilities
{
    public static int PlayerDeaths = 0;

    // 1
    public static string UpdateDeathCount(ref int countReference)
    {
        // 2
        countReference += 1;
        return "Next time you'll be at number " + countReference;
    }

    public static void RestartLevel()
    {
        // ... No changes needed ...
    }

    public static bool RestartLevel(int sceneIndex)
    {
        // 3
        Debug.Log("Player deaths: " + PlayerDeaths);
        string message = UpdateDeathCount(ref PlayerDeaths);
        Debug.Log("Player deaths: " + PlayerDeaths);
        Debug.Log(message);
        SceneManager.LoadScene(sceneIndex);
        Time.timeScale = 1.0f;
        return true;
    }
}
```

对上述代码的解析如下。

(1) 首先，声明了一个新的静态方法，该方法返回一个字符串并接收一个 int 的引用作为参数。这里使用了 ref 关键字，表示传递的是变量的引用，而非值。

(2) 然后，直接将引用参数的值增加 1，并返回一个包含新值的字符串。

(3) 最后，在 RestartLevel()方法中，在通过引用方式传递给 UpdateDeath-

Count()方法的前后，调试输出 PlayerDeaths 变量的值。还将 UpdateDeathCount()
方法返回的字符串值的引用储存在 message 变量中，并将其打印输出。

如果游戏失败，调试日志将显示出 UpdateDeathCount()方法中的 PlayerDeaths
变量增加了 1，因为它是通过引用方式而不是通过值的方式传递的(见图 10-2)。

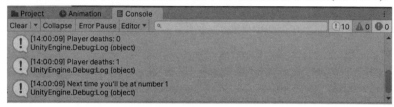

图 10-2　ref 参数示例的输出

清晰起见，这里我们不用 ref 参数也能实现玩家死亡次数的更新，因为
UpdateDeathCount()方法和 PlayerDeaths 变量都在同一个脚本中。然而，若在其他
应用场景却需要同样的功能，ref 参数就超级有用。

> **提示说明:**
> 为了举例和演示，我们对这种情况使用了 ref 关键字，但当然也可以直接在
> UpdateDeathCount()方法中更新 PlayerDeaths 变量或在 RestartLevel()方法中添加逻
> 辑，以便仅在游戏失败需要重启时触发 UpdateDeathCount()方法。

现在我们了解了如何在项目中使用 ref 参数，接下来看看 out 参数以及如何
应用它以满足与 ref 略有不同的情形。

10.2.3　out 参数

out 关键字的作用与 ref 相同但规则不同，意味着尽管它们是同一种工具但
却不能相互替代，各有各的用处。

- 实参在传给方法之前不需要进行初始化。
- 引用的参数在返回之前，必须在调用方法中初始化或赋值。

例如，可以在 UpdateDeathCount()方法中用 out 替换 ref，只要在从方法返回
之前初始化或赋值 countReference 参数即可。

```csharp
public static string UpdateDeathCount(out int countReference)
{
    countReference += 1;
    return "Next time you'll be at number " + countReference;
}
```

使用 out 关键字的方法更适合需要从单个方法返回多个值的情况，而 ref 关键字在只需要修改引用值时效果最佳。out 关键字也比 ref 关键字更灵活，因初始的参数值在方法使用它们之前不必须设置。当需要在改变参数值之前初始化该参数时，out 关键字就特别有用。尽管这些关键字有点深奥，但把它们纳入我们的 C#工具箱以应对特殊情况还是很重要的。

掌握了这些方法的新特性，是时候重新审视另一重要内容，即面向对象编程。这个主题所涉及的内容太多，一两个章节不可能涵盖全部内容，但其中有几个关键工具应尽早在开发中派上用场。有些主题建议在完成本书学习后仍保持关注，面向对象编程便是其中之一。

10.3 中级的面向对象编程

面向对象的思维方式对于创建有意义的应用程序和理解 C#语言在幕后的工作方式至关重要。棘手的是，当涉及面向对象编程和设计对象时，类和结构体本身并不是全部。它们虽被视为构建代码的基石，但类受限于仅能单例继承，意味着它们只能有一个双亲或超类，而结构体根本不能继承。因此，现在要探寻的问题很简单："应该如何从相同的模板创建对象，并让它们根据特定情形执行不同的操作？"

为了回答这个问题，我们将学习接口、抽象类以及类的扩展。

10.3.1 接口

将一组功能聚集在一起的方法之一是通过使用接口。如同类，接口是数据和行为的蓝图，但有一个重要的区别：接口不能有任何实际的实现逻辑或存储值。取而代之的，接口包含了实现的蓝图，如何填充接口中概述的值和方法取决于采用接口的类或结构体。

类和结构体都可以使用接口，并且单个对象可以使用接口的数量没有上限。

需要记住的是，单一的类只能有一个双亲类(基类)，结构体不能有任何的子类。将诸多功能拆解成接口使我们可以像使用基本构建块那样来构建类，为类挑选想要的行为就好比从菜单中挑选想要的食物。这对于我们的代码库是一个巨大的效率提升，从冗长、混乱的子类层次结构中解脱出来。

举例来说，如果希望敌人能够在近距离内射击玩家，该怎么做？此时，可以创建一个玩家和敌人都可以从中派生的基类，这将使他们都基于相同的蓝图。

然而，这种方法的问题在于敌人和玩家并不必须具有相同的行为和数据。

处理该问题的更有效方法是定义一个带有蓝图的接口，在蓝图中规划了具有射击能力对象的行为，然后让敌人和玩家都去采用这个接口。这样便可以令玩家和敌人具有一定的自由度，使它们分离开来并能体现出不同的行为，但同时仍然共享了一些常规的功能。

将射击机制重构为接口是留给读者的挑战，但在此之前，仍需要知道如何在代码中创建和采用接口。为此，我们将创建一个接口，并令所有管理器脚本都需要实现该接口以共享相同的常规结构。

在 Scripts 文件夹中新建一个 C#脚本，命名为 IManager，并更新如下代码。

```
using System.Collections;
using System.Collections.Generic;
using UnityEngine;

// 1
public interface IManager
{
    // 2
    string State { get; set; }

    // 3
    void Initialize();
}
```

上述代码的解析如下：

(1) 首先，使用 interface 关键字声明了一个名为 IManager 的公共接口。

(2) 然后，向 IManager 添加一个名为 State 的字符串变量，并令其使用 get 和 set 访问器以保存实现接口类的当前状态。

> **提示说明：**
> 接口的所有属性至少需要一个 get 访问器才能通过编译，但必要时可以同时拥有 get 和 set 访问器。

(3) 最后，定义了一个没有返回类型且名为 Initialize()的方法，它由实现接口的类去实现。当然，接口内的方法是可以有返回值的，这没有规则限制。

至此我们为所有的管理器脚本创建了一个蓝图，意味着每个实现了该接口的管理器脚本都需要具有一个状态属性和一个初始化方法。下一任务便是使用 IManager 接口，这意味着它需要被另一个类实现。

为简单起见，我们让游戏管理器采用新接口并实现其蓝图。

使用以下代码更新 GameBehavior:

```
// 1
public class GameBehavior : MonoBehaviour, IManager
{
    // 2
    private string _state;

    // 3
    public string State
    {
        get { return _state; }
        set { _state = value; }
    }

    // ... No other changes needed ...

    void Start()
    {
        ItemText.text += _itemsCollected;
        HealthText.text += _playerHP;
        // 4
        Initialize();
    }

    // 5
    public void Initialize()
    {
        _state = "Game Manager initialized..";
        Debug.Log(_state);
    }
}
```

代码解析如下。

(1) 首先，使用一个逗号及其名称声明 GameBehavior 实现了 IManager 接口，就像子类化一样。

(2) 然后，添加了一个私有变量，用它协助存储从 IManager 中必须实现的公共变量 State 的值。

(3) 接下来，添加一个在 IManager 接口中声明的公共 State 变量，并使用_state 作为其私有支持变量。

(4) 之后，在 Start()方法中调用 Initialize()方法。

(5) 最后，声明在 IManager 中已经声明的 Initialize()方法，该方法的实现具有设置和打印公共 State 变量的功能。

(6) 这样便指定了 GameBehavior 采用 IManager 接口,并实现其 State 和 Initialize()成员,如图 10-3 所示。

图 10-3   接口的输出

这其中重要的意义在于该实现是特定于 GameBehavior 的。如果另外还有一个管理类,也可以用同样的方式实现接口,但其内部逻辑不同而已。如下所示,设置一个新的管理器脚本。

(1) 在 Project 面板中,在 Scripts 文件夹内空白处右击,选择 Create > C# Script,然后将其命名为 DataManager。

(2) 将下方代码更新到新建的脚本中,并采用 IManager 接口。

```csharp
using System.Collections;
using System.Collections.Generic;
using UnityEngine;

public class DataManager : MonoBehaviour, IManager
{
    private string _state;
    public string State
    {
        get { return _state; }
        set { _state = value; }
    }

    void Start()
    {
        Initialize();
    }

    public void Initialize()
    {
        _state = "Data Manager initialized..";
        Debug.Log(_state);
    }
}
```

(3) 将新脚本拖放到 Hierarchy 层级面板中的 Game_Manager 对象上,如

图 10-4 所示。

图 10-4　附在游戏对象上的 Data Manager 脚本

　　(4) 单击 Play，滚动到控制台日志的开始处，看到的第一条信息应如图 10-5 所示。

图 10-5　Data Manager 初始化后的输出

　　尽管我们可以用子类实现上述的功能，但会将所有的管理器局限在同一个基类。与之相反，我们现在有了可以根据选择添加新接口的选项。在稍后的第 12 章中我们还将重温该新建的管理器脚本。这些面向对象编程的新概念为构建类打开了一个全新的世界，其中的另一个便是抽象类。

10.3.2　抽象类

　　另一种在对象之间实现分离并共享通用蓝图的方法是使用抽象类。与接口一样，抽象类不能在其方法内包含任何实现逻辑。但是，抽象类可以存储变量值，这是抽象类与接口之间的关键区别。有时我们需要设置初始值，就可以使用抽象类。

任何从抽象类衍生出的子类都必须完全实现所有用 abstract 关键字标记的变量和方法。当想使用类继承，而不知如何编写基类默认的实现方式的情况下，抽象类的方式便特别有用。

举例来说，可以将前面写的 IManager 接口及其功能转换为抽象的基类。不要改动你项目中的任何实际代码，我们希望它们能保持原样。

```
// 1
public abstract class BaseManager
{
    // 2
    protected string _state = "Manager is not initialized...";
    public abstract string State { get; set; }

    // 3
    public abstract void Initialize();
}
```

代码解析如下。

(1) 首先，使用 abstract 关键字声明一个名为 BaseManager 的抽象类。

(2) 然后，创建两个变量：一个访问修饰符为 protected，名为_state 的字符串变量，它只能由继承自 BaseManager 的类访问。同时还为_state 设置了一个初始值，在接口中无法这么做。

提示说明：
> 另一个变量是一个用 abstract 关键字修饰，名为 State 的字符串，并带有要由其子类实现的 get 和 set 访问器。

(3) 最后，添加了 Initialize()作为 abstract 抽象方法，它也需要在子类中实现。

至此，我们创建了一个与接口作用相同的抽象类。BaseManager 抽象类与 IManager 接口具有相同的蓝图，它允许它的任何子类使用 override 关键字定义它们的 state 和 Initialize()的具体实现方式。

```
// 1
public class CombatManager: BaseManager
{
    // 2
    public override string State
    {
        get { return _state; }
```

```
            set { _state = value; }
        }

        // 3
        public override void Initialize()
        {
            _state = "Combat Manager initialized..";
            Debug.Log(_state);
        }
    }
```

上述代码可以解析为如下几点。

(1) 首先，声明了一个名为 CombatManager 的新类，该类继承了抽象类 BaseManager。

(2) 然后，使用 override 关键字添加了对 BaseManager 抽象类中 State 变量的实现。

(3) 最后，再次使用 override 关键字添加了对 BaseManager 抽象类中 Initialize()方法的实现，并设置了受保护的_state 变量。

以上内容只是有关接口和抽象类的冰山一角，但应学会在编程中灵活运用它们以创造更多的可能性。接口允许在不相关的对象之间扩散和分享各种功能性片段，从而在代码中可以像堆积木般组装它们。

另一方面，抽象类保持了面向对象编程的单继承结构，同时将类的实现与其蓝图分离。这些方式甚至可以混合搭配使用，比如，抽象类可以像非抽象类一样采用接口。

> **提示说明：**
> 按照惯例，对于复杂的主题，应首先查看技术文档。
>
> https://docs.microsoft.com/en-us/dotnet/csharp/language-reference/keywords/abstract
>
> https://docs.microsoft.com/en-us/dotnet/csharp/language-reference/keywords/interface

通常并不总需要从头开始构建一个新类。有时，将想要的功能或逻辑添加到现有类中就足矣，这种方式称为类的扩展。

10.3.3 类的扩展

暂不说自定义对象，先谈谈如何扩展已有的类以使它们满足我们的需求。

类扩展背后的想法很简单：针对现有的 C#内置类，按需添加任何希望它们具有的功能。由于我们无法访问构建 C#的底层代码，因此这是从 C#语言已有的对象获得自定义行为的唯一途径。

类的修改只能用方法来实现，不允许使用变量或其他实体实现。尽管这存在很大的局限性，但它能使语法保持一致。

```
public static returnType MethodName(this ExtendingClass localVal) {}
```

扩展方法在声明时使用的语法与普通方法相同，但有几点需要额外注意。

- 所有扩展方法都需要标记为 static(静态的)。
- 第一个参数必须使用 this 关键字，后跟要扩展的类名和一个局部变量名。
- 这个特殊参数让编译器将方法识别为扩展，为现有类提供局部引用。
- 可以通过这个局部变量访问任何类的方法和属性。
- 必须将扩展方法存放在一个静态类中，继而该静态类存放在其命名空间中。使我们可以控制允许哪些脚本可以访问自定义功能。

下一个任务是通过向内置 C#的 String 类添加新方法来动手实践类扩展。

让我们通过在 String 类中添加自定义方法来体验类的扩展。

在 Scripts 文件夹中创建一个新的 C#脚本，将其命名为 CustomExtensions，并添加以下代码。

```
using System.Collections;
using System.Collections.Generic;
using UnityEngine;

// 1
namespace CustomExtensions
{
    // 2
    public static class StringExtensions
    {
        // 3
        public static void FancyDebug(this string str)
        {
            // 4
            Debug.LogFormat("This string contains {0} characters.", str.
Length);
        }
    }
}
```

对代码的解析如下：

(1) 首先，声明了一个名为 CustomExtensions 的命名空间来保管所有扩展类和方法。

(2) 然后，为了便于组织和管理，声明了一个名为 StringExtensions 的静态类，类扩展都应遵循此设置。

(3) 接下来，向 StringExtensions 类添加一个名为 FancyDebug 的静态方法。

● 第一个参数，this string str，将该方法标记为扩展。

● str 参数将保留调用 FancyDebug() 方法时对实际文本值的引用，可以在方法体内部将 str 视为所有字符串的替代并对其进行操作。

(4) 最后，每当执行 FancyDebug 时，都会打印出一条调试消息，使用 str.Length 作为调用该方法的字符串变量的引用。

在实际情况中，这将允许我们向已有 C# 类添加任何自定义功能，包括那些我们自定义的类。现在该扩展已经是 String 类的一部分了，让我们试试看。要使用新的自定义字符串方法，需要将它包含在任何想要访问它的类中。

打开 GameBehavior 并做出如下更新。

```csharp
using System.Collections;
using System.Collections.Generic;
using UnityEngine;

// 1
using CustomExtensions;

public class GameBehavior : MonoBehaviour, IManager
{
    // ... No other changes needed ...

    private string _state;
    public string State
    {
        get { return _state; }
        set { _state = value; }
    }

    void Start()
    {
        // ... No changes needed ...
    }

    public void Initialize()
```

```
    {
        _state = "Game Manager initialized..";
        // 2
        _state.FancyDebug();
        Debug.Log(_state);
    }
}
```

对代码的解析如下。

(1) 首先，在文件顶部使用 using 指令添加 CustomExtensions 命名空间。

(2) 然后，在 Initialize()方法中，通过点表示法，对_state 字符串变量调用 FancyDebug()方法，打印出其值所含的字符个数。

使用 FancyDebug()扩展整个字符串类意味着任何字符串变量都可以访问它。由于扩展方法的第一个参数保持着对调用 FancyDebug()的任何字符串值的引用，因此字符串的长度被正确地打印出来，如图 10-6 所示。

图 10-6　自定义扩展的输出

提示说明：
　　自定义类也可以使用相同的语法进行扩展，但如果该类受你所控更常见的做法是直接向类添加额外的功能。

本章探讨的最后一个主题是命名空间，这在本书前面曾简要介绍过。在下一节中，我们将了解命名空间在 C#中扮演的重要角色以及如何创建类型别名。

10.4　命名空间冲突和类型别名

随着应用程序变得越来越复杂，会逐渐将代码划分到不同的命名空间，以确保对可以何时何地进行访问进行控制。除此以外，还可以使用第三方软件工具和插件来节省开发时间，不需要从头开始，而是直接利用他人提供的可用功能。这两种情况都标志着编程能力的提高，但也可能导致命名空间的冲突。

当有两个或更多类或类型具有相同名称时，就会发生命名空间冲突，这种情况的发生比想象中要多。

即便保持良好的命名习惯往往也会产生类似的结果，在不知不觉中需要面对多个名为 Error 或 Extension 的类，而此时 Visual Studio 会抛出错误提示。幸运的是，C#对这些情况提供了一种简单的解决方案：类型别名。

类型别名

定义类型别名允许在给定的类中明确要选择使用哪一个冲突类型，或者为冗长的现有类型创建一个对用户更友好的名称。类型别名需要使用 using 指令在类文件的顶部添加，后跟别名和分配的类型。

```
using AliasName = type;
```

例如，如果想创建一个类型别名来指代现有的 Int64 类型，可以这样做：

```
using CustomInt = System.Int64;
```

现在 CustomInt 是 System.Int64 类型的类型别名，编译器会将其视为 Int64，可以像使用任何其他类型一样使用它。

```
public CustomInt PlayerHealth = 100;
```

类型别名可以用于自定义类型或具有相同语法的现有类型，只要使用 using 指令在脚本文件的顶部声明它们即可。

> **提示说明：**
> 关于 using 关键字和类型别名的更多信息可以查看链接中的 C#文档：https://docs.microsoft.com/en-us/dotnet/csharp/language-reference/keywords/using-directive。

10.5　本章小结

掌握了新的修饰符、方法重载、类的扩展和面向对象的技能，我们距离 C# 旅程的终点就只有一步之遥了。请记住，这些中级知识点旨在激发将所学知识用于更复杂应用的思考，不要把在本章所学视为相关概念的全部。以它们为起点，继续学习下去。

在下一章中，我们将讨论泛型编程的基础知识，获得一些有关委托和事件的实践经验，并以异常处理的概述作为结尾。

10.6 小测验——升级

(1) 哪个关键字会将变量标记为不可修改但需要一个初始值?

(2) 如何创建方法的重载版本?

(3) 类和接口之间的主要区别是什么?

(4) 如何解决类中的命名空间冲突?

不要忘记将你的答案与附录中小测验答案的回答进行比对,看看你的学习效果!

第**11**章
特殊集合类型和 LINQ

在上一章中，我们重新审视了变量、类型和类，了解了除基本功能之外它们还提供了哪些其他功能。在本章中，我们将进一步学习一些新的集合类型并了解它们的中级功能，以及如何使用 LINQ 查询操作对数据进行过滤、排序、变换。

请记住，好程序员不背代码，而是用对的工具做对的事。本章中的每个新集合类型都有其特定的用途。对于大多数需要数据集合的情形，列表或数组就足以应对。然而，当需要临时存储或控制集合元素的顺序，或者更具体地说，需要访问它们的顺序时，可以使用栈和队列。当需要执行的操作取决于集合中每个元素的唯一性时(意味着无重复值)，可以使用哈希集。本章涉及的主题如下：

- 什么是栈
- 如何查看栈顶和出栈
- 如何使用队列
- 如何添加、删除和查看元素
- 如何使用哈希集
- 如何执行集合操作
- 如何用 LINQ 查询过滤数据

11.1 栈

在最基本的层级上，栈是具有相同指定类型的元素的集合。栈的长度是可变的，这意味着它可以根据栈内存放的元素数量而改变。栈与列表或数组之间的重要区别在于元素的存放方式。与列表或数组依据索引来存放元素不同，栈遵循后进先出(LIFO, Last-In-First-Out)的模型,也就是说,栈中的最后一个元素是可访问的第一个元素。当想以逆序访问元素时,这便很有用。值得注意的是,栈可以存储空值和重复值。可以将栈类比为一叠盘子,最后放置的盘子是可以直接拿取的第一个。当它被取出后,倒数第二个放置的盘子便可以被访问,以此类推。

> **提示说明:**
> 本章中的所有集合类型都是 System.Collections.Generic 命名空间的一部分,
> 这意味着在使用它们前需要将以下代码添加到文件的顶部。

```
using System.Collections.Generic;
```

接下来看一下声明栈的基本语法。

声明栈变量需要满足以下要求:

- Stack 关键字,用一对尖括号<>包裹的元素类型,以及唯一的命名。
- 使用 new 关键字在内存中对栈初始化,后跟 Stack 关键字和用一对尖括号包裹的元素类型。
- 一对圆括号,并以分号结尾。

在蓝图中其形式如下所示:

```
Stack<elementType> name = new Stack<elementType>();
```

与过去用过的其他集合类型不同,栈在创建时无法使用元素对其进行初始化。相反地,所有元素必须在栈创建后添加进去。

> **提示说明:**
> C#支持栈类型的非泛型版本,意味着不需要定义栈中元素的类型:

```
Stack myStack = new Stack();
```

然而,与前面的泛型版本相比,此方式更不安全且成本更高,因此更推荐使用上述的泛型版本。可以在下方链接:https://github.com/dotnet/platform-compat/blob/master/docs/DE0006.md 阅读更多 Microsoft 推荐的相关信息。

下一任务是创建一个栈,亲自体验它类中的方法。但在开始之前,为了学习过程更有趣,让我们先创建一个战利品(loot)的结构体。

(1) 在 Scripts 文件夹中空白处右击,然后选择 Create > C# Script,并将脚本命名为 Loot。

(2) 参照下方代码更新 Loot.cs。

```
using System.Collections;
using System.Collections.Generic;
using UnityEngine;

// 1
public struct Loot
{
    // 2
    public string name;
    public int rarity;

    // 3
    public Loot(string name, int rarity)
    {
        this.name = name;
        this.rarity = rarity;
    }
}
```

代码按顺序解析如下:

● 声明一个公共的结构体。

● 添加两个公共变量,一个 string 型用于表示战利品名,一个 int 型用于表示战利品的稀有度。

● 添加一个构造方法,它接收一个 string 和一个 int,并将它们的值赋给结构体的属性。

为了测试这段代码,还需要对 Hero Born 中现存的物品集合的逻辑进行修改,用一个栈存放可能收集到的战利品。栈很适合用作战利品集合,是因为我们不关心是否可以通过索引以获知其中的战利品,我们只要每次获得添进去的最后一个就足够。

(1) 打开 GameBehavior.cs,添加一个新的栈变量,取名 LootStack。

```
// 1
public Stack<string> LootStack = new Stack<string>();
```

(2) 更新 Initialize 方法以向栈添加新物品,如下所示。

```
public void Initialize()
{
    _state = "Game Manager initialized..";
    _state.FancyDebug();
    Debug.Log(_state);
```

```
// 2
LootStack.Push(new Loot("Sword of Doom", 5));
LootStack.Push(new Loot("HP Boost", 1));
LootStack.Push(new Loot("Golden Key", 3));
LootStack.Push(new Loot("Pair of Winged Boots", 2));
LootStack.Push(new Loot("Mythril Bracer", 4));
}
```

(3) 在脚本的底部添加一个新的方法，打印输出栈信息。

```
// 3
public void PrintLootReport()
{
    Debug.LogFormat("There are {0} random loot items waiting
        for you!", LootStack.Count);
}
```

(4) 打开 ItemBehavior.cs，从 GameManager 实例调用 PrintLootReport 方法。

```
void OnCollisionEnter(Collision collision)
{
    if (collision.gameObject.name == "Player")
    {
        Destroy(this.transform.parent.gameObject);
        Debug.Log("Item collected!");
        GameManager.Items += 1;

        // 4
        GameManager.PrintLootReport();
    }
}
```

代码解析如下。

(1) 创建一个元素类型为 string 的空栈，用来存放接下来要添加的 loot 项。

(2) 用 Push 方法将 Loot 对象添加入栈(已通过名称和稀有度初始化)，每次栈的规模增长 1。

(3) 每当调用 PrintLootReport 方法时，打印输出栈内元素的数量。

(4) 每当玩家收集到一个战利品，便调用 OnCollisionEnter 中的 PrintLootReport 方法，该方法在早先介绍碰撞体的章节中已配备好。

单击 Play，收集一个物品预制件，查看打印输出的新 Loot 报告，如图 11-1 所示。

实际上，当我们在游戏中收集物品时，并没有将物品从栈中扣除，计数将一直是 5。下一个任务便是使用 Stack 类的 Pop()和 Peek()方法来解决这个问题。

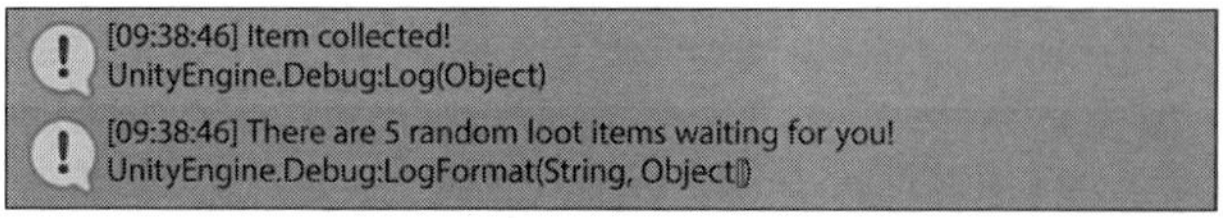

图 11-1　栈的输出

11.1.1　出栈(Pop)和查看栈顶(Peek)

我们已知栈使用"LIFO"方式存放元素，但要访问这个令人熟悉又陌生的集合类型中的元素就需要用到出栈(Pop)和查看栈顶(Peek)。

- Peek()方法返回栈内的下一个项而不将其移除，使我们可以"窥探(Peek)"它而不更改任何内容。
- Pop()方法返回并移除栈内的下一个项，本质上是将该项"弹出(Pop)"并将其交付给我们。

这两种方法既可以单独使用，也可以结合使用，具体取决于实际需要。接下来我们将动手体验这两种方法。

下面的任务是取出添加到 LootStack 的最后一项。在之前的示例中，最后一个元素是通过 Initialize 方法以编程的方式确定的，但我们总可以在 Initialize 方法中通过编程将战利品以随机的顺序添入栈中。无论哪种方式，用以下代码更新 GameBehavior 中的 PrintLootReport()方法。

```
public void PrintLootReport()
{
    // 1
    var currentItem = LootStack.Pop();

    // 2
    var nextItem = LootStack.Peek();

    // 3
    Debug.LogFormat("You got a {0}! You've got a good chance of finding a
{1} next!", currentItem.name, nextItem.name);
    Debug.LogFormat("There are {0} random loot items waiting for you!",
LootStack.Count);
}
```

所发生的事解析如下：

(1) 对 LootStack 调用 Pop 方法，移除栈顶下一项，并将它存储起来。不要忘记，栈内元素遵循 LIFO 的顺序。

(2) LootStack 调用 Peek 方法，存储栈顶下一项但不移除它。

(3) 添加新的调试日志以打印出"弹出"的道具和栈内下一项。

可以从控制台看到，添加到栈中的最后一项 Mythril Bracers(秘银护腕)首先出栈，然后是 Pair of Winged Boots(一双带翅膀的鞋)，它被"窥视"(peek)到了但没有被移除。LootStack 还剩四个可以访问的元素，如图 11-2 所示。

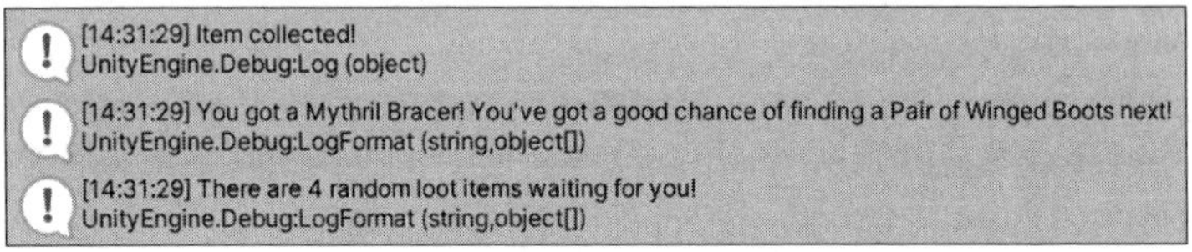

```
[14:31:29] Item collected!
UnityEngine.Debug:Log (object)

[14:31:29] You got a Mythril Bracer! You've got a good chance of finding a Pair of Winged Boots next!
UnityEngine.Debug:LogFormat (string,object[])

[14:31:29] There are 4 random loot items waiting for you!
UnityEngine.Debug:LogFormat (string,object[])
```

图 11-2   对栈执行出栈和查看栈顶的输出

玩家现在可以按照入栈的逆序取出战利品。例如，取出的第一项总会是 Mythril Bracer，跟着是 Pair of Winged Boots，然后是 Golden Key(金钥匙)，以此类推。

既然已掌握如何创建、添加和查询栈中元素，那么下面继续学习栈的一些常用方法。

11.1.2   常用方法

本小节中的每个方法都只是达到示例的目的，由于我们不需要它们的功能，因此它们不包含在我们的游戏中。

(1) 首先，可以使用 Clear 方法清空或删除栈内的全部内容。

```
// Empty the stack and reverting the count to 0
LootStack.Clear();
```

(2) 如果想知道某元素是否存在于栈中，可以使用 Contains 方法指定要查找的元素。

```
// Returns true for "Golden Key" item
var itemFound = LootStack.Contains("Golden Key");
```

(3) 如果需要将栈内元素复制到数组，CopyTo 方法将允许为复制操作指定目的地和起始索引位置。当需要将栈内元素插入某数组内的指定位置时，该功能将特别有用。要注意的是，栈元素复制到的那个数组必须已经存在。

```
// Creates a new array of the same length as LootStack
string[] CopiedLoot = new string[5];
/*
```

```
Copies the LootStack elements into the new CopiedLoot array at index
0. The index parameter can be set to any index where you want the
copied elements to be stored
*/
LootStack.CopyTo(copiedLoot, 0);
```

(4) 如果需要将栈转换为数组，只需要使用 ToArray 方法即可。此转换将基于栈创建一个新数组，与 CopyTo 方法不同，后者是将栈元素复制到某一已有数组。

```
// Copies an existing stack to a new array
LootStack.ToArray();
```

提示说明：

关于栈方法的完整列表可查看以下链接处的 C#文档：https://docs.microsoft. com/en-us/dotnet/api/system.collections.generic.stack-1?view=netcore-3.1。

对栈的介绍到此结束，下一节将介绍它的表亲——队列。

11.2　队列

与栈一样，队列是相同类型的元素或对象的集合。队列的长度就像栈一样是可变的，这意味着它的规模随着元素的添加或删除而变化。然而，队列遵循先进先出(FIFO，First-In-First-Out)的模式，即队列中的第一个元素也是第一个可访问的元素。值得注意的是，队列可以存储空值和重复值，但不能在创建时使用元素进行初始化。本节出现的代码仅作为示例的目的，不包含在我们的游戏中。

声明队列变量需要满足以下要求：

- Queue 关键字，被一对尖括号包裹的元素类型，唯一的名称。
- new 关键字，用于在内存中初始化队列，后跟 Queue 关键字和被一对尖括号包裹的元素类型。
- 一对圆括号，以分号结尾。

用蓝图来描述的话，声明队列的形式如下：

```
Queue<elementType> name = new Queue<elementType>();
```

提示说明：

C#支持队列的非泛型版本，不需要定义其中存放元素的类型。

```
Queue myQueue = new Queue();
```

然而，与前面的泛型版本相比，此方式安全性低且成本更高。更多相关信息可参阅 Microsoft 的推荐内容：https://github.com/dotnet/platform-compat/blob/master/docs/DE0006.md。

一个空的队列并没什么用，我们还希望能够在需要时添加、删除和查看队列内元素，这便是下一节的主题。

添加、删除和查看

其实，上一节中的 LootStack 变量更易成为一个队列。但为了提高效率，不要把接下来的代码放入我们游戏的脚本中。尽管如此，仍鼓励读者在自己的代码中随意探索这些类的差异或相似之处。

● 要创建一个元素是字符串的队列，可使用以下方式：

```
// Creates a new Queue of string values.
Queue<string> activePlayers = new Queue<string>();
```

要将元素添加到队列，结合要添加的元素调用 Enqueue 方法。

```
// Adds string values to the end of the Queue.
activePlayers.Enqueue("Harrison");
activePlayers.Enqueue("Alex");
activePlayers.Enqueue("Haley");
```

● 要查看队列中的第一个元素而不移除它，可以使用 Peek 方法。

```
// Returns the first element in the Queue without removing it.
var firstPlayer = activePlayers.Peek();
```

● 要返回并移除队列中的第一个元素，可以使用 Dequeue 方法。

```
// Returns and removes the first element in the Queue.
var firstPlayer = activePlayers.Dequeue();
```

掌握了如何使用队列的基本功能后，可以随意探索由队列类提供的中级或进阶的方法。

> **提示说明：**
> 队列和栈共享几乎完全相同的功能，因此不再赘述。可以在 C#文档中找到关于它们的方法和属性的完整列表：https://docs.microsoft.com/dotnet/api/system.collections.generic.queue-1?view=netcore-3.1。

在结束本章之前，让我们再看一下哈希集这个集合类型，以及那些专门与哈希集适配的数学运算。

11.3　哈希集

本章介绍的最后一个集合类型是哈希集。这个集合与之前遇到的任何其他集合类型都非常不同：它不能存放重复值且没有顺序，这意味着它的元素不能以任何方式排序。可以将哈希集想象为一种只有键的字典，而不是键值对。

哈希集可以极快地进行集合操作和元素查找，这将在本节末尾进行介绍。同时，哈希集极适合用于元素顺序和唯一性为最优先考虑的情况。

声明一个哈希集变量需要满足以下要求：

- HashSet 关键字，将其元素类型介于左右尖括号之间，以及唯一的名称。
- new 关键字，用于在内存中进行初始化，后跟 HashSet 关键字和被左右尖括号包裹的元素类型。
- 一对圆括号并以分号结束。

用蓝图描述的话，声明哈希集的形式如下所示。

```
HashSet<elementType> name = new HashSet<elementType>();
```

与栈和队列不同，可以在声明变量时使用默认值初始化哈希集。

```
HashSet<string> people = new HashSet<string>();
// OR
HashSet<string> people = new HashSet<string>() { "Joe", "Joan", "Hank"};
```

要添加元素，可以使用 Add 方法并指定新元素。

```
people.Add("Walter");
people.Add("Evelyn");
```

要移除元素，可以调用 Remove 方法并指定要从中删除的元素。

```
people.Remove("Joe");
```

以上内容都比较简单，随着编程旅程的继续，你应对上述内容不再陌生。能进行集合操作是哈希集真正"闪光"的地方，接下来将介绍它。

执行集合操作

集合操作需要满足两点：一个调用的集合对象，以及一个传入的集合对象。调用的集合对象是想要基于某种操作编辑的哈希集，而传入的集合对象用于集合操作时进行比对。我们将通过下方的代码介绍更多的细节，但首先让我们介绍编程时最常出现的三种主要集合操作。

在以下的定义中，currentSet 指某个哈希集，由该哈希集调用某种操作的方法。而 specifiedSet 指的是传入哈希集方法的参数。对哈希集的修改始终作用于当前集合 currentSet 上:

```
currentSet.Operation(specifiedSet);
```

本节将使用三个主要的集合操作:

- UnionWith 会将当前集合和指定集合的元素合并到一起。
- IntersectWith 只存储那些同时存在于当前和指定集合中的共同元素。
- ExceptWith 从当前集合移除指定集合中的元素。

> **提示说明:**
> 还有两组处理子集和超集计算的集合操作，但它们针对的特定用例超出了本章范围。这些方法的所有相关信息可访问: https://docs.microsoft.com/en-us/dotnet/api/system.collections.generic.hashset-1?view=netcore-3.1。

假设有两个玩家名称的集合，分别用于活跃玩家和非活跃玩家。

```
HashSet<string> activePlayers = new HashSet<string>() { "Harrison",
"Alex", "Haley"};
HashSet<string> inactivePlayers = new HashSet<string>() { "Kelsey",
"Basel"};
```

可以使用 UnionWith 操作来编辑其中一个集合，使其包含两个集合中的所有元素。

```
activePlayers.UnionWith(inactivePlayers);
/* activePlayers now stores "Harrison", "Alex", "Haley", "Kelsey",
"Basel"*/
```

再假设有两个不同的集合，分别用于活跃玩家和高级会员玩家。

```
HashSet<string> activePlayers = new HashSet<string>() { "Harrison",
"Alex", "Haley"};
HashSet<string> premiumPlayers = new HashSet<string>() { "Haley",
"Basel"};
```

可以使用 IntersectWith 操作来找到那些既是活跃的同时也是高级会员的玩家。

```
activePlayers.IntersectWith(premiumPlayers);
// activePlayers now stores only "Haley"
```

如果想找到所有那些不是高级会员的活跃玩家，该怎么办？可以通过调用 ExceptWith 来实现与 IntersectWith 操作相反的操作。

```
HashSet<string> activePlayers = new HashSet<string>() { "Harrison",
"Alex", "Haley"};
HashSet<string> premiumPlayers = new HashSet<string>() { "Haley",
"Basel"};
activePlayers.ExceptWith(premiumPlayers);
// activePlayers now stores "Harrison" and "Alex" but removed "Haley"
```

提示说明：
请注意，这里展示每种操作时使用了两个示例集的全新实例，因为在每个操作执行后都会改变当前集合。如果一直使用相同的集合，将会得到不同的结果。

现在已掌握如何使用哈希集进行快速的数学操作，是时候将所学知识汇总和梳理一下了。

11.4　关于中级集合的小结

在继续学习之前，让我们总结归纳一下所学知识中的一些关键点。这些不总是与我们构建的游戏原型一对一关联的主题也需要我们额外的关注。此刻你可能会疑问："为什么要用到这些额外的集合类型？明明列表就可以应对所有事情。"这是个好问题。简单的回答是，当栈、队列、哈希集用于正确的情况时，相较于列表它们能提供更好的性能。例如，当需要按照特定顺序存放且需要以特定顺序访问时，栈会比列表更高效。

而复杂一点的回答是，使用不同的集合类型强制了代码被允许与集合和其元素互动的方式。这是良好代码设计的标志，因为它有助于帮你计划如何使用集合，消除了其中的不确定性。如果处处使用列表，当不记得要执行什么功能时，事情就会变得混乱。

如同在本书学到的每件事，为手头的工作选择对的工具总是最好的。更重要的是，我们需要储备不同的工具以备不时之需。

11.5 用 LINQ 查询数据

本章介绍了存储元素或值序列的几种不同的方式,但未提及的一件事是如何从数据中获取指定的子集。目前,游戏的战利品存放在一个栈的变量中,我们总可以按照它们存放的顺序将下一个战利品元素弹出。但当想要把栈(或任何其他介绍过的集合类型)过滤出满足预定准则的特定元素时,这毫无用处。

比如,假设想要获得一个战利品栈中所有稀有度值大于或等于 3 的元素的列表。毫无疑问地,我们可以使用循环遍历语句,但如果想要为过滤器添加更多的参数,就会导致过多的代码量和大量的人工检验。取而代之的是,C#有一系列专门用于查询数据的技术,称为 LINQ,即 Language Integrated Query(语言集成查询)。LINQ 速度快,且最重要的是,它可自定义以应对复杂的数据过滤需求。本章的余下部分将介绍它。

11.5.1 LINQ 基础

理解 LINQ 的最佳方式是将查询视为提问。当有一组数据想要缩减或过滤时,基本上是向数据提问,例如:有哪些元素满足了 A 和 B 的要求且拒绝了 C 的要求? LINQ 的强大功能之一是这些问题已经以扩展方法的形式存在了,甚至可以将它们连在一起形成更复杂的查询。

> **提示说明:**
> LINQ 扩展方法可以用于任何实现了 IEnumerable<T>接口的集合类型,包括列表、字典、队列、栈和数组。可以在下方链接中找到扩展方法的完整列表:
> https://learn.microsoft.com/dotnet/api/system.linq.enumerable。

缺少了确凿的示例,上述内容便可能令人困惑,因此让我们看一下 LINQ 查询背后处理过程的三个步骤。

(1) 第一步,需要一个数据源 ——一个集合类型,其中存放了所有想要过滤、排序或分类的数据元素。

(2) 第二步,创建一个查询 ——一个要用于正在处理的数据源上的规则。以分数的例子为例,可以通过设置一个谓词(predicate),用 Where 扩展方法过滤分数值。谓词是一个规则或判定标准,用于评估某个条件。

(3) 第三步,运行查询 ——需要使用循环语句遍历数据源,以执行查询命令。这被称为延迟执行(deferred execution)。

由于游戏内已经有了一个战利品的栈，让我们写一个查询来基于稀有度过滤战利品。

(1) 打开 GameBehavior.cs，在脚本顶部加入一个新的 using 指令，来访问 LINQ 扩展方法。

```
using System.Linq;
```

(2) 在 PrintLootReport 之后添加一个新的方法，使用 Where 扩展方法创建一个新的查询变量。

```
public void FilterLoot()
{
    var rareLoot = LootStack.Where();
}
```

(3) 当在 Where 方法后添加首个括号时，Visual Studio 会提示该扩展方法期待一个委托(delegate)形式的谓词参数(实参)，该委托形式具有特定的方法签名(在本例中为 Func<Loot, bool>，如图 11-3 所示)。

(4) 委托是一个 C#类型，它可以持有对方法的引用——就好比整型持有数字，而字符串持有文本字符。存在委托中的方法具有输入参数和返回类型，与目前为止见到的普通方法一样。委托的真正神奇之处在于它们可以用作其他方法的参数(实参)，也就是用于 LINQ 查询的情况。我们将在第 13 章中介绍更多关于委托的内容，但目前只要将它们理解为方法的容器即可。

> 提示说明
>
> 如果想提前了解委托，可以阅读下方链接: https://learn.microsoft.com/dotnet/csharp/programming-guide/delegates。

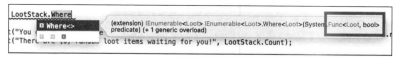

图 11-3　用于 Where 扩展方法的谓词签名

(5) 由于需要一个能匹配 Where 扩展方法谓词参数的委托或方法，在 FilterLoot 下方创建一个新的方法来检查某战利品项的稀有度是否大于或等于 3。

(6) 需要匹配的谓词方法签名是 Func<Loot, bool>，意味着我们需要一个方法能够接受一个战利品项作为实参，并返回一个布尔值。每次 Where 查询遍历一个战利品项，它将评估谓词条件并返回 true 或 false。

```
public bool LootPredicate(Loot loot)
{
    return loot.rarity >= 3;
}
```

(7) 现在我们有了一个具有匹配签名的方法，可以将 LootPredicate 传入 Where 方法，并在循环迭代每一项的同时打印调试日志。需要记住的是，在遍历数据源之前查询不会生效。

```
public void FilterLoot()
{
    var rareLoot = LootStack.Where(LootPredicate);

    foreach (var item in rareLoot)
    {
        Debug.LogFormat("Rare item: {0}!", item.name);
    }
}
```

(8) 最后，调用 Initialize 方法底部的 FilterLoot 方法并单击 Play。

```
public void Initialize()
{
    _state = "Game Manager initialized..";
    _state.FancyDebug();
    Debug.Log(_state);

    LootStack.Push(new Loot("Sword of Doom", 5));
    LootStack.Push(new Loot("HP Boost", 1));
    LootStack.Push(new Loot("Golden Key", 3));
    LootStack.Push(new Loot("Pair of Winged Boots", 2));
    LootStack.Push(new Loot("Mythril Bracer", 4));

    FilterLoot();
}
```

让我们总结一下上述过程。

(1) 添加 System.Linq 命名空间以访问 LINQ 扩展方法。

(2) 创建一个方法用以存放 LINQ 查询，用 Where 扩展方法将不满足要求的战利品项过滤掉。

(3) 创建一个委托方法，该委托方法会接收一个战利品项并检查其稀有度是否大于或等于 3。

(4) 用该委托方法作为 LINQ 的谓词，通过循环遍历战利品栈的方式执行查询。

(5) 游戏运行时,将在控制台看到打印输出三个战利品,而不是全部五个战利品,因为只有三个战利品的稀有度值等于或高于 3。值得注意的是,输出物品的顺序与它们被添加入栈的顺序是一致的。见图 11-4。

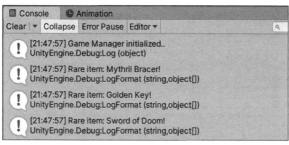

图 11-4 LINQ 过滤查询的输出

尽管一时有很多新信息和技术需要消化,但终点就在不远处。我们可以为每个评判标准创建委托,C#具有一个便利的语法让管理和阅读的过程更简单,它就是 Lambda 表达式。

11.5.2 lambda 表达式

(1) lambda 表达式是匿名的方法,意味着它们没有也不需要命名,但仍然具有方法的实参参数(输入)和返回类型,这使它们特别适合用于 LINQ 查询。

(2) lambda 表达式的语法模板如下所示:

```
input => expression
```

(3) 如同局部变量,input 的名称取决于我们,C#会根据 LINQ 扩展方法推理出正确的类型。

(4) 上方模板中的=>符号意味着“去执行这个方法表达式”。

(5) 例如在我们的示例中,可以用一个 lambda 表达式将整个 LootPredicate 方法转变为一行代码。由于 Where 方法会期待一个 Loot 的输入类型和一个 bool 的返回类型,因此将 FilterLoot 中的谓词替换为一个 lambda 表达式。

```
public void FilterLoot()
{
    var rareLoot = LootStack.Where(item => item.rarity >= 3);

    foreach (var item in rareLoot)
```

284 | Unity 和 C#游戏编程入门(第 7 版)

```
    {
        Debug.LogFormat("Rare item: {0}!", item.name);
    }
}
```

代码解析如下：

(1) 指定 item 作为输入的名称，它代表 LootStack 中的每一个 Loot 元素。

(2) 使用=>语法除去对完整地声明一个新方法的需要。

(3) 用与在 LootPredicate 中同样的方式编写谓词，在使用了 lambda 表达式后它只有一行。

(4) 再次运行游戏时，将在控制台看到完全相同的输出，但代码变得更简洁了，这使将多个 LINQ 操作链接到一起变得更加简单，下面我们将具体介绍。

11.5.3 链式查询

在我们的游戏中，用单一查询就能过滤战利品项，但 LINQ 的真正强大实力是，它可以通过将扩展方法链接到一起以创建自定义的复杂查询。链式查询类似于写一段话：用句号将每个想法分隔开来，但仍需要按照顺序阅读它们。

下一个任务便是要向战利品栈中添加第二个查询，当物品通过 LINQ 语句过滤出来后，紧接着指定这些稀有物品的顺序。用如下的方式更改 rareLoot 查询：

```
var rareLoot = LootStack
.Where(item => item.rarity >= 3)
.OrderBy(item => item.rarity);
```

参照第一个查询，代码解析如下：

(1) 向 LootStack 添加了一个 LINQ 扩展方法，这次用 OrderBy 方法。

(2) 用 lambda 表达式要求物品按照其稀有度从低到高排序。

为使代码更清晰，实践中最好让每个 LINQ 查询自成一行，用一个点符号作为开头。当面对更复杂的查询时，这样的方式更便于阅读和理解其查询过程。

(3) 再次运行游戏时会看到稀有物品的排序改变了，首先显示的是 Golden Key，因为在能通过过滤器的物品中它的稀有度最低，以此类推。如图 11-5 所示。

(4) C#提供了各种各样的 LINQ 扩展方法，相对简单的战利品示例只是数据管理的冰山一角。查询可链接在一起的数量并没有限制，想要多复杂都可以！

下一节我们将介绍过滤选项中最强大的一个——用 LINQ 查询将过滤后的数据转换为新的类型。

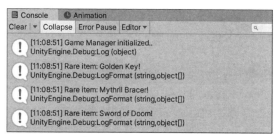

图 11-5　LINQ 排序查询的输出

11.5.4　将数据转换为新类型

很自然地，数据会变得越来越复杂。在有些情况下，要查询的每个元素都含有大量的信息。假设我们有一个玩家数据库，将玩家的信息保存在一个列表中，我们并不是无时无刻都需要每个玩家的全部属性，特别是当要查询的项目自身具有巨量信息时。例如，在过滤掉不想要的玩家后，可能只需要每个玩家的名字、等级和最高分数，但不需要他们的电子邮箱地址或位置。遇到这种情况时，Select 扩展方法便能派上用场。

Select 扩展方法可以将从 LINQ 查询获得的数据转换为新的类型，而不需要在 LINQ 查询之外做任何事。我们不仅可以执行过滤和排序的要求，还可以指定从前一步输出信息的方式。

在我们的示例中，每个 Loot 项只有两个属性——name 和 rarity。接下来更新当前的 LINQ 查询，使其可以在确定物品的稀有度之后将稀有度值剔除。

在 GameBehavior.cs 中，更改 rareLoot 查询，添加 Select 扩展方法以创建一个新的匿名类型。

```
var rareLoot = LootStack
.Where(item => item.rarity >= 3)
.OrderBy(item => item.rarity)
.Select(item => new
{
    item.name
});
```

匿名类型可以将属性封装在一个对象中，而不需要显式地定义该对象的类型，好比一个可以创建新对象而不需要增加声明语法的捷径。它非常适用于 LINQ 查询，因为我们不需要仅仅为了要将过滤后的数据投射到一个新的包含类型中，而去费尽脑力创建一个新的对象类。

新代码的解析如下：

(1) 添加了一个 Select LINQ 扩展方法，它指定我们想要哪些 Loot 的属性可以继续保留到新的类型中。

(2) 给输入的 item 命名，再次使用=>语法，但表达式使用与创建对象相同的语法，即利用 new 关键字和一对花括号{}。

(3) 在表达式的括号内，加入想要保留的属性 item.name，这会将 rarity 属性从刚创建的新匿名类型中剔除。

(4) LINQ 查询结果的匿名类型将会是一个 Loot 类型的物品但只有一个 name 属性。

再次运行游戏，控制台上不会看到任何的不同。但如果试着通过调式日志访问任一物品的稀有度属性，则会收到报错，因为新的匿名类型不包含稀有度属性。

再次重申，在不需要用到查询项的所有数据的情形下，将查询后元素转换为缩减版的新匿名类型使处理大规模数据变得更简单、更轻便，最重要的，变得更快速。

在本章结束前关于 LINQ 还有一点需要介绍，它有助于保持代码的整洁，那就是——LINQ 查询理解句法(LINQ query comprehension syntax)

11.5.5 用可选语法化简

C#语言一直尝试为开发者营造更高效、更具可读性的开发环境，LINQ 也不例外。LINQ 的解析式查询语法最早出现在 C# 3.0 版本，至今已有一段时间，且是否使用它完全是可选的。本质上，它是一种撰写 LINQ 查询更激进的简写方式，不需要 lambda 表达式。从经验上说，它是读写 LINQ 查询最简单的方式。

下一个任务是要将稀有战利品的查询从之前的方法和 lambda 表达式代码转换为查询解析语法。在 GameBehavior.cs 中，将 rareLoot 查询做出如下更改。

```
// 1
var rareLoot = from item in LootStack
               // 2
               where item.rarity >= 3
               // 3
               orderby item.rarity
               // 4
               select item;
```

查询流程看似并不陌生，语法的不同之处解析如下：

(1) 首先，从数据源 LootStack 中取出每一个输入项。该语法意味着我们不需要像在 lambda 表达式中那样明确地在随后的查询中写出输入。

(2) 其次，使用不需要点表示法的 where 查询(注意首字母小写)，后面直接跟着谓词表达式。

(3) 然后，添加另一个 orderby 查询(首字母小写)，也不需要用点表示法，使用与前面示例相同的表达式。

(4) 最后，添加 select 查询(首字母小写)，后跟所有查询结果的输入。

若要模拟在最后一行转换为匿名类型，可以用如下的方式：

```
select new { item.name };
```

对于这种选项式的简写方式有个陷阱需要留意，只有最常用的扩展方法才有其对应的解析式查询语法。尽管如此，我们还可以将选项式的简写方式与 lambda 表达式的方式一起使用，只需要一点额外的语法。

例如，如果想要在查询中跳过首个稀有的物品(没有等价的解析式语法)，可以用圆括号将选项式语法括起来，然后继续通过点表示法使用扩展方法。

```
var rareLoot = (from item in LootStack
                where item.rarity >= 3
                orderby item.rarity
                select new { item.name })
                    .Skip(1);
```

再次运行游戏将看到 Golden Key 从过滤出的稀有战利品中被移除了，而其他结果照旧，如图 11-6 所示。

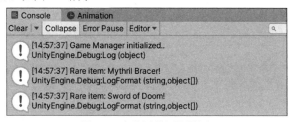

图 11-6　选项式查询语法的输出

对于游戏和应用中的信息管理，LINQ 是一个强大的工具，但也是一个充满了各种可能性的领域。探索数据查询的脚步不要停止，运用和扩展这些基础知识以最大限度地利用数据！

11.6　本章小结

恭喜你，本章的学习已经快到终点了！在本章中，我们介绍了三种新的集合类型，以及如何在不同情况下使用它们。

如果想以与添加元素相反的顺序访问集合元素，用栈会非常适合；如果想按顺序访问元素，则队列是最佳选择。同时，无论是栈还是队列，两者都很适用于临时存储。这些集合类型与列表或数组之间的重要区别在于如何通过弹出和查看操作访问元素。最后，对全能的哈希集及其高性能的数学集合操作进行了学习。这对于需要处理唯一值并对大型集合执行加、减、比较等操作的情况很关键。

在下一章，随着越来越接近本书的结束，我们将更深入地了解有关 C#的中级知识，包括委托、泛型等。即使掌握了所有知识，那也只是另一新旅程的开始。

11.7　小测验——中级的集合

(1) 哪种集合类型使用 LIFO 模型存储其元素？

(2) 哪种方法可以查询栈中的下一个元素而不删除它？

(3) 栈和队列可以存储空值吗？

(4) 如何从一个哈希集减去另一个？

不要忘记将你的答案与附录中小测验答案的回答进行比对，看看你的学习效果！

第**12**章
保存、加载与数据序列化

任何游戏都离不开数据，无论是玩家状态、游戏进度或是多人在线游戏的记分板。游戏也需要管理内部数据，意味着程序员使用硬编码的信息构建关卡、关注敌人状态，以及编写有用的实用工具程序。换言之，数据无处不在。

在本章中我们将从了解 C#和 Unity 如何处理计算机文件系统开始，然后学习如何读取、写入以及序列化游戏数据。重点是使用三种最常见的数据格式：文本文件、XML 及 JSON。

经过本章的学习，你将会对计算机的文件系统、数据格式、基本的读写方法等有一定的基础了解。这将是构建游戏数据、为玩家创建更丰富和沉浸的游戏体验的基础。本章也是思考哪些游戏数据足够重要需要保存，以及 C#类和对象如何呈现在不同的数据格式中等问题的好地方。

本章将介绍以下主题：

- 文本、XML 及 JSON 的数据格式
- 文件系统
- 使用不同的数据流类型
- 读写游戏数据
- 序列化对象

12.1　数据格式

数据在程序中能够以不同的形态存在，在数据之旅的开始应熟悉以下三种格式。

- 文本，就如同你正在阅读的。
- XML(Extensible Markup Language)，是编码文档信息的好方式，对人类和计算机都是可读的。
- JSON(JavaScript Object Notation)，一种人类可读的文本格式，由属性值对和数组构成。

以上的每一种数据格式都有其自身的优势和劣势，它们在编程中的应用也是如此。举例来说，文本通常用于存储简单、非层次化或嵌套的信息。XML 更适合将信息以文档的格式存储起来，而 JSON 有着更多元的功能范畴，特别是在使用数据库信息以及服务器间的应用通信时。

提示说明:
可以在下方链接找到关于 XML 和 JSON 的更多信息，有关 XML 查看: https://www.xml.com，有关 JSON 查看: https://www.json.org。

对于任何一种编程语言来说，数据都是一个庞大的话题，因此接下来的两节让我们先从了解 XML 和 JSON 的格式开始。

12.1.1 解构 XML

典型的 XML 文件具有标准化的格式。XML 文档的每个元素都有一个开始标签 (<element_name>) 和结束标签 (</element_name>)，且支持标签属性 (<element_name attribute= "attribute_name"></element_name>)。一个基本的 XML 文件会以版本号和使用的编码形式作为开头，然后是起始或根元素，接着是一个个元素项，最后是结束元素。用蓝图的形式描述会如下所示:

```
<?xml version="1.0" encoding="utf-8"?>
<root_element>
    <element_item>[Information goes here]</element_item>
    <element_item>[Information goes here]</element_item>
    <element_item>[Information goes here]</element_item>
</root_element>
```

XML 数据也可以通过利用子元素来存储更复杂的对象。例如，可以使用我们先前写好的 Weapon 类将武器列表转为 XML。由于每个武器都有其名称和伤害值的属性，因此它的 XML 将如下所示:

```
// 1
<?xml version="1.0"?>
// 2
```

```
<ArrayOfWeapon>
   // 3
   <Weapon>
   // 4
      <name>Sword of Doom</name>
      <damage>100</damage>
   // 5
   </Weapon>
   <Weapon>
      <name>Butterfly knives</name>
      <damage>25</damage>
   </Weapon>
   <Weapon>
      <name>Brass Knuckles</name>
      <damage>15</damage>
   </Weapon>
// 6
</ArrayOfWeapon>
```

对上面的示例解析如下：

(1) XML 文档以所使用的版本号作为开头。

(2) 声明一个根元素以存放各元素项，以 ArrayOfWeapon 作为其开始标签。

(3) 用一个名为 Weapon 的开始标签创建一个武器项。

(4) 通过开始和结束标签为该武器添加 name 和 damage 子属性，每个子属性各处一行。

(5) 关闭该武器项，并以同样的方式再添加两个武器项。

(6) 关闭根元素 ArrayOfWeapon，标志着该 XML 文档的结束。

好消息是，在应用中并不必须手动地将数据写成如上的格式。C#具有一个类和方法库，专门用于帮助我们将简单的文本和类对象直接转换为 XML。

我们将稍后研究实际的代码示例，但首先，我们需要了解 JSON。

12.1.2　解构 JSON

JSON 的数据格式与 XML 类似，但它没有标签。取而代之的是，在 JSON 中的一切都基于属性与值的对，就像在第 4 章中学习过的字典集合类型。每个 JSON 文档都以双亲字典开始，在其中存放了所有需要的属性-值的对。这些字典用开始和结束的花括号(\{\})进行标记，用冒号将每个属性和值分隔开，而每个属性-值的对用一个逗号分隔。

```
// Parent dictionary for the entire file
{
    // List of attribute-value pairs where you store your data
    "attribute_name": value,
    "attribute_name": value
}
```

可以通过将属性-值对的值设置为另一组属性-值对的方式，使 JSON 具有子结构或嵌套结构。例如，如果想要存储一个武器，便可以如下方代码所示操作。

```
// Parent dictionary
{
    // Weapon attribute with its value set to a child dictionary
    "weapon": {
        // Attribute-value pairs with weapon data
        "name": "Sword of Doom",
        "damage": 100
    }
}
```

最后，JSON 数据通常由列表、数组或对象组成。接续我们的示例，如果想要为玩家可选的所有武器存储一个列表，可以使用一对方括号指代一个数组。

```
// Parent dictionary
{
    // List of weapon attributes set to an array of weapon objects
    "weapons": [
        // Each weapon object stored as its own dictionary
        {
            "name": "Sword of Doom",
            "damage": 100
        },
        {
            "name": "Butterfly knives",
            "damage": 25
        },
        {
            "name": "Brass Knuckles",
            "damage": 15
        }
    ]
}
```

我们可以混合并匹配上述技术来存储所需的任何种类的复杂数据，这也是 JSON 的主要强项之一。但与 XML 一样，不要被新的语法惊到。C#和 Unity 都具有帮助类和方法,可以将文本和类对象转换为 JSON,不需要我们做过于繁重的工作。阅读 XML 和 JSON 就好比学习一种新的语言——熟能生巧。很快便能变得自然而然。

现在已介绍了数据格式的基础,可以开始谈谈计算机的文件系统的运作方式,以及哪些属性可以从 C#代码访问。

12.2 了解文件系统

当我们提及文件系统,其实是指文件和文件夹在计算机中是如何被创建、组织和存储的,这些我们早已非常熟悉。当在计算机中创建一个新文件夹,我们便可以为其命名并放入一些文件或其他文件夹中。它用一个图标表示,既便于可视化,也便于拖曳、释放或移动到任何想要的位置。

任何我们在桌面能做的事在代码中也同样可做。所需要的只是文件夹的名称(也称为目录)及其存放的位置。每当要添加文件或子文件夹时,可以引用其双亲目录然后添加新内容。

为了更深入地理解文件系统,让我们开始构建在第 10 章中已经创建并附加到 Hierarchy 中的 Game Manager 对象上的 DataManager 类。

打开 DataManager 脚本,参照下方的代码进行更改以输出文件系统的若干属性。

```
using System.Collections;
using System.Collections.Generic;
using UnityEngine;

// 1
using System.IO;

public class DataManager : MonoBehaviour, IManager
{
    // ... No variable changes needed ...

    public void Initialize()
    {
        _state = "Data Manager initialized..";
        Debug.Log(_state);

        // 2
        FilesystemInfo();
    }
```

```
public void FilesystemInfo()
{
    // 3
    Debug.LogFormat("Path separator character: {0}",
        Path.PathSeparator);
    Debug.LogFormat("Directory separator character: {0}",
        Path.DirectorySeparatorChar);
    Debug.LogFormat("Current directory: {0}",
        Directory.GetCurrentDirectory());
    Debug.LogFormat("Temporary path: {0}",
        Path.GetTempPath());
}
}
```

对代码的解析如下。

(1) 首先,增添 System.IO 命名空间,它包含操作文件系统所需的所有类和方法。

(2) 调用 FilesystemInfo()方法,该方法将在下一步中创建。

(3) 创建 FilesystemInfo()方法以输出文件系统的若干属性。每个操作系统表示其文件系统路径的方式都是不同的, 路径是指一组用于表示目录或文件位置的字符串。在 Mac 系统上:

- 路径用冒号(:)分隔。
- 目录用斜线(/)分隔。
- 当前目录的路径是 Hero Born 项目存放的位置。
- 临时路径是指文件系统的临时文件夹的位置。

如果使用的是其他平台或操作系统,请确保在操作文件系统之前自行检查 Path 和 Directory 的方法。

运行游戏并查看输出,如图 12-1 所示。

图 12-1　Data Manager 的输出信息

Path 和 Directory 类是下一节为存储数据要构建的基础。它们都是庞大的类,因此建议在继续数据之旅的同时阅读它们的相关文档。

> **提示说明：**
> 可以在下方链接找到有关 Path 类的更多文档：https://docs.microsoft.com/en-us/dotnet/api/system.io.path，有关 Directory 类的文档可以访问：https://docs.microsoft.com/en-us/dotnet/api/system.io.directory。

至此，我们通过 DataManager 脚本输出了文件系统的属性，接下来我们为想要存储数据的位置创建一个文件系统路径。

12.2.1　使用资产路径

在纯 C#的应用中，我们必须选择要存储文件的文件夹，并将该文件夹的路径用字符串的形式写出。然而，作为 Application 类的一部分，Unity 提供了一个便利的预配置路径，该路径可以用于存储游戏的持久化数据。持久化数据是指那些被保存且在每次程序运行时都被保留的信息，它们是玩家信息的理想选择。

> **提示说明：**
> 需要注意的是，Unity 的持久化数据目录是跨平台的，这意味着为 iOS、Android、Windows 或其他平台构建游戏时，它都不同。可以在 Unity 文档中找到更多的相关信息：https://docs.unity3d.com/ScriptReference/Application-persistentDataPath.html。

需要对 DataManager 做的唯一更改是要创建一个私有变量来存放路径字符串。之所以使其是私有的，是因为我们不需要任何其他脚本能够访问或改变它的值。这样 DataManager 只负责所有与数据有关的逻辑，而不需要在乎其他事。

将下方代码所示的变量添加到 DataManager.cs 中：

```
public class DataManager : MonoBehaviour, IManager
{
    // ... No other variable changes needed ...

    // 1
    private string _dataPath;

    // 2
    void Awake()
    {
        _dataPath = Application.persistentDataPath + "/Player_Data/";
```

```
        Debug.Log(_dataPath);
    }

    // ... No other changes needed ...
}
```

对代码的解析如下:

(1) 创建了一个私有变量来存放数据路径的字符串。

(2) 将数据路径字符串设置为应用的 persistentDataPath 值, 使用斜线作为起始和结束来添加一个名为 Player_Data 的新文件夹, 打印输出完整的路径。见图 12-2。

> **说明:**
> 需要注意的是 Application.persistentDataPath 只能用于 MonoBehaviour 内, 如同 Awake()、Start()、Update()等其他方法, 且游戏需要运行时才能为 Unity 返回可行路径。

图 12-2   Unity 持久化数据文件的文件路径

> **提示说明:**
> 由于本书使用的是 Mac 计算机, 因此持久化数据文件夹是嵌套在/User 文件夹之中的。请访问 https://docs.unity3d.com/ScriptReference/Application-persistentDataPath.html 以查看使用其他设备时数据存储的位置。

当使用非 Unity 持久化数据目录这种已预定义好的资产路径时, C#在 Path 类中有一个便利的方法, 称为 Combine, 它能够自动地配置路径变量。Combine() 方法可以接收表示路径成分的四个字符串或字符串数组作为输入参数。例如, User 目录的路径可能如下方代码所示。

```
var path = Path.Combine("/Users", "hferrone", "Chapter_12");
```

通过在路径和目录中间添加分隔字符和正反斜线使任何因跨平台产生的潜在问题都可迎刃而解。

现在我们有了一个路径来存储数据, 让我们在文件系统中创建一个新的目录或文件夹。这将使我们更安全地在多次游戏运行之间存储数据, 与会被删除或覆盖的临时存储相反。

12.2.2　创建或删除目录

创建新目录文件夹的方式非常直观，先检查在相同路径上是否存在相同名称的文件夹，如果没有，则通知 C#创建一个。每人都有各自的方式来处理重复的文件或文件夹，在本章的余下部分我们将再次介绍有关重复检测的代码实现。

我们仍然推荐在实际应用中遵循 Don't Repeat Yourself(DRY，不要重复你自己)的原则，这里重申重复检测代码，旨在让示例更完整且更易被理解。

(1) 将下方代码添加到 DataManager 中：

```csharp
public void NewDirectory()
{
    // 1
    if (Directory.Exists(_dataPath))
    {
        // 2
        Debug.Log("Directory already exists...");
        return;
    }
    // 3
    Directory.CreateDirectory(_dataPath);
    Debug.Log("New directory created!");
}
```

(2) 在 Initialize()中调用新方法：

```csharp
public void Initialize()
{
    _state = "Data Manager initialized..";
    Debug.Log(_state);
    NewDirectory();
}
```

对上述代码的解析如下：

(1) 首先，使用在最后一步创建的路径来检查目录文件夹是否已存在。

(2) 如果它已创建，则在控制台发送一条消息，使用 return 关键字退出方法，不再继续执行下去。

(3) 如果目录文件夹尚未存在，则将数据路径传入 CreateDirectory()方法，然后用调试日志告知创建成功。

运行游戏并确保你在控制台看到正确的调试日志，以及在持久化数据文件夹中看到新目录文件夹，见图 12-3。

图 12-3　新目录的控制台消息

如果找不到它，可以使用前一步打印输出的_dataPath 值，见图 12-4。

图 12-4　创建新目录

如果再次运行游戏，将不会创建重复的目录文件夹，正好满足我们对安全代码的要求，见图 12-5。

图 12-5　创建重复目录文件夹时的控制台消息

删除一个目录与创建一个目录非常相似。先检查目录是否存在，然后使用 Directory 类删除我们传入路径上的任何文件夹。

将下方所示的方法添加到 DataManager 中：

```csharp
public void DeleteDirectory()
{
    // 1
    if (!Directory.Exists(_dataPath))
    {
        // 2
        Debug.Log("Directory doesn't exist or has already been
deleted...");
        return;
    }

    // 3
    Directory.Delete(_dataPath, true);
```

```
        Debug.Log("Directory successfully deleted!");
    }
```

由于我们希望保留刚建立的目录，因此目前不必调用该方法。然而，如果想试试看的话，可以将 Initialize() 中的 NewDirectory() 方法替换为 DeleteDirectory() 方法。

空的目录文件夹没什么用，那么接下来将创建我们的第一个文本文件并将它保存到文件夹中。

12.2.3　创建、更新、删除文件

操作文件与创建或删除目录相似，我们已经具备了所需的基础知识。为了确保没有重复复制数据，我们需要检验数据是否已经存在，只有答案是否定的时候再在新的目录文件夹中创建新文件。

> **提示说明：**
>
> 在本节中我们将使用 File 类，它包含大量有助于实现文件相关操作的功能。可以在链接中找到更详细的功能列表：https://docs.microsoft.com/en-us/dotnet/api/system.io.file。

在开始之前，关于文件有一点要重点说明：在向文件添加文本之前必须先打开该文件，且需要在完成编辑后关闭文件。如果不关闭用程序正在操作的文件的话，该文件将在程序的内存中保持打开。这会在没有实际进行编辑时浪费算力，且可能产生潜在的内存泄露。

> **提示说明**
>
> 我们将为每个想要执行的操作(创建、更新、删除)编写独立的方法，也将针对每种操作情况分别检验当前操作的文件是否已存在。为了能牢牢掌握每种操作过程，本书的此部分内容已经过精心安排。然而，在学习了基础知识后，你当然可以将它们组合成更经济的方法。

参照下方的步骤创建一个新的文本文件。

(1) 为新文本文件添加一个新的私有字符串路径，并在 Awake() 方法中设置它的值。

```
private string _dataPath;
private string _textFile;

void Awake()
```

```
{
    _dataPath = Application.persistentDataPath + "/Player_Data/";
    Debug.Log(_dataPath);
    _textFile = _dataPath + "Save_Data.txt";
}
```

(2) 在 DataManager 中添加一个新方法。

```
public void NewTextFile()
{
    // 1
    if (File.Exists(_textFile))
    {
        Debug.Log("File already exists...");
        return;
    }

    // 2
    File.WriteAllText(_textFile, "<SAVE DATA>\n");

    // 3
    Debug.Log("New file created!");
}
```

(3) 在 Initialize()中调用该新方法。

```
public void Initialize()
{
    _state = "Data Manager initialized..";
    Debug.Log(_state);

    FilesystemInfo();
    NewDirectory();
    NewTextFile();
}
```

新代码的解析如下。

(1) 检查文件是否已经存在，如果存在的话，为了避免重复，通过 return 跳出当前方法。

提示说明:
值得注意的是，当前的方式适用于未来不需要修改的新文件。下个练习将介绍如何更新和覆盖文件中的数据。

(2) 使用 WriteAllText() 方法，它可以一次性地帮助我们实现所有需求。

● 使用路径 _textFile 创建新文件。

● 添加一个标题字符串 <SAVE DATA>，并通过 \n 符号换行。

● 自动关闭文件。

(3) 打印输出调试日志消息以确认各项是否稳定运行。

此刻若运行游戏，将会通过控制台的调试日志(见图 12-6)看到新的文本文件已位于持久化数据文件夹中，见图 12-7。

图 12-6　创建新文件的控制台消息

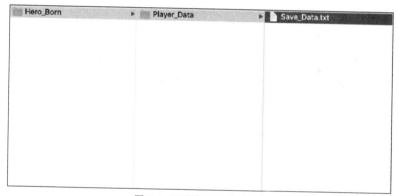

图 12-7　可以看到新文件已创建

我们将执行类似的一组操作来更新新建的这个文本文件的内容。知晓新游戏何时启动总是有必要的，因此下一任务便是通过添加一个方法向数据文件写入游戏启动信息。

(1) 在 DataManager 的顶部新添加 using directive。

```
using System.Collections;
using System.Collections.Generic;
using UnityEngine;
using System.IO;
using System;
```

(2) 向 DataManager 添加一个新方法:

```
public void UpdateTextFile()
{
    // 1
    if (!File.Exists(_textFile))
    {
        Debug.Log("File doesn't exist...");
        return;
    }

    // 2
    File.AppendAllText(_textFile, $"Game started: {DateTime.Now}\n");

    // 3
    Debug.Log("File updated successfully!");
}
```

(3) 在 Initialize()中调用该新方法:

```
public void Initialize()
{
    _state = "Data Manager initialized..";
    Debug.Log(_state);

    FilesystemInfo();
    NewDirectory();
    NewTextFile();
    UpdateTextFile();
}
```

以上代码的解析如下。

(1) 对于之前的 NewTextFile()方法而言,如果文件已存在,而我们并不想复制它,因此直接退出该方法而不做任何更多操作。

(2) 但对于 UpdateTextFile()方法而言,如果文件确实存在,便可以使用另一个称为 AppendAllText 的多合一方法来添加游戏的开始时间。

● 该方法首先打开该文件。

● 将传入方法的参数作为一行新文本添加到文件中。

● 关闭文件。

(3) 打印输出一条日志消息以确认程序是否正常运行。

再次运行游戏,通过控制台消息(见图 12-8)可以看到文本文件中出现了一行新信息,显示了新游戏的日期和时间,见图 12-9。

图 12-8　更新文本文件的控制台消息

图 12-9　更新文本文件数据

为了读取新文件的数据，需要一个方法获取文件的所有文本并将之以字符串的形式返回给我们。幸运的是，这些事 File 类有方法可以做到。

（1）向 DataManager 添加一个新方法。

```
// 1
public void ReadFromFile(string filename)
{
    // 2
    if (!File.Exists(filename))
    {
        Debug.Log("File doesn't exist...");
        return;
    }

    // 3
    Debug.Log(File.ReadAllText(filename));
}
```

(2) 在 Initialize()内调用新方法，将_textFile 作为参数传入。

```
public void Initialize()
{
    _state = "Data Manager initialized..";
    Debug.Log(_state);

    FilesystemInfo();
    NewDirectory();
    NewTextFile();
    UpdateTextFile();
    ReadFromFile(_textFile);
}
```

对新方法的代码解析如下。

(1) 创建一个新方法，它接收一个代表想要读取的文件的字符串参数。

(2) 如果文件不存在，那么不需要执行任何动作，直接退出该方法。

(3) 使用 ReadAllText()方法以字符串的形式获取文件的所有数据，并在控制台上打印输出。

运行游戏，通过控制台消息会看到之前的存档和新信息，见图 12-10。

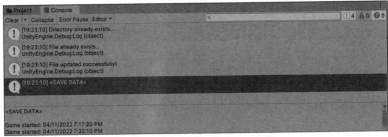

图 12-10　从文件读取保存的文本数据

最后，让我们添加一个方法在需要时删除文本文件。由于希望保留该文本文件，因此我们不会实际使用这个方法，但你可以自行进行尝试。

```
public void DeleteFile(string filename)
{
    if (!File.Exists(filename))
    {
        Debug.Log("File doesn't exist or has already been deleted...");

        return;
    }
```

```
    File.Delete(_textFile);
    Debug.Log("File successfully deleted!");
}
```

现在我们对文件系统有了更深入的了解,是时候谈一谈某种略微高级的信息处理方式了,它就是数据流!

12.3　使用数据流

至此,对 File 类帮我们做了很多繁重的数据工作作了介绍,但还未提及 File 类或其他任何用于读写数据的类在底层是如何工作的。

对于计算机而言,数据由字节(bytes)构成。可以将字节想象为计算机的原子,它们构成了一切。在 C#中甚至就有一个 byte 类型。当读取、写入或更新文件时,数据会被转换为一组字节,然后通过一个称为 Stream 的对象流入或流出该文件。数据流负责将数据作为字节序列传输到文件中或从文件中传出,在游戏应用程序和数据文件之间扮演着转换器或中介的角色(见图 12-11)。

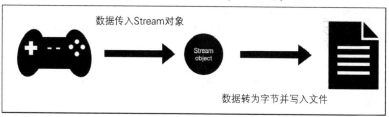

图 12-11　数据流向文件示意图

File 类会自动使用 Stream 对象,应对不同的功能有着不同的 Stream 子类。

- 使用 FileStream 读写文件数据。
- 使用 MemoryStream 读写内存数据。
- 使用 NetworkStream 读写其他联网的计算机上的数据。
- 使用 GZipStream 压缩数据,以便于存储和下载。

在接下来的章节中,我们将介绍管理数据流资源的方法,使用称为 StreamReader 和 StreamWriter 的辅助类来创建、读取、更新和删除文件。我们还将学习如何通过 XmlWriter 类更轻松地格式化 XML。

12.3.1　管理数据流资源

一个尚未介绍的重要主题便是资源分配。它是指代码中的某些进程会将算力和内存置于一种还拿不到的预付状态中。这些进程会一直等待,直到我们明确地告诉程序或游戏关闭才会返回预付的资源以重获全部算力。数据流便是这样的一种进程,需要在使用后关闭数据流。如果没有正确地关闭数据流,程序将继续使用这些资源,即便我们不再需要。

幸运的是,C#有一个所有 Stream 类都可以实现的便利接口,名为 IDisposable。该接口只含有一个方法,Dispose(),它会告诉数据流何时将使用的资源返回给我们。

不必过于担心这些,我们将介绍一种自动的方式以确保数据流总会被正确地关闭。资源管理只是一个要理解的重要编程概念。

在本章的其余部分,我们会使用 FileStream 类的数据流,但会分别通过名为 StreamWriter 与 StreamReader 的类来方便地实现。这些类会省略掉将数据手动转为字节的麻烦,但它们本身仍需要使用 FileStream 对象。

12.3.2　使用 StreamWriter 与 StreamReader

StreamWriter 与 StreamReader 类都是使用 FileStream 的对象读写指定文件文本数据的辅助类。这些类可以极大地帮助我们使用最少制式化的代码去创建、打开和返回数据流。目前我们涉及的示例代码对于小型数据文件是可以的,但当要面对庞大且复杂的数据对象时,数据流才是更好的选择。

实现所有这一切只需要知道想要读写的文件名称即可。我们的下一任务是使用数据流将文本写入一个新文件。

(1) 为新的流式文本文件添加一个新的私有字符串路径,并在 Awake()方法中设置它的值。

```
private string _dataPath;
private string _textFile;
private string _streamingTextFile;

void Awake()
{
    _dataPath = Application.persistentDataPath + "/Player_Data/";
    Debug.Log(_dataPath);

    _textFile = _dataPath + "Save_Data.txt";
    _streamingTextFile = _dataPath + "Streaming_Save_Data.txt";
}
```

(2) 向 DataManager 添加新的方法。

```
public void WriteToStream(string filename)
{
    // 1
    if (!File.Exists(filename))
    {
        // 2
        StreamWriter newStream = File.CreateText(filename);

        // 3
        newStream.WriteLine("<Save Data> for HERO BORN \n");
        newStream.Close();
        Debug.Log("New file created with StreamWriter!");
    }

    // 4
    StreamWriter streamWriter = File.AppendText(filename);

    // 5
    streamWriter.WriteLine("Game ended: " + DateTime.Now);
    streamWriter.Close();
    Debug.Log("File contents updated with StreamWriter!");
}
```

(3) 删除或注释掉 Initialize()中上一节使用的方法，并加入新代码。

```
public void Initialize()
{
    _state = "Data Manager initialized..";
    Debug.Log(_state);

    FilesystemInfo();
    NewDirectory();
    WriteToStream(_streamingTextFile);
}
```

上面代码中新方法的解析如下。

(1) 首先，检查并确保相同名称的文件不存在。

(2) 如果文件尚未被创建，添加名为 newStream 的新的 StreamWriter 实例，该实例使用 CreateText()方法创建并打开新文件。

(3) 一旦文件打开，使用 WriteLine()方法添加一个标题(文件开头)，然后关闭数据流并打印输出一条调试消息。

(4) 如果文件已经存在且我们只想更新它，可以通过新的 StreamWriter 实例使用 AppendText()方法获得该文件，以此保证现存的数据不会被覆盖，见图 12-12。

图 12-12   用数据流写入并更新文件

(5) 最后，将游戏数据写入新的一行，关闭数据流，并打印输出一条调试消息，如图 12-13 所示。

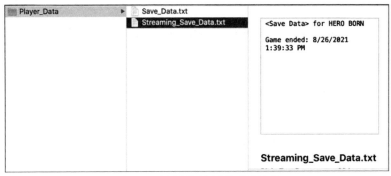

图 12-13   通过数据流创建并更新新文件

从数据流读取文件与在上一节中创建的 ReadFromFile()方法几乎一致。唯一的不同之处在于我们将使用 StreamReader 实例打开并读取信息。再次重申，当要面对大型数据文件或复杂对象时应使用数据流，而不是通过 File 类手动地创建和写入文件。

(1) 向 DataManager 添加一个新方法。

```csharp
public void ReadFromStream(string filename)
{
    // 1
    if (!File.Exists(filename))
    {
        Debug.Log("File doesn't exist...");
        return;
    }
```

```
    // 2
    StreamReader streamReader = new StreamReader(filename);
    Debug.Log(streamReader.ReadToEnd());
}
```

(2) 在 Initialize()中调用该新方法，将_streamingTextFile 作为参数传入。

```
public void Initialize()
{
    _state = "Data Manager initialized..";
    Debug.Log(_state);

    FilesystemInfo();
    NewDirectory();
    WriteToStream(_streamingTextFile);
    ReadFromStream(_streamingTextFile);
}
```

新代码的解析如下。

(1) 首先，检查该文件是否存在，若不存在，则在控制台打印输出一条信息并退出该方法。

(2) 如果文件存在，则用想要访问的文件名创建一个新的 StreamReader 实例，使用 ReadToEnd()方法打印输出全部内容，如图 12-14 所示。

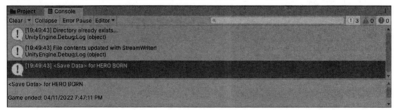

图 12-14　从数据流读取保存的数据

上述许多代码看起来十分相似。唯一的不同是我们使用了数据流的类进行实际的读写工作。尽管如此，值得记住的重点是不同的用例将决定方式的选择。可以参考本节的开头来回顾每种数据流类型的不同之处。

至此，介绍了使用文本文件创建、读取、更新和删除(CRUD)的基本应用功能。但在 C#游戏和应用程序中的数据格式不只有文本文件一种。一旦开始使用数据库和自定义的复杂数据结构，便可能会在实际开发时遇到大量的 XML 和 JSON，从效率和存储的角度而言，文本无法与二者相比。

下一节我们将使用基本的 XML 数据，并介绍一种管理数据流的简单方式。

12.3.3　创建一个 XMLWriter

有时我们不只是要单纯地从文件读写文本，项目可能需要 XML 格式的文档，此时需要知道如何使用常规的 FileStream 保存和加载 XML 数据。

向文件写入 XML 数据与我们对文本和数据流所做的并没有太大不同。唯一的不同之处在于要显式地创建一个 FileStream，并用它创建一个 XmlWriter 实例。可以将 XmlWriter 类想象为一个包装器，它接受数据流，应用 XML 格式化，并以 XML 文件的形式输出信息。当我们有了它，便可以使用 XmlWriter 类的方法按照正确的 XML 格式构建文档，并关闭文件。

下一个任务是要为一个新的 XML 文档创建文件路径，并使用 DataManager 类添加将 XML 数据写到该文件的功能。

(1) 在 DataManager 类的顶端新添 XML 的 using 指令。

```
using System.Collections;
using System.Collections.Generic;
using UnityEngine;
using System.IO;
using System;

using System.Xml;
```

(2) 为新 XML 文件添加一个新的私有字符串路径，并在 Awake()方法中设置它的值。

```
// ... No other variable changes needed ...

private string _xmlLevelProgress;

void Awake()
{
    // ... No other changes needed ...
    _xmlLevelProgress = _dataPath + "Progress_Data.xml";
}
```

(3) 在 DataManager 类的底部添加一个新方法。

```
public void WriteToXML(string filename)
{
    // 1
    if (!File.Exists(filename))
```

```
{
    // 2
    FileStream xmlStream = File.Create(filename);

    // 3
    XmlWriter xmlWriter = XmlWriter.Create(xmlStream);

    // 4
    xmlWriter.WriteStartDocument();
    // 5
    xmlWriter.WriteStartElement("level_progress");

    // 6
    for (int i = 1; i < 5; i++)
    {
        xmlWriter.WriteElementString("level", "Level-" + i);
    }

    // 7
    xmlWriter.WriteEndElement();

    // 8
    xmlWriter.Close();
    xmlStream.Close();
    }
}
```

(4) 在 Initialize()中调用新方法，并将 _xmlLevelProgress 作为参数传入。

```
public void Initialize()
{
    _state = "Data Manager initialized..";
    Debug.Log(_state);

    FilesystemInfo();
    NewDirectory();
    WriteToXML(_xmlLevelProgress);
}
```

对该 XML 写入方法的解析如下。

(1) 首先，检查文件是否已经存在。

(2) 如果文件不存在，通过新路径变量创建一个新的 FileStream。

(3) 然后创建一个新的 XmlWriter 实例，将其传入 FileStream。

(4) 接下来，使用 WriteStartDocument()方法指定 XML 声明版本为 1.0。

(5) 通过调用 WriteStartElement()方法添加名为 level_progress 的根元素开始标签。

(6) 现在便可以使用 WriteElementString()方法向文档添加独立元素，通过使用索引值为 i 的 for 循环传入元素标记名称即"level"以及等级数字作为写入内容。

(7) 要关闭文档，可使用 WriteEndElement()方法来添加 level_progress 根元素的结束标签。

(8) 最后，关闭 XmlWriter 和数据流以释放一直在使用的数据流资源。

如果现在运行游戏，将看到 Player_Data 文件夹中出现一个新的.xml 文件，其中写入了等级进度信息，如图 12-15 所示。

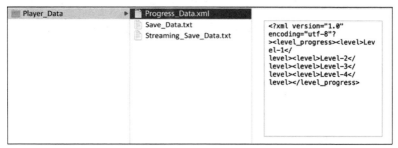

图 12-15　创建具有文档数据的新 XML 文件

注意，文档中没有缩进或格式化，这是意料之中的，因为我们没有指定任何输出格式。我们不会在本示例中使用任何格式，因为在下一节关于序列化的内容中，我们将介绍一种更有效地编写 XML 数据的方法。

> **提示说明：**
> 输出格式的完整列表可以查看下方链接：https://docs.microsoft.com/dotnet/api/system.xml.xmlwriter#specifying-the-output-format。

好消息是读取 XML 文件与读取任何其他文件没有区别。可以在 initialize()方法中调用 readfromfile()方法或 readfromstream()方法，获得相同的控制台输出(见图 12-16)。

```
public void Initialize()
{
    _state = "Data Manager initialized..";
    Debug.Log(_state);
    FilesystemInfo();
```

```
    NewDirectory();
    WriteToXML(_xmlLevelProgress);
    ReadFromStream(_xmlLevelProgress);
}
```

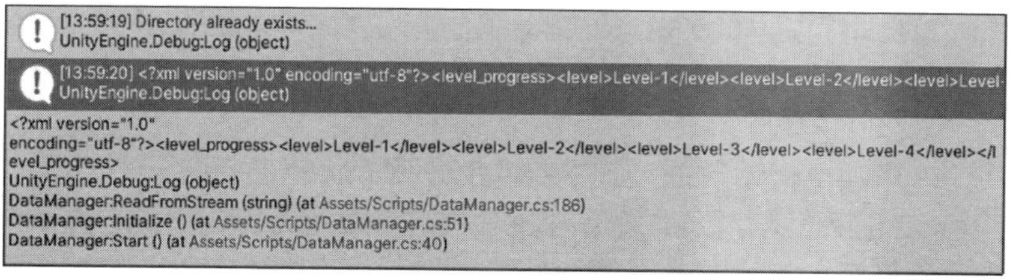

图 12-16　读取 XML 文件数据的控制台输出

我们已经编写了一些使用数据流的方法，现在来看看如何有效地自动关闭任一数据流，这是更重要的。

12.3.4　自动关闭数据流

当使用数据流时，将它们包在 using 语句中会自动地关闭数据流，该语句会从前面提到的 IDisposable 接口调用 Dispose()方法。

这样就不必担心程序会有无缘无故保持打开的未使用的分配资源。

语法与之前的做法几乎相同，只是在行的开头使用了 using 关键字，然后在一对圆括号中引用新的数据流，后跟一组花括号。想要数据流做的任何操作，比如读取或写入数据，都可以在花括号内的代码块中完成。例如，像在 WriteToStream()方法中创建新文本文件的方式将如下所示。

```
// The new stream is wrapped in a using statement
using(StreamWriter newStream = File.CreateText(filename))
{
    // Any writing functionality goes inside the curly braces
    newStream.WriteLine("<Save Data> for HERO BORN \n");
}
```

一旦数据流的逻辑位于该代码块内，外部的 using 语句就会自动关闭数据流，并将分配的资源返还给程序。从现在开始，建议始终使用这种语法来编写数据流代码，它更高效也更安全，还能体现对基本资源管理的理解！

随着文本和 XML 数据流代码的学习，是时候继续前进了。你可能会疑问，为什么没有用数据流传输任何 JSON 数据，那是因为还需要向我们的数据工具箱中再添加一个工具，它就是序列化！

12.4 数据序列化

当谈到数据序列化和反序列化时，其实真正谈的是转换。虽然在前面几节中已经可以转换文本和 XML 的片段，但是能够接收整个对象并一次性将其转换是应具备的一个极好的工具。

从定义上来说：

- 序列化一个对象的行为即是将该对象的整个状态转换为另一种格式。
- 反序列化的行为与之相反，从文件中获取数据并将其恢复到之前的对象状态。

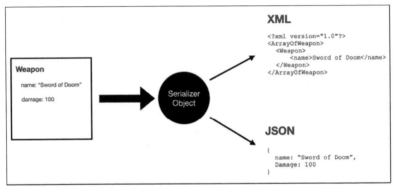

图 12-17　将对象序列化为 XML 和 JSON 的示例

让我们根据图 12-17 举一个实际的例子，以 Weapon 类的一个实例为例。每种武器都有它自己的名称和伤害属性以及相关的值，统称为状态。对象的状态是唯一的，以使程序能够区分它们。

对象的状态还包括作为引用类型的属性或字段。例如，如果有一个具有 Weapon 属性的 Character 类，C#在序列化和反序列化时仍然会识别出武器的 name 和 damage 属性。在编程圈里你可能会听到将具有引用类型属性的对象称为对象图的说法。

在正式开始之前，值得注意的是，如果没有特别留意对象属性是否匹配来自文件的数据，那么序列化对象可能会变得很棘手。例如，如果类对象属性与被反序列化数据之间不匹配，则序列化程序将返回一个空对象。

要真正掌握这个诀窍，让我们将 Weapon 示例转换为可用的代码。

12.4.1　序列化和反序列化 XML

本章其余部分的任务是将武器列表序列化和反序列化为 XML 和 JSON，先看看 XML 怎么做！

(1) 在 DataManager 类的顶端新添 Serialization using 指令。

```
using System.Collections;
using System.Collections.Generic;
using UnityEngine;
using System.IO;
using System;
using System.Xml;

using System.Xml.Serialization;
```

(2) 打开 Weapon.cs 文件，添加 using System 命名空间和一个可序列化属性，这样 Unity 和 C#将知道该对象是可以被序列化的。

```
using System;

[Serializable]
public struct Weapon
{
    // ... No other changes needed ...
}
```

(3) 添加两个新变量，一个是 XML 文件路径，一个是武器列表。

```
// ... No other variable changes needed ...

private string _xmlWeapons;

private List<Weapon> weaponInventory = new List<Weapon>
{
    new Weapon("Sword of Doom", 100),
    new Weapon("Butterfly knives", 25),
    new Weapon("Brass Knuckles", 15),
};
```

(4) 在 Awake 中设置 XML 文件路径的值。

```
void Awake()
{
    // ... No other changes needed ...
```

```
    _xmlWeapons = _dataPath + "WeaponInventory.xml";
}
```

(5) 在 DataManager 类的底部添加一个新方法。

```
public void SerializeXML()
{
    // 1
    var xmlSerializer = new XmlSerializer(typeof(List<Weapon>));

    // 2
    using(FileStream stream = File.Create(_xmlWeapons))
    {
        // 3
        xmlSerializer.Serialize(stream, weaponInventory);
    }
}
```

(6) 在 Initialize 中调用该新方法。

```
public void Initialize()
{
    _state = "Data Manager initialized..";
    Debug.Log(_state);

    FilesystemInfo();
    NewDirectory();
    SerializeXML();
}
```

对新方法的解析如下。

(1) 首先，创建一个 XmlSerializer 实例并传入我们要转换的数据类型。在这个例子中，_weaponInventory 是 List<Weapon>类型的，与在 typeof 操作符中使用的一致。

> **提示说明：**
> XmlSerializer 类是另一个有用的格式化包装器(wrapper)，就像前面用过的 XmlWriter 类。

(2) 然后，使用_xmlWeapons 文件路径创建一个 FileStream，并将其包在 using 代码块中，以确保它会被正确地关闭。

(3) 最后，调用 Serialize()方法并传入数据流与想要转换的数据。

再次运行游戏将看到使用 Weapon 数据创建的新 XML 文档，而不必指定任何额外的格式化信息(见图 12-18)！

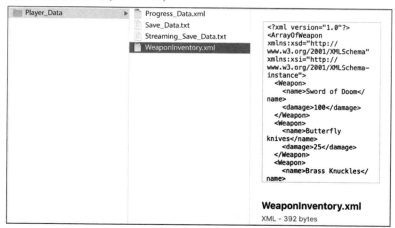

图 12-18　武器清单文件中的 XML 输出

若要将 XML 读回一个武器列表中，除了要使用来自 XmlSerializer 类的 Deserialize()方法外，要进行的其他设置几乎完全相同。

(1) 在 DataManager 类的底部添加如下方所示的方法。

```csharp
public void DeserializeXML()
{
    // 1
    if (File.Exists(_xmlWeapons))
    {
        // 2
        var xmlSerializer = new XmlSerializer(typeof(List<Weapon>));

        // 3
        using (FileStream stream = File.OpenRead(_xmlWeapons))
        {
            // 4
            var weapons = (List<Weapon>)xmlSerializer.
Deserialize(stream);

            // 5
            foreach (var weapon in weapons)
            {
```

```
                Debug.LogFormat("Weapon: {0} - Damage: {1}",
                    weapon.name, weapon.damage);
            }
        }
    }
}
```

(2) 在 Initialize 中调用新方法，将 _xmlWeapons 作为参数传入。

```
public void Initialize()
{
    _state = "Data Manager initialized..";
    Debug.Log(_state);

    FilesystemInfo();
    NewDirectory();
    SerializeXML();
    DeserializeXML();
}
```

对 deserialize()方法的解析如下。

(1) 首先，检查文件是否存在。

(2) 如果文件存在，则创建一个 XmlSerializer 对象，并指明我们要将 XML 数据放回一个 List<Weapon>对象。

(3) 然后，打开一个文件名为 _xmlWeapons 的 FileStream。

提示说明：

在这里使用 File.OpenRead()指明我们想要打开文件并读取，而非写入。

(4) 接下来，创建一个变量来存放反序列化后的武器列表。

提示说明：

将显式的 List<Weapon>置于调用 Deserialize()的前面，以便可以从序列化器获得正确的类型。

(5) 最后，使用 foreach 循环在控制台打印输出每个武器的名称和伤害值。

当再次运行游戏时，会看到从 XML 列表中反序列化出的每个武器的控制台消息(见图 12-19)。

这就是对 XML 数据所要做的一切，但在本章结束之前，我们仍需要学习如何使用 JSON！

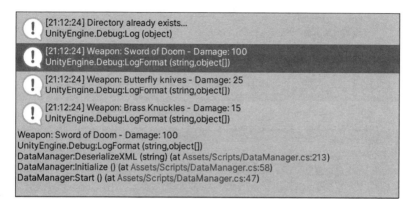

图 12-19　反序列化 XML 的控制台输出

12.4.2　序列化和反序列化 JSON

当涉及序列化和反序列化 JSON 时，Unity 和 C#并不完全同步。本质上，C#有自己的 JsonSerializer 类，它的工作方式与前面示例中使用的 XmlSerializer 类完全相同。

为了访问 JSON 序列化器，需要添加 System.Text.Json 的 using 指令。可问题是 Unity 不支持这个命名空间。取而代之的，Unity 使用 System.Text 命名空间，并实现了其自身称为 JsonUtility 的 JSON 序列化器类。

因为我们的项目在 Unity 中，所以我们将使用 Unity 支持的序列化类。但是，如果你正在进行的是一个非 Unity 的 C#项目，那么这些概念与前面的 XML 相关代码相同。

> **提示说明：**
> 可以从微软官方文档找到完整的操作方法和代码，链接如下：
> https://docs.microsoft.com/en-us/dotnet/standard/serialization/system-text-json-how-to
> #how-to-write-net-objects-as-json-serialize。

我们的下一个任务是通过序列化单个武器来初步了解 JsonUtility 这个类。

(1) 在 DataManager 类的顶部新添一个 Text 的 using 指令。

```
using System.Collections;
using System.Collections.Generic;
using UnityEngine;
using System.IO;
using System;
```

```
using System.Xml;
using System.Xml.Serialization;

using System.Text;
```

(2) 为新的 XML 文件添加一个新的私有字符串路径变量，并在 Awake()中设置其值。

```
private string _jsonWeapons;
void Awake()
{
    _jsonWeapons = _dataPath + "WeaponJSON.json";
}
```

(3) 在 DataManager 类的底部添加一个新方法。

```
public void SerializeJSON()
{
    // 1
    Weapon sword = new Weapon("Sword of Doom", 100);
    // 2
    string jsonString = JsonUtility.ToJson(sword, true);

    // 3
    using(StreamWriter stream = File.CreateText(_jsonWeapons))
    {
        // 4
        stream.WriteLine(jsonString);
    }
}
```

(4) 在 Initialize()中调用新方法，将_jsonWeapons 作为参数传入。

```
public void Initialize()
{
    _state = "Data Manager initialized..";
    Debug.Log(_state);

    FilesystemInfo();
    NewDirectory();
    SerializeJSON();
}
```

对该序列化的代码解析如下。

(1) 由于我们需要一个武器来操作，因此首先使用类的初始化器创建一个。

(2) 然后声明一个变量, 用于存放格式化为字符串后的 JSON 数据的转换结果, 并调用 ToJson()方法。

(3) 现在我们有了一个用于写入文件的文本字符串, 创建一个 StreamWriter 数据流并传入文件名_jsonWeapons。

(4) 最后, 使用 WriteLine()方法并传入 jsonString 变量的值以写入文件。

运行程序, 并查看我们创建并写入数据的新 JSON 文件(见图 12-20)!

图 12-20　武器属性序列化后的 JSON 文件

现在, 让我们尝试序列化在 XML 示例中用过的武器列表, 看看会发生什么。

使用现有的武器列表而不是单一的 sword 实例来更新 SerializeJSON()方法。

```csharp
public void SerializeJSON()
{
    string jsonString = JsonUtility.ToJson(weaponInventory, true);

    using(StreamWriter stream =
    File.CreateText(_jsonWeapons))
    {
        stream.WriteLine(jsonString);
    }
}
```

再次运行游戏时，会看到 JSON 文件的数据被覆盖了，我们最终得到的是一个空数组，如图 12-21 所示。

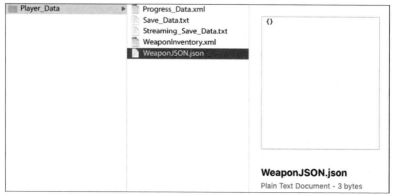

图 12-21 序列化后具有空对象的 JSON 文件

这是因为 Unity 处理 JSON 序列化的方式本身不支持列表或数组。任何列表或数组需要是类对象的一部分才能被 Unity 的 JsonUtility 类正确地识别和处理。此外，JsonUtility 类不支持字典或即开即用的复杂数据类型。

提示说明：

Unity 还支持诸如 Newtonsoft 的替代方法(https://www.newtonsoft. com/json)，详情可以查看以下链接: https://docs.unity3d.com/Packages/com.unity.nuget.newtonsoft-json@3.0/manual/index.html。

不要惊慌，如果仔细想一下，有一个非常直觉的办法来解决。我们只需要创建一个类，该类具有列表或数组的属性，然后在将数据序列化为 JSON 时使用它!

(1) 打开 Weapon.cs 并将下列可序列化的 WeaponShop 类添加到文件的底部。要非常小心地将新类放在 Weapon 类的花括号之外。

```
[Serializable]
public class WeaponShop
{
    public List<Weapon> inventory;
}
```

(2) 回到 DataManager 类，参照下方代码更新 SerializeJSON()方法。

```
public void SerializeJSON()
{
    // 1
    WeaponShop shop = new WeaponShop();
    // 2
    shop.inventory = weaponInventory;

    // 3
    string jsonString = JsonUtility.ToJson(shop, true);

    using(StreamWriter stream = File.CreateText(_jsonWeapons))
    {
        stream.WriteLine(jsonString);
    }
}
```

将所做的更改解析如下。

(1) 首先，创建一个称为 shop 的新变量，它是 WeaponShop 类的一个实例。

(2) 然后，将 inventory 属性设置为已声明的武器列表 weaponInventory。

(3) 最后，将 shop 对象传入 ToJson()方法，将新的字符串数据写入 JSON 文件。

再次运行游戏，查看创建的武器列表的漂亮输出结果，如图 12-22 所示。

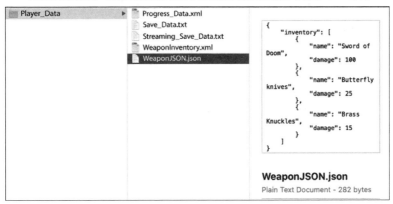

图 12-22　列表对象被正确地序列化为 JSON

将 JSON 文本反序列化为一个对象是刚才所做的反向过程。

(1) 在 DataManager 类的底部添加一个新的方法。

```
public void DeserializeJSON()
{
    // 1
    if(File.Exists(_jsonWeapons))
    {
        // 2
        using (StreamReader stream = new StreamReader(_jsonWeapons))
        {
            // 3
            var jsonString = stream.ReadToEnd();

            // 4
            var weaponData = JsonUtility.FromJson<WeaponShop>
              (jsonString);

            // 5
            foreach (var weapon in weaponData.inventory)
            {
                Debug.LogFormat("Weapon: {0} - Damage: {1}",
                  weapon.name, weapon.damage);
            }
        }
    }
}
```

(2) 在 Initialize()中调用新方法，将_jsonWeapons 作为参数传入。

```
public void Initialize()
{
    _state = "Data Manager initialized..";
    Debug.Log(_state);

    FilesystemInfo();
    NewDirectory();
    SerializeJSON();
    DeserializeJSON();
}
```

对 DeserializeJSON()方法的解析如下。

(1) 首先，检查文件是否存在。

(2) 如果它存在，则用_jsonWeapons 文件路径创建一个数据流，并将其包在一个 using 代码块中。

(3) 然后，使用数据流的 ReadToEnd()方法从文件获得整个 JSON 文本。

(4) 接下来，创建一个用于存放反序列化后的武器列表的变量，并调用 FromJson()方法。

提示说明：

请注意，我们指定了在传入 JSON 字符串变量之前，希望通过<WeaponShop>语法将 JSON 转换为一个 WeaponShop 对象。

(5) 最后，循环遍历武器商店的 inventory 列表属性，在控制台打印输出每个武器的名称和伤害值。

最后运行游戏一次，你会看到为 JSON 数据中的每个武器打印输出了一条控制台信息，见图 12-23。

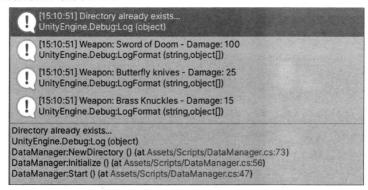

图 12-23　反序列化 JSON 对象列表的控制台输出

12.5　数据汇总

在本章中介绍的每个单独的模块和主题都可以单独地使用或组合使用，以满足项目的需要。例如，可以使用文本文件存储角色对话框，并只在需要时才加载它。这比让游戏在每次运行时跟踪它更有效，即便这些信息不会被使用。

还可以将角色数据或敌人的统计数据放入 XML 或 JSON 文件中，并在需要升级角色或生成新怪物时从文件中读取。最后，可以从第三方数据库中获取数据，并将其序列化为自定义的类。对于存储玩家账户和外部游戏数据的情况，这是一种超级常见的做法。

> **提示说明:**
>
> 可以在下方链接查看 C#中可序列化的数据类型列表:
> https://docs.microsoft.com/en-us/dotnet/framework/wcf/feature-details/types-supported-by-the-data-contract-serializer。Unity 处理序列化的方式略有不同,所以请确保在下方链接查看可用的类型: https://docs.unity3d.com/ScriptReference/SerializeField.html。

数据无处不在,我们要做的就是一点一点地搭建一个系统,按照游戏需要的方式处理数据。

12.6 本章小结

这就是处理数据的全部基本知识! 祝贺你完整地通关了这可怕的一章。在编程的任何领域中数据都是一个巨大的话题,所以请把本章所学作为一个起点。

我们已经了解如何在文件系统中导航,如何创建、读取、更新和删除文件,还学习了如何有效地处理文本、XML 和 JSON 等数据格式以及数据流。我们学会了如何将对象的全部状态序列化或反序列化为 XML 和 JSON。总而言之,学习这些技能是一个不小的成就。不要忘记常回来重温和复习本章内容,本章有很多内容可能不易在第一次接触时就轻松掌握。

下一章,我们将介绍有关泛型编程的基础知识,动手实践委托和事件,并对有关异常处理的知识进行汇总。

12.7 小测验——数据管理

(1) 要访问 Path 类和 Directory 类,应使用什么命名空间?

(2) 在 Unity 中,使用什么文件夹路径保存多次游戏运行之间的数据?

(3) Stream 对象使用什么数据类型读取或写入文件信息?

(4) 将一个对象序列化为 JSON 时会发生什么?

不要忘记将你的答案与附录中小测验答案的回答进行比对,看看你的学习效果!

第**13**章

探索泛型、委托以及更多

随着在编程上投入的时间增多，对系统的思考也将加深。迄今为止，我们已经了解了构建类和对象如何交互、通信和数据交换的方式。但现在的问题是，如何使它们更安全、更高效。

本章作为本书的最后一个实用章节，将介绍泛型编程概念、委托、事件创建以及错误处理等有关的示例。其中任一主题本身都是一个很大的研究领域，因此请利用好在本章学到的知识，并在自己的项目中扩展它。在完成实际的编程后，本章还将简要概述设计模式以及它们将如何在未来的编程之旅中发挥作用。

本章将介绍以下主题：
- 泛型编程
- 如何使用委托
- 创建事件和订阅
- 抛出和处理错误
- 理解设计模式

13.1 泛型

到目前为止，在我们所写的代码中，定义和使用的类型都非常具体。但是，在某些情况下，我们需要类或方法以相同的方式处理其实体，不管其类型是什么，都要求类型是安全的。泛型编程允许我们使用占位符而不是具体类型来创建可重用的类、方法和变量。

当创建泛型类实例或使用泛型方法时，会分配一个具体类型，但代码本身会将其视为泛型类型。当需要以相同的方式处理不同的对象类型时，能够编写泛型的代码会带来巨大的益处。例如，自定义集合类型需要能够对元素采用相同的操作，不管其类型和类是什么，它们都需要相同的底层功能。

提示说明：

我们已经在 List 类型中实际体验过泛型编程，List 类型自身就是一个泛型类型。无论它是存储整数、字符串还是单个字符，我们都可以访问它的所有添加、删除和修改方法。

虽然你可能会质疑为什么不直接使用子类或接口，但通过本章的示例将看到泛型以截然不同的方式为我们提供帮助。

13.1.1 泛型类

创建泛型类与创建非泛型类的方式相似，但有一个重要的区别：泛型类使用的是泛型类型的参数。让我们看一个泛型集合类的示例，以更清楚地了解其工作原理。

```
public class SomeGenericCollection<T> {}
```

上面声明了一个名为 SomeGenericCollection 的泛型集合类，并指定 T 作为其参数类型命名。现在，T 将代表泛型列表中将存储的元素类型，并且可以像任何其他类型一样在泛型类中使用。

每当创建 SomeGenericCollection 的实例时，都需要指定要存储的值的类型。

```
SomeGenericCollection<int> highScores = new SomeGenericCollection<int>();
```

此时，highScores 存储整数值，原来的 T 代表 int 类型，但 SomeGenericCollection 类会同等对待任何元素类型。

提示说明：

对泛型类型参数的命名是完全自由的，但作为行业标准，许多编程语言使用大写的 T。如果要以不同方式命名参数类型，请考虑以大写 T 开头，以保持一致性和可读性。

接下来，让我们创建一个更游戏性的示例，它具有一个泛型的 Shop 类来存储一些虚拟的道具栏中的道具，具体步骤如下。

(1) 在 Scripts 文件夹中创建一个新的 C#脚本，将其命名为 Shop，并将其代码更新为以下内容。

```
using System.Collections;
using System.Collections.Generic;
using UnityEngine;

// 1
public class Shop<T>
{
    // 2
    public List<T> inventory = new List<T>();
}
```

(2) 在 GameBehavior 中创建一个 Shop 的新实例。

```
public class GameBehavior : MonoBehaviour, IManager
{
    // ... No other changes needed ...

    public void Initialize()
    {

        // 3
        var itemShop = new Shop<string>();

        // 4
        Debug.Log("Items for sale: " + itemShop.inventory.Count);
    }
}
```

对代码的解析如下。

(1) 使用 T 类型参数声明一个名为 Shop 的新泛型类。

(2) 添加一个 T 类型的道具栏 List<T>，以存放初始化泛型类时使用的任何物品类型。

(3) 在 GameBehavior 中创建 Shop<string>的新实例，指定字符串值作为泛型类型。

(4) 通过调试消息打印输出道具数量，如图 13-1 所示。

图 13-1　泛型类的控制台输出

现在的泛型集合还没有任何新功能，但由于其泛型类型的参数 T，Visual Studio 将 Shop 识别为泛型类。这为包括诸如为道具栏添加物品或查找每种物品的可用数量等额外的泛型操作做好了准备。

> **提示说明：**
> 值得注意的是，Unity 序列化器默认不支持泛型。如果想要像上一章中对自定义类所做的那样来序列化泛型类，则需要在该类的头部添加 Serializable 属性，就像我们对 Weapon 类所做的那样。可以在下方链接查看更多有关信息：https://docs.unity3d.com/ScriptReference/SerializeReference.html。

13.1.2 泛型方法

单独的泛型方法具有一个占位符类型的参数，就像泛型类一样，以允许参数可以根据需要包含在泛型或非泛型类中。

```
public void GenericMethod<T>(T genericParameter) {}
```

类型 T 可以在方法体内部使用，并在方法调用时具体定义。

```
GenericMethod<string>("Hello World!");
```

但是，如果要在泛型类中声明泛型方法，则不需要指定新的 T 类型。

```
public class SomeGenericCollection<T>
{
    public void NonGenericMethod(T genericParameter) {}
}
```

当使用泛型类型的参数调用非泛型方法时，也不会有任何问题，因为泛型类已经为其分配具体类型。

```
SomeGenericCollection<int> highScores = new SomeGenericCollection
<int>();
highScores.NonGenericMethod(35);
```

> **提示说明：**
> 泛型方法和非泛型方法一样，可以重载并标记为静态方法。如果想要了解应对这种情况的特定语法，可访问：https://docs.microsoft.com/en-us/dotnet/csharp/programming-guide/generics/generic-methods。

我们的下一个任务是向道具栏添加一个新的泛型道具，并在 GameBehavior

脚本中使用它。

由于已经有了一个已定义类型参数的泛型类，因此接下来为其添加一个非泛型方法，看看它们是如何一起工作的。

(1) 打开 Shop.cs，并更新代码如下。

```csharp
public class Shop<T>
{
    public List<T> inventory = new List<T>();
    // 1
    public void AddItem(T newItem)
    {
        inventory.Add(newItem);
    }
}
```

(2) 进入 GameBehavior 脚本并将一个道具添加到 itemShop。

```csharp
public class GameBehavior : MonoBehaviour, IManager
{
    // ... No other changes needed ...

    public void Initialize()
    {
        var itemShop = new Shop<string>();

        // 2
        itemShop.AddItem("Potion");
        itemShop.AddItem("Antidote");
        Debug.Log("Items for sale: " + itemShop.inventory.Count);
    }
}
```

对上述代码的解析如下。

(1) 声明一个方法，用来将 T 类型的 newItems 添加到道具栏。

(2) 使用 AddItem()方法向 itemShop 添加两个道具名称的字符串，并打印输出调试日志。见图 13-2。

图 13-2 向泛型类添加道具的控制台输出

我们编写了 AddItem()方法来接收与泛型的 Shop 实例类型相同的参数。由于创建了 itemShop 来存放字符串值，因此可以毫无顾虑地添加 Potion 和 Antidote 这两个字符串值。

然而，若要尝试添加一个整数，将会收到报错，告诉我们 itemShop 的泛型类型不匹配。见图 13-3。

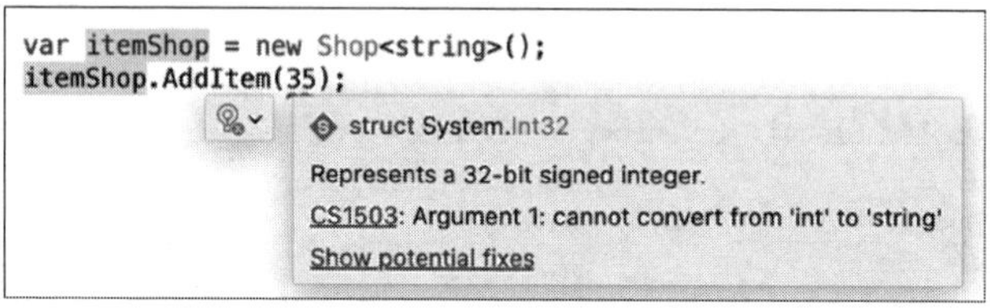

```
var itemShop = new Shop<string>();
itemShop.AddItem(35);
```
struct System.Int32
Represents a 32-bit signed integer.
CS1503: Argument 1: cannot convert from 'int' to 'string'
Show potential fixes

图 13-3　泛型类的类型转换错误

现在我们已试过编写泛型方法，还需要知道如何在单一的类中使用多种泛型类型。例如，如果要向 Shop 类添加一个方法，使它能找出给定道具的库存，该怎么做？我们不能再次使用 T 类型，因为它已经在类的定义时被定义，就好比我们不能在同一个类中使用相同的名称声明多个变量。此时应该怎么做呢？

将下面代码所示的方法添加到 Shop 类的底部。

```
// 1
public int GetStockCount<U>()
{
    // 2
    var stock = 0;

    // 3
    foreach (var item in inventory)
    {
        if (item is U)
        {
            stock++;
        }
    }

    // 4
    return stock;
}
```

对新方法的解析如下。

(1) 声明一个方法，它返回了一个 int 值，用于统计道具栏内匹配 U 类型的道具数量。

(2) 创建一个变量来存放道具栏中与类型相匹配的库存道具数量,并最终返回该变量。

(3) 使用 foreach 循环遍历整个道具栏列表,每当发现匹配时,库存值加 1。

(4) 返回相匹配的库存道具数量。

但这里有个问题,itemShop 中存储的是道具名称的字符串值,所以如果尝试查找有多少个字符串类型的道具时,将会得到全部的道具。见图 13-4。

图 13-4　使用多个泛型字符串类型的控制台输出

另一方面,如果尝试在道具栏查找整数类型时,将不会得到任何结果,因为道具栏里只存储了字符串。

```
Debug.Log("Items for sale: " + itemShop.GetStockCount<int>());
```

在控制台将打印输出类似图 13-5 所示的内容。

图 13-5　使用多个非匹配的泛型类型时的控制台输出

以上两种情况都是不理想的,因为我们无法确保道具栏中的存储与搜索目标具有相同的道具类型。但这正是泛型闪光之处,我们可以为泛型类和泛型方法添加规则来强制约束行为,在下一节我们将具体介绍。

13.1.3　约束类型参数

泛型的一大优点是可以限制其类型参数。这似乎与迄今为止学到的有关泛型的知识相悖,但仅因为一个类可以包含任何类型,并不意味着就应该允许这样做。例如,试想在一个游戏中,需要存储一个角色列表,但我们希望该角色列表只局限于敌人的类型。一种效率低的做法是在将角色添加列表之前检查每一个角色。取而代之的方法是,约束该列表只接受敌人类型的角色即可。

为了约束泛型类型的参数,需要一个新的关键字和一个以前从未见过的语法。

```
public class SomeGenericCollection<T> where T: ConstraintType {}
```

where 关键字定义了 T 在用作泛型类型参数之前必须满足的规则。从本质上说，只要符合约束类型，SomeGenericCollection 就可以接受任何 T 类型。约束规则并不神秘可怕，在先前已经介绍过它们的概念。

- 添加 class 关键字，会将 T 限制为类的类型。
- 添加 struct 关键字，会将 T 限制为结构体的类型。
- 添加一个接口，例如 IManager，会将 T 限制为采用该接口的类型。
- 添加自定义类(例如 Character)，会将 T 限制为该类的类型。

让我们约束 Shop 只能接受称为 Collectable 的新类型。

(1) 在 Scripts 文件夹中创建一个新的脚本，命名为 Collectable，并添加如下所示的代码。

```
using System.Collections;
using System.Collections.Generic;
using UnityEngine;

public class Collectable
{
    public string name;
}

public class Potion : Collectable
{
    public Potion()
    {
        this.name = "Potion";
    }
}

public class Antidote : Collectable
{
    public Antidote()
    {
        this.name = "Antidote";
    }
}
```

(2) 这里所做的就是声明了一个名为 Collectable 的新类，并为药水和解毒剂创建了子类。有了这样的结构，便可以强制约束 Shop 只接受 Collectable 的类型，同时我们的查找库存的方法也只接受 Collectable 类型，这样便可以进行对比和查找匹配。

(3) 打开 Shop 并更新类的声明。

```
public class Shop<T> where T : Collectable
```

(4) 更新 GetStockCount()方法，约束 U 必须与 T 类型一致，无论 T 的初始泛型是什么。

```
public int GetStockCount<U>() where U : T
{
    var stock = 0;
    foreach (var item in inventory)
    {
        if (item is U)
        {
            stock++;
        }
    }
    return stock;
}
```

(5) 在 GameBehavior 中，参照下方代码更新 itemShop 实例。

```
var itemShop = new Shop<Collectable>();
itemShop.AddItem(new Potion());
itemShop.AddItem(new Antidote());
Debug.Log("Items for sale: " + itemShop.GetStockCount<Potion>());
```

(6) 运行结果通过调试日志显示出，只有一个 Potion 类型的代售道具，这正是我们指定的 Collectable 类型。如图 13-6 所示。

图 13-6　GameBehavior 脚本更新后的输出

在本示例中，确保了只允许存在可收集类型的道具。如果在代码中意外地添加了不可收集的类型，Visual Studio 将对这种打破规则行为做出提醒，如图 13-7 所示。

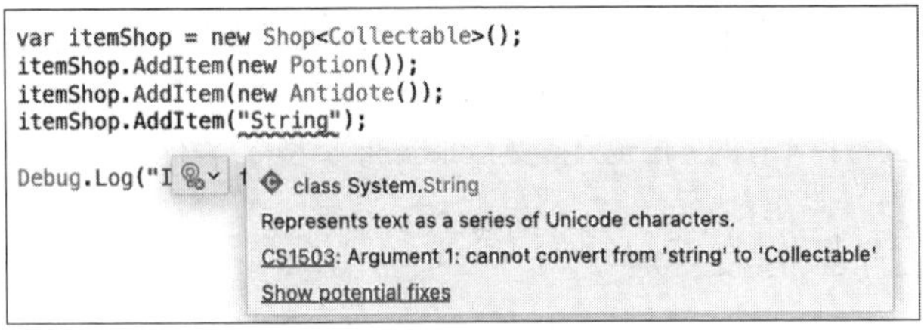

```
var itemShop = new Shop<Collectable>();
itemShop.AddItem(new Potion());
itemShop.AddItem(new Antidote());
itemShop.AddItem("String");

Debug.Log("I
```

> ◆ class System.String
> Represents text as a series of Unicode characters.
> CS1503: Argument 1: cannot convert from 'string' to 'Collectable'
> Show potential fixes

图 13-7　使用不正确泛型类型的报错

13.1.4　向 Unity 对象添加泛型

泛型同样可以用于 Unity 的脚本和游戏对象。例如，可以创建一个泛型的可销毁类，将其用于想要从场景删除的任意的 MonoBehaviour 或对象组件上。这听起来也许很熟悉，因为它正是 BulletBehavior 所做的事，不过它不能应用于所在脚本之外的其他地方。为扩展这种应用，让我们使任何继承了 MonoBehaviour 的脚本都是可销毁的。

(1) 在 Scripts 文件夹中创建一个新脚本，命名为 Destroyable，并添加下方代码。

```
using System.Collections;
using System.Collections.Generic;
using UnityEngine;

public class Destroyable<T> : MonoBehaviour where T : MonoBehaviour
{
    public float OnscreenDelay = 3f;

    void Start()
    {
        Destroy(this.gameObject, OnscreenDelay);
    }
}
```

(2) 删除 BulletBehavior 中的所有代码，并使其继承新的泛型类。

```
public class BulletBehavior : Destroyable<BulletBehavior>
{
}
```

现在我们将 BulletBehavior 脚本转变为一个泛型的可销毁对象。尽管 Bullet 预制件没有任何变化，但继承了泛型的 Destroyable 类的任何对象都是可销毁的。如果为多个投射物创建预制件，且希望它们都是可销毁的，上例代码将大大提高效率和重用性。

尽管泛型编程是编程工具箱中的一种强大工具，但在掌握了基础知识后，是时候学习编程之旅中另一同等重要的主题了，那便是委托！

13.2　委托行动

有时需要将一个方法的执行传递或委托给另一个方法。在 C# 中，可以通过委托类型来实现。委托类型存储对方法的引用，并且可以像任何其他变量一样使用。唯一需要注意的是，委托本身和被分配的方法都需要具有相同的签名，就像整数变量只能保存整数，而字符串只能保存文本一样。

创建委托混合了编写方法和声明变量。

```
public delegate returnType DelegateName(int param1, string param2);
```

以访问修饰符开头，后跟 delegate 关键字，使其可以被编译器识别为委托类型。委托类型可以像常规函数那样具有返回类型和名称，以及可能需要的参数。但是，此语法仅声明委托类型本身。若要使用委托，需要像使用类一样创建一个实例。

```
public DelegateName someDelegate;
```

声明委托类型变量后，便很容易分配一个与委托签名相匹配的方法。

```
public DelegateName someDelegate = MatchingMethod;
public void MatchingMethod(int param1, string param2)
{
    // ... Executing code here ...
}
```

注意，在将 MatchingMethod 方法分配给 someDelegate 变量时，不需要在方法名后加括号，因为此时不会调用该方法，只是将 MatchingMethod 方法的调用权委托给 someDelegate。这意味着可以使用如下方式调用方法：

```
someDelegate();
```

就我们目前的 C# 技能水平而言，这也许看起来很麻烦，但可以肯定的是，将方法作为变量存储起来并执行会在未来派上用场。

13.2.1　创建调试委托

让我们创建一个简单的委托类型来定义一个方法，该方法接受一个字符串并最终使用指定的方法将其打印出来。打开 GameBehavior 并加入下方的代码。

```
public class GameBehavior : MonoBehaviour, IManager
{
    // ... No other changes needed ...

    // 1
    public delegate void DebugDelegate(string newText);

    // 2
    public DebugDelegate debug = Print;

    public void Initialize()
    {
        _state = "Game Manager initialized..";
        _state.FancyDebug();

        // 3
        debug(_state);

            // ... No changes needed ...
    }

    // 4
    public static void Print(string newText)
    {
        Debug.Log(newText);
    }
}
```

对代码的解析如下。

(1) 声明一个名为 DebugDelegate 的公共委托类型，来保存一个接收字符串参数并返回 void 的方法。

(2) 创建一个名为 debug 的新 DebugDelegate 实例，并为其分配一个签名匹配且名为 Print 的方法。

(3) 将 Initialize()方法中的 Debug.Log(_state)代码替换为调用 debug 这个委托实例。

(4) 将 Print()方法声明为接收字符串参数的静态方法，它将接收的参数输出到控制台，如图 13-8 所示。

图 13-8　委托某种行动的控制台输出

控制台信息没有发生任何改变，但此时不是在 Initialize() 中直接调用 Debug.Log() 方法，而是将该操作委托给 debug 这个委托实例。尽管这只是一个简单的示例，但当需要将方法作为其类型进行存储、传递和执行时，委托是一个强大的工具。

在 Unity 中，我们已经通过 OnCollisionEnter() 和 OnCollisionExit() 方法在实战中体验过委托，它们都是通过委托调用的方法。现实中，自定义委托最常与事件配对使用，我们将在本章的稍后小节中介绍。

13.2.2 将委托作为参数类型

既然已经了解了如何创建用于存储方法的委托类型，那么将委托类型本身也用作方法参数似乎也合情合理。这与前面所介绍的内容区别不大，但最好还是从最基本的内容开始。

一起来看看如何将委托类型用作方法参数。参照下方代码更新 GameBehavior：

```csharp
public class GameBehavior : MonoBehaviour, IManager
{
    // ... No changes needed ...

    public void Initialize()
    {
        _state = "Game Manager initialized..";
        _state.FancyDebug();
        debug(_state);

        // 1
        LogWithDelegate(debug);
    }

    // 2
    public void LogWithDelegate(DebugDelegate del)
    {
        // 3
        del("Delegating the debug task...");
    }
}
```

对代码的解析如下。

(1) 调用 LogWithDelegate() 方法并传入 debug 变量，将委托作为它的类型参数。

(2) 声明一个接受 DebugDelegate 类型参数的新方法。

(3) 调用委托参数的方法并传入要打印的字符串文字，如图 13-9 所示。

图 13-9　将委托作为参数类型的控制台输出

上面创建了一个方法，它接受一个 DebugDelegate 类型的参数，这意味着传入的实际参数代表一个方法，且可以被当作方法来对待。可以将此示例视为一个委托链，其中 LogWithDelegate()距离实际执行调试的 Print()方法有两级之遥。尽管像这样创建的委托链在游戏或应用程序中不常见，但当需要控制委托级别时，理解涉及的语法是非常重要的。在委托链遍布多个脚本或类的情况下尤其如此。

> **提示说明：**
> 稍不留意就很容易迷失在委托中，可以随时回顾并重温本节开头的代码，并查看文档：https://docs.microsoft.com/en-us/dotnet/csharp/programming-guide/delegates/。

在掌握了如何使用基本的委托后，是时候讨论事件是如何被用于在多个脚本之间高效地交流信息了。老实说，委托的最佳用例便是与事件配对使用，接下来我们将深入介绍它们。

13.3　触发事件

C#事件允许基于游戏或应用程序的行为创建订阅系统[1]。例如，可以在收集道具，或当玩家按下空格键时发送一个事件。但当事件触发后，并不会自动存在用于在事件行为发生后执行所需代码的订阅者或接收者。

任何类都可以通过触发事件的调用类来订阅或取消订阅某个事件，就像注

---

1 译者注：所谓订阅系统是指某一事件具有一个或多个订阅者(也叫做接收者)。订阅者是指那些对该事件感兴趣并注册了响应函数(事件处理器)的对象。该事件会在特定动作发生时被触发。例如，每当玩家收集到一个物品或者按下空格键时，就触发一个事件，此时所有注册了的事件处理器将被调用。

然而，也存在无订阅者的情况。当事件触发时，如果没有任何对象订阅这个事件(即没有接收者)，则该事件不会执行任何操作。也就是说，事件虽然被触发了，但因为没有订阅者，所以没有代码会被执行。

册了 Facebook 账户才能在手机上接收新帖子通知一样。事件形成了一种分布式信息的高速公路，让应用程序间可以共享操作和数据。

声明事件与声明委托类似，因为事件都具有特定的方法签名。可以使用委托来指定事件的方法签名，然后使用 delegate 类型和 event 关键字创建事件。

```
public delegate void EventDelegate(int param1, string param2);
public event EventDelegate eventInstance;
```

这种设置允许将 eventInstance 视为一个方法，因为它是一种委托类型，意味着我们可以随时通过调用它来发送事件。

```
eventInstance(35, "John Doe");
```

提示说明：

Unity 也具有自身的内置事件类型，称为 UnityAction，它可以根据需要被自定义。可以查看以下链接以获得更多信息和代码：https://docs.unity3d.com/2022.2/Documentation/ScriptReference/Events.UnityAction.html。

我们的下一个任务是创建一个事件并在 PlayerBehavior 中的适当位置触发它。

13.3.1　创建并调用事件

让我们创建一个事件以在玩家跳跃时触发。打开 PlayerBehavior 并增添如下所示的代码。

```
public class PlayerBehavior : MonoBehaviour
{
    // ... No other variable changes needed ...

    // 1
    public delegate void JumpingEvent();

    // 2
    public event JumpingEvent playerJump;

    void Start()
    {
        // ... No changes needed ...
    }

    void Update()
    {
```

```
        // ... No changes needed ...
    }

    void FixedUpdate()
    {
        if (_isJumping && IsGrounded())
        {
            _rb.AddForce(Vector3.up * jumpVelocity,
              ForceMode.Impulse);

            // 3
            playerJump();
        }
    }

    // ... No changes needed in IsGrounded or OnCollisionEnter
}
```

对代码的解析如下。

(1) 声明一个新的委托类型，返回 void 且不接受任何参数。

(2) 创建一个名为 playerJump 的 JumpingEvent 类型的事件，将其视为匹配委托签名的无返回值和参数的方法。

(3) 当在 Update()中施力后调用 playerJump。

至此，已成功地创建了一个简单的委托类型，它不接受任何参数并且不返回任何内容，仅在玩家跳跃时执行该类型的事件。每次玩家跳跃时，playerJump 事件都会发送给它的所有订阅者，通知它们跳跃动作已发生。

事件触发后，由其订阅者处理并执行其他任何操作，接下来将在 13.3.2 节"处理事件订阅"中介绍。

13.3.2 处理事件订阅

目前，playerJump 事件没有订阅者，但增加订阅者很简单，与在上一节中为委托类型分配方法引用的方式非常相似。

```
someClass.eventInstance += EventHandler;
```

由于事件是属于声明它们的类的变量，而订阅者是其他类，因此订阅者需要引用包含事件的类。+=操作符用于分配方法，该方法将在事件执行时触发，就像设置自动回复一样。

与分配委托一样，事件处理方法的方法签名必须与事件类型相匹配。在前面的语法示例中，EventHandler 需要满足如下形式。

```
public void EventHandler(int param1, string param2) {}
```

在需要取消订阅事件时，只需要使用-=操作符执行相反的操作。

```
someClass.eventInstance -= EventHandler;
```

提示说明：
一般在类被初始化或销毁时处理事件订阅，从而可以轻松地实现和管理多个事件，而不会产生杂乱的代码。

既然已了解订阅事件和取消订阅事件的语法，就可以在 GameBehavior 脚本中将其付诸实践了。

现在当玩家每次跳跃时都会触发事件，需要一种方法来捕获该动作。回到 GameBehavior.cs，并用以下代码对其更新。

```
public class GameBehavior : MonoBehaviour, IManager
{
    // 1
    public PlayerBehavior playerBehavior;

    // 2
    void OnEnable()
    {
        // 3
        GameObject player = GameObject.Find("Player");

        // 4
        playerBehavior = player.GetComponent<PlayerBehavior>();

        // 5
        playerBehavior.playerJump += HandlePlayerJump;
        debug("Jump event subscribed...");
    }

    // 6
    public void HandlePlayerJump()
    {
        debug("Player has jumped...");
    }

    // ... No other changes ...
}
```

对代码的解析如下。

(1) 创建一个 PlayerBehavior 类型的公共变量。

(2) 声明 OnEnable()方法，在场景中脚本所附对象激活时调用。

(3) 在场景中找到 Player 对象并将其游戏对象存储在局部变量中。

(4) 使用 GetComponent()检索对附加到 Player 的 PlayerBehavior 类的引用，并将其存储在 playerBehavior 变量中。

(5) 通过+=操作符，使用名为 HandlePlayerJump 的方法订阅 PlayerBehavior 中声明的 playerJump 事件。

(6) 使用与事件类型匹配的签名来声明 HandlePlayerJump()方法，并在每次收到事件时使用调试委托输出成功消息。见图 13-10。

图 13-10　委托事件订阅的控制台输出

为了在 GameBehavior 中正确地订阅和接收事件，必须获取对附加到玩家对象上的 PlayerBehavior 类的引用。只需一行便可以完成这一系列任务，但拆分的代码可读性更强。接着为 playerJump 事件分配了一个方法，该方法将在接收到事件时执行，进而完成订阅过程。

现在，每次跳跃时都会看到一条带有事件信息的调试消息，如图 13-11 所示。

图 13-11　触发委托事件的控制台输出

由于事件订阅是在脚本中设置的，而脚本附在 Unity 对象上，因此我们的工作并未完成。我们仍需要在对象从场景销毁或移除时处理如何清理订阅。这将在下一节中介绍。

13.3.3　清理事件订阅

即便玩家在我们的游戏原型中从不会被销毁，但这是游戏中当玩家失败时的常见功能。清理事件订阅很重要，因为正如我们在第 12 章中关于数据流的说明，它们占用了已分配资源。

由于在订阅对象被销毁后，我们不希望保持任何订阅，因此让我们清理跳跃事件。将下方代码添加在 GameBehavior 中的 OnEnable 方法之后：

```
// 1
private void OnDisable()
{
    // 2
    playerBehavior.playerJump -= HandlePlayerJump;
    debug("Jump event unsubscribed...");
}
```

对代码的解析如下。

(1) 声明 OnDisable()方法，它继承了类，它与之前使用的 OnEnable()方法相对应。

- 任何要编写的有关清理订阅的代码通常都应置于该方法中，因为它会在脚本附着的对象失效时执行。

(2) 使用-=操作符从 HandlePlayerJump 取消订阅 playerJump 事件，并打印输出控制台消息。

现在当游戏对象启用或失效时，脚本可以正确地对事件进行订阅或取消订阅，使游戏场景中不留下任何未使用的资源。

关于事件的介绍到此告一段落。现在仅需一个脚本便能将它们广播到游戏的每个角落，并对玩家失去生命、收集物品或更新 UI 等情形做出响应。然而，仍有一个任何程序无法脱离的重要话题有待学习，那就是错误处理。

13.4　处理异常

能将错误和异常有效地整合到代码中既是编程专业能力的体现，也是对自我的衡量标准。在抱怨"花了这么多时间试图避免错误，为什么还要添加它们？！"之前，首先应该明白，这里并不是说添加错误来破坏现有的代码。恰恰相反，让代码包含错误或异常，并且能够在功能片段使用不当时适当地对其进行处理，会使代码底层更强壮，更不易崩溃。

13.4.1　抛出异常

当谈论添加错误时，通常将这个过程形象地称为抛出异常。抛出异常是所谓的防御性编程的一部分，它本质上意味着主动并有意识地防止代码中的不当操作或计划外操作。为了标记这些情况，需要从方法中抛出一个异常，然后由调用代码处理该异常。

举个例子，假设有一个 if 语句，用于在玩家注册前检查玩家的电子邮件地址是否有效。如果输入的电子邮件无效,希望代码能抛出一个异常。

```csharp
public void ValidateEmail(string email)
{
    if (!email.Contains("@"))
    {
        throw new System.ArgumentException("Email is invalid");
    }
}
```

使用 throw 关键字抛出异常,该异常是使用 new 关键字创建的,后跟指定的异常。System.ArgumentException()将默认记录下异常执行的时间和位置,但若需要更具体的信息,它也可以接受自定义字符串。

ArgumentException 是 Exception 类的子类,可通过前面出现的 System 类访问。C#有许多内置的异常类型,包括用于检查是否是空值、检查是否超出集合值范围、检查非法操作等的子类。异常很好地印证了用对的工具做对的事这一说法。尽管我们的示例仅需要用到基础的 ArgumentException,但可以在下方链接查看完整的列表: https://docs.microsoft.com/en-us/dotnet/api/system.exception#Standard。

让我们初次尝试异常简单一些,确保关卡只有在提供场景索引号为正数时,才会重新启动。

(1) 打开 Utilities 并将以下代码添加到 RestartLevel(int)的重载版本中:

```csharp
public static class Utilities
{
    // ... No changes needed ...

    public static bool RestartLevel(int sceneIndex)
    {
        // 1
        if(sceneIndex < 0)
        {
            // 2
            throw new System.ArgumentException("Scene index cannot
be negative");
        }

        Debug.Log("Player deaths: " + PlayerDeaths);
        string message = UpdateDeathCount(ref PlayerDeaths);
        Debug.Log("Player deaths: " + PlayerDeaths);
        Debug.Log(message);

        SceneManager.LoadScene(sceneIndex);
```

```
        Time.timeScale = 1.0f;

        return true;
    }
}
```

(2) 将 GameBehavior 中的 RestartLevel()方法更改为，当场景索引为负数时游戏失败。

```
// 3
public void RestartScene()
{
    Utilities.RestartLevel(-1);
}
```

对代码的解析如下。

(1) 声明一个 if 语句来检查 sceneIndex 是否不小于 0 或为负数。

(2) 如果作为参数传入的场景索引为负，则抛出带有自定义消息的 ArgumentException 异常。

(3) 使用场景索引-1，调用 RestartLevel()，如图 13-12 所示。

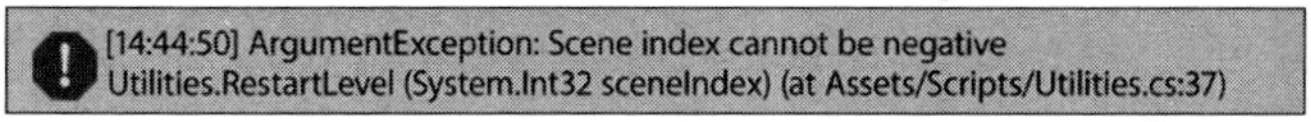

> [14:44:50] ArgumentException: Scene index cannot be negative
> Utilities.RestartLevel (System.Int32 sceneIndex) (at Assets/Scripts/Utilities.cs:37)

图 13-12　抛出异常时的控制台输出

现在，当游戏失败时，会调用 RestartLevel()方法，但由于使用-1 作为场景索引参数，因此在执行任何场景管理器逻辑之前会触发异常。当前在游戏中我们没有任何其他场景的配置，但作为一种安全防护，这些防御代码避免了任何可能使游戏崩溃的行动(Unity 加载场景时不支持负索引)。

现在已成功抛出错误，但还需要知道如何处理错误，可以使用下一节将介绍的 try-catch 语句。

13.4.2　使用 try-catch 语句

既然已经抛出了一个错误，那么接下来的工作就是安全地处理调用 RestartLevel()时可能产生的后果。这里，可以使用一种新的语句，称为 try-catch。

```
try
{
    // 调用一个可能抛出异常的方法
}
catch (ExceptionType localVariable)
```

```
{
    // 单独处理不同的异常情况
}
```

try-catch 语句由在不同条件下执行的连续代码块组成，类似一种特定的 if/else 语句。在 try 语句块中调用任何可能抛出异常的方法，如果没有抛出异常，代码将继续执行而不会中断。如果抛出异常，代码会跳转到与抛出的异常相匹配的 catch 语句，就像 switch 语句处理 case 的情况一样。catch 语句需要定义它们将要接纳的异常，并在 catch 语句块内指定一个代表该异常的局部变量名称。

可以在 try 语句块之后链接尽可能多的 catch 语句，以处理从单个方法抛出的多个异常，只要它们捕获的异常不同即可。例如:

```
try
{
    // 调用某个可能抛出异常的方法
}
catch (ArgumentException argException)
{
    // 在此处捕获参数的异常
}
catch (FileNotFoundException fileException)
{
    // 在此处捕获未找到文件的异常
}
```

另外，可以在 catch 语句之后声明一个可选的 finally 语句块。无论是否抛出异常，它都会在 try-catch 语句的最后执行。

```
finally
{
    // 无论何种情况，都在 try-catch 的末尾执行该语句块
}
```

接下来的任务是使用 try-catch 语句处理由关卡重启失败引发的错误。目前我们有了一个当游戏失败时会抛出的异常，让我们安全地处理它。用下面所示的代码更新 GameBehavior，并在游戏中再次失败。

```
public class GameBehavior : MonoBehaviour, IManager
{
    // ... No variable changes needed ...
    public void RestartScene()
    {
        // 1
```

```
    try
    {
        Utilities.RestartLevel(-1);
        debug("Level successfully restarted...");
    }
    // 2
    catch (System.ArgumentException exception)
    {
        // 3
        Utilities.RestartLevel(0);
        debug("Reverting to scene 0: " + exception.ToString());
    }
    // 4
    finally
    {
        debug("Level restart has completed...");
    }
  }
}
```

对代码的解析如下。

(1) 声明 try 语句块，将 RestartLevel() 的调用移动到其内部。当重启完成，且没有任何异常时，使用调试命令打印输出结果。

(2) 声明 catch 语句块，并将需要处理的异常类型定义为 System.Argument-Exception，用 exception 作为局部变量名。

(3) 如果抛出异常，则以默认场景索引重新启动游戏。

● 使用调试委托打印出自定义消息，以及异常信息。异常信息可以使用 ToString() 方法将 exception 转换为字符串来获取。

提示说明：
由于 exception 属于 ArgumentException 类型，因此可以访问多个与 Exception 类关联的属性和方法。当需要有关特定异常的详细信息时，这通常很有用。

(4) 添加带有调试消息的 finally 语句块，以表示异常处理代码的结束(见图 13-13)。

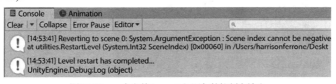

图 13-13 一个完整 try-catch 语句的控制台输出

现在，当 RestartLevel()方法被调用时，try 语句块会安全地执行它。如果抛出错误，它会在 catch 语句块内被捕获。catch 语句块会以默认场景索引重新启动关卡，且代码将继续执行 finally 语句块，简单地打印输出一条消息。

了解如何处理异常很重要，但不应该养成在代码中随意使用的恶习，那将导致类变得臃肿并可能影响游戏的处理时间。相反，应该在最需要的地方有针对性地使用异常，比如数据验证或数据处理，而不是针对游戏机制。

> **提示说明:**
> C#允许自由创建异常类型以满足任何特定需求，这超出了本书的范围，但在未来可能会用到它，详情可访问: https://docs.microsoft.com/en-us/dotnet/standard/exceptions/how-to-create-user-defined-exceptions。

13.5　本章小结

虽然本章带我们来到了 C#和 Unity 2022 实践探索的终点，但仍希望游戏编程和软件开发的旅程才刚刚开始。伴随着学习的深入，我们已经学会了从创建变量、方法和类对象到编写游戏机制、敌人行为等内容。

我们有理由认为，本章中讨论的主题比本书的其他大部分内容要高出一个级别。在编程中，大脑就像一块肌肉，需要反复锻炼才能再上一个台阶。因此，泛型、事件等相关内容就是通往更高级编程路上的阶梯。

在下一章中，将提供一些关于 Unity 社区和整个软件开发行业的资源、进阶阅读资料以及许多其他有用的(很酷的)机会和信息。

祝你编程愉快!

13.6　小测验——中级 C#

(1) 泛型和非泛型类有什么区别?

(2) 为委托类型赋值时需要匹配什么?

(3) 如何取消订阅事件?

(4) 应使用什么 C#关键字在代码中发送异常?

不要忘记将你的答案与附录中小测验答案的回答进行比对，看看你的学习效果!

第**14**章
旅程继续

如果是作为编程新手开始学习本书的读者，那么恭喜你取得了成功！如果是刚开始对 Unity 或其他脚本语言有所了解的读者，那么也同样恭喜你！如果前面介绍的所有主题和概念已经牢牢记忆在脑海中，那更要恭喜你！无论收获了多少，学习经历都至关重要。即便只是一个新关键词，也值得陶醉在学习新事物上。

随着旅程到达终点，有必要回顾一下在此过程中获得的技能。与所有教学内容一样，总有更多内容需要学习和探索，因此本章将重点巩固以下主题以便为下一段旅程提供帮助和资源。

- 有待更深入的知识
- 面向对象编程及更多
- 走进 Unity 项目
- C#与 Unity 资源
- Unity 认证
- 下一步与未来学习

14.1　有待更深入的知识

尽管本书对变量、类型、方法和类做了详细的介绍，但 C#中仍有一些领域没有被提及。

学习一项新技能不应该是没有前后关联的信息轰炸，而应该是循序渐进地搭积木的过程，一块叠在一块上，每个都建立在已经获得的基础知识上。

以下是在编程的进阶成长过程中需要掌握的一些概念，无论是否结合 C#使用 Unity 或.NET。

- 可选变量和动态变量
- 调试方法
- 并发程序设计
- 网络和 RESTful API
- 递归和反射
- 设计模式
- 函数式编程

当重温本书中的代码时，不仅应思考完成了什么，还要思考项目的不同部分是如何协同工作的。本书的代码是模块化的，这意味着行为和逻辑是自包含的。我们的代码很灵活，是因为使用了面向对象编程的技术，这使得代码易于改进和更新。我们的代码也很整洁且不重复，使其对任何人(也包括我们自己)都具备良好的可读性。

消化基本概念需要时间。事情往往不会在第一次尝试时就落实，也并不总能有恍然大悟般的机会。关键是要不断学习新事物，同时也要关注基础知识。

接受了这些建议后，让我们在下一节中重新审视面向对象编程的原则。

14.2 牢记面向对象编程

面向对象编程是一个广阔的专业领域，掌握它不仅需要学习，还需要花时间将其原理应用到实际的软件开发中。

即便结合本书中学到的所有基础知识，面向对象编程也会像一座无法轻易攀登的高山。每当有这种感受时，请回退一步并重温来自第 5 章的以下概念。

- 类是在代码中希望创建的对象的蓝图
- 类可以包含属性、方法和事件
- 类使用构造方法来定义它们的实例化方式
- 根据类的蓝图实例化对象会创建该类的唯一实例
- 类是引用类型，意味着复制的是引用而非新的实例
- 结构体是值类型，意味着当复制结构体时会创建一个全新的实例
- 类可以使用继承与子类共享常用行为和数据
- 类使用访问修饰符来封装它们的数据和行为
- 类可以由其他类或结构体类型组成

- 类的多态性允许子类与其基类(双亲)被同等对待
- 类的多态性还允许在不影响基类(双亲)的情况下改变子类的行为

在掌握了面向对象编程后,还有其他的编程范式需要探索,比如函数式编程和反应式编程。简单地上网搜索便会带你朝着正确的方向前进。

14.3　设计模式入门

在结束本书之前,还有一个将在编程生涯中发挥重要作用的概念需要介绍,那就是设计模式。用谷歌搜索设计模式(design patterns)或软件编程模式(software programming patterns)会得到大量的定义和示例。如果以前从未接触过,这些定义和示例可能会让人不知所措。让我们将术语简化,并将设计模式定义如下。

用于解决在任何类型的应用程序开发过程中经常遇到的编程问题或情况的模板。它不是硬编码的解决方案,更像是经过测试的指南和最佳实践,可以适应特定情况。

在设计模式成为编程词汇的背后有很多历史,如果有兴趣,读者可以自行挖掘探索这些故事。

如果感兴趣,建议从 *Design Patterns: Elements of Reusable Object-Oriented Software* 一书开始,作者是 Gang of Four: Erich Gamma,Richard Helm, Ralph Johnson, and John Vlissides。

前文仅刚刚触碰设计模式应用于实际编程情况的表面。因此强烈建议读者深入研究它们的历史和应用,在日后这将成为最宝贵的资产之一。

接下来,即使本书的目标是教会 C#,也不能忘记关于 Unity 所学到的一切。

14.4　走进 Unity 项目

尽管Unity 是一个3D 游戏引擎,但它仍必须遵循其构建代码所设定的规则。当思考一个游戏时,要记得在屏幕上看到的游戏对象、组件和系统只是类和数据的可视化表示,它们并不神奇或未知,它们只是将在本书中所学的基础编程知识推向高级结论的成果。

Unity 中的一切都是对象,但这并不意味着所有的 C#类都必须在引擎的 MonoBehaviour 框架内工作。不要让思维局限于思考游戏内机制,应根据项目需要来扩展和定义数据或行为。

最后，应时常思考如何才能更好地将代码分割为功能模块，而不是创建庞大、臃肿、成千上万行的类。有关联的代码应该对其行为负责并存放在一起。这意味着应创建单独的 MonoBehaviour 类并将它们附加到受它们影响的游戏对象上。这里再重温一遍在本书开头提及的想法：编程不是对语法的记忆，而更像是一种思维方式和上下文框架。请继续训练你的思维，以便能够像程序员一样思考。请放心，这对你的世界观不会有任何影响。

14.5　本书未提及的 Unity 特性

第 6 章简要介绍了 Unity 的许多核心功能，但作为一个引擎，Unity 还提供了很多其他特性。这些主题从重要性的角度来看没有特定的排序，但如果要继续从事 Unity 开发，至少还应对以下内容有一定的了解。

- 着色器和特效
- Scriptable Object
- 编写扩展编辑器
- 非编程 UI
- ProBuilder 和地形工具
- PlayerPrefs 和数据保存
- 模型的骨骼绑定
- 动画机的状态和转换

此外，还应深入了解编辑器中的光照、智能巡航、粒子特效和动画功能。

14.6　下一步的学习

既然已具备 C#语言的基本读写能力，接下来就可以准备学习额外的技能和语法。常见的渠道有在线社区、教程网站和 YouTube 视频等，当然也可以阅读教科书，比如本书。从读者转变为软件开发社区的活跃成员的路上可能会遇到一些困难，尤其是在有大量选项而不知如何抉择的情况下，因此下面列出了一些有助于入门的 C#和 Unity 资源。

14.6.1　C#资源

当用 C#开发游戏或应用程序时，随时查看微软技术文档是个好习惯。如果找不到特定问题的答案，可以尝试在以下社区网站进行查询。

- C# Corner：https://www.c-sharpcorner.com
- Dot Net Pearls：http://www.dotnetperls.com
- Stack Overflow：https://stackoverflow.com

由于游戏开发中的大部分 C#问题都与 Unity 相关，因此建议也关注下一节中介绍的资源。

14.6.2　Unity 资源

最好的视频教程、文章、免费资产和技术文档等 Unity 学习资源都可以从 Unity 官方：https://unity3d.com 和 Unity 中国官方：https://unity.cn 获取。但是，如果想要寻找社区答案或某一编程问题的特定解决方案的话，可以访问以下站点。

- Unity 中文课堂：https://learn.u3d.cn
- Unity 中国开发者社区：https://developer.unity.cn
- Unity Forum: https://forum.unity.com
- Unity Learn: https://learn.unity.com
- Unity Answers: https://answers.unity.com
- Unity Discord channel: https://discord.com/invite/unity
- Stack Overflow: https://stackoverflow.com

如果想加快学习进度，YouTube 上也有一个庞大的视频教程社区，以下是推荐的前 4 名。

- Brackeys: https://www.youtube.com/user/Brackeys
- Sykoo: https://www.youtube.com/user/SykooTV/videos
- Renaissance Coders: https://www.youtube.com/channel/UCkUIs-k38aDaImZq2Fgsyjw
- BurgZerg Arcade: https://www.youtube.com/user/BurgZergArcade

Packt 库中还有大量关于 Unity、游戏开发、C#的书籍和视频，可通过访问 https://search.packtpub.com/?query=Unity 获得。

14.6.3　Unity 认证

Unity 为程序员和美术师提供了各种级别的认证，这将为求职简历提供一定的可信度和技能经验评分。如果你想以自学或非计算机科学专业的身份进入游戏行业，以下认证都将有所帮助。

- Certified User(用户):
  - Programmer(程序员)
  - Artist(美术师)
  - VR Developer(VR 开发者)
- Certified Associate(初级工程师):
  - Game Developer(游戏开发者)
  - Programmer(程序员)
  - Artist(美术师)
- Certified Professional(专业人士):
  - Programmer(程序员)
  - Artist(美术师)
- Certified Expert(专家):
  - Programmer(程序员)

> **提示:**
> Unity 还通过官方和第三方提供商提供预备课程,帮助学习者准备各种认证考试。相关信息可访问: https://unity.com/cn/products/unity-certifications。

永远不要用认证来衡量工作能力和作品水平。最后一个"英雄的试炼"是加入开发社区并留下印记。

14.7 英雄的试炼 —— 向全世界展示

作为在本书中接受的最后一项任务,这也可能是最难的,却也是最有价值的。这项任务要求利用现有的 C#和 Unity 知识,创建一些东西并发布到软件开发或游戏开发的社区中。无论是小型的游戏测试原型还是完整的手机游戏,都可以通过以下方式上传代码。

- 加入 GitHub(https://github.com)。
- 活跃在 Stack Overflow、Unity Answers 或 Unity Forums 上。
- 注册并在 Unity Asset Store(Unity 资源商店)上发布自定义资产(https://assetstore. unity.com)。

任何令你激情澎湃的项目,都可以将其分享给全世界。

14.8 本章小结

如果你认为这标志着编程之旅的结束，那就大错特错了。学习没有终点，只有开始。我们一起学习了编程的基本构建块、C#语言的基础知识，以及如何将这些知识转化为 Unity 中有意义的行为。既然已经阅读到最后一页，相信我们已经实现了这些目标。

有一句重要的忠告是："如果你说你是一名程序员，那么你就是一名程序员"。也许社区中会有很多人说你只是一个业余爱好者，只因你缺乏被认为是"真正的"程序员所必需的经验，或缺少某种无形的专业认同，这都是错误的。如果你经常练习像一个程序员一样思考，旨在通过高效、整洁的代码解决问题，并喜欢学习新事物，那么你就是一名合格的程序员。坚信你作为程序员的身份，这会让你的旅程一帆风顺。

小测验答案

第1章 —— 了解开发环境

小测验——关于脚本

Q1	Unity 和 Visual Studio 具有共生关系
Q2	脚本参考
Q3	不需要记住，它是参考文档，不是考试
Q4	当新文件出现在项目选项卡中且文件名处于编辑模式时，这将使类名与文件名相同并防止命名冲突

第2章 —— 编程的基本构建块

小测验 —— C#的基本构建块

Q1	存储特定类型的数据，以在 C#文件中的其他地方使用
Q2	方法存储可执行代码行，以便快速高效地重用
Q3	通过采用 MonoBehaviour 作为其基类，并将其附加到游戏对象上
Q4	用来访问附加到不同游戏对象的组件或文件的变量和方法

第 3 章——深入了解变量、类型和方法

小测验——变量和方法

Q1	使用帕斯卡命名法(Pascal case)
Q2	将变量声明为公共变量
Q3	public，private，protected，internal
Q4	当隐式转换不存在时
Q5	从方法返回的数据类型、带括号的方法名称以及代码块的一对花括号
Q6	允许将参数数据传递到代码块中
Q7	该方法不会返回任何数据
Q8	每帧都会调用 Update()方法

第 5 章——使用类、结构体以及面向对象编程

小测验——面向对象编程的那些事

Q1	构造方法
Q2	通过复制，而不是像类那样通过引用
Q3	封装、继承、组合和多态
Q4	GetComponent

第 6 章——亲手实践 Unity

小测验 ——Unity 的基本功能

Q1	原始对象(primitive)
Q2	z 轴
Q3	将游戏对象拖入 Prefabs 文件夹
Q4	关键帧

第 7 章 —— 角色移动、摄像机以及碰撞

小测验 —— 玩家控制和物理系统

Q1	Vector3
Q2	InputManager(输入管理器)
Q3	Rigidbody(刚体)组件
Q4	FixedUpdate()方法

第 8 章 —— 游戏机制脚本编写

小测验 —— 游戏机制

Q1	属于同一变量的一组具名常量
Q2	对现有预制件使用 Instantiate()方法
Q3	get 和 set 访问器

第 9 章 —— AI 基础与敌人行为

小测验 —— AI 和导航

Q1	它是从关卡几何体自动生成的
Q2	NavMeshAgent(导航网格代理)
Q3	面向过程编程(Procedural Programming)
Q4	Don't repeat yourself(不要重复自己)

第 10 章 —— 重睹类型、方法和类

小测验 —— 升级

Q1	Readonly
Q2	更改方法参数的数量或其参数类型
Q3	接口不能有方法实现或存储变量
Q4	创建类型别名以区分冲突的命名空间

第 11 章 —— 特殊集合类型和 LINQ

小测验 —— 中级的集合

Q1	栈
Q2	Peek
Q3	是的
Q4	ExceptWith

第 12 章 —— 保存、加载与数据序列化

小测验 —— 数据管理

Q1	System.IO 命名空间
Q2	Application.persistentDataPath
Q3	数据流以字节读写数据
Q4	将整个 C#类对象转换为 JSON 格式

第 13 章 —— 探索泛型、委托以及更多

小测验 —— 中级 C#

Q1	泛型类需要有一个定义的类型参数
Q2	values 方法和委托方法签名
Q3	−=运算符
Q4	throw 关键字